和谐领导力系列·自我与他人的和谐

情商与影响力

吴维库 著

·第5版·

图书在版编目（CIP）数据

情商与影响力 / 吴维库著. — 5版. —北京：机械工业出版社，2019.1（2023.6重印）
（和谐领导力系列）

ISBN 978-7-111-61502-6

I. 情… II. 吴… III. 情商 - 通俗读物 IV. B842.6-49

中国版本图书馆CIP数据核字（2018）第269026号

  在竞争日益激烈的今天，情商与影响力越来越为人们所重视。本书从培养习惯、缔造个人魅力入手，通过精辟入理的分析、具体典型的实例，为读者打造个人影响力提供了一些简单实用的方法，帮助读者在模拟的情境中走出对幸福和成功的迷思，获得完美人生。

  本书受到广大读者的充分认可与喜爱，前四版畅销不断，作者在此基础上推出第5版，对情商的构成因素以实际案例为背景，面向应用进行了解释，提出情绪弹簧、情绪单极化、情绪免疫力等概念。本书还增加了基于情商缔造工作繁荣的新内容，帮助读者创造和谐的职场氛围与个人生活。

情商与影响力（第5版）

出版发行：机械工业出版社（北京市西城区百万庄大街22号 邮政编码：100037）
责任编辑：李欣玮
责任校对：李秋荣
印 刷：固安县铭成印刷有限公司
版 次：2023年6月第5版第5次印刷
开 本：147mm×210mm 1/32
印 张：11
书 号：ISBN 978-7-111-61502-6
定 价：45.00元

客服电话：（010）88361066 68326294

版权所有・侵权必究
封底无防伪标均为盗版

总序　和谐领导力

我从 1996 年开始研究领导学。在过去的研究过程中，受到了国家自然基金的支持，在 2001 年暑期参加了哈佛商学院的领导力培训班和香港科技大学恒隆管理研究中心组织行为研修班，观察和研究了大量的案例，我和我的研究团队发表了很多与领导力相关的论文。在这些研究的基础上，我为清华大学经济管理学院的 MBA 开设了领导力开发课程。后来，我把研究的结果整理成体系，叫作"和谐领导力"。

在国家提出建设和谐社会的大环境下，各界人士都在全力以赴于这个目标。"和谐领导力"这一概念是我提出的，并由此相继出版了四本书，分别来阐释这一概念中包含的四个层次的含义，可以理解为组成这一概念的四个模块。从领导力的角度来看，这四个模块分别为：

- 模块一：自己与自己和谐（详见《阳光心态》）；
- 模块二：自己与他人和谐（详见《情商与影响力》）；
- 模块三：个人与组织和谐（详见《以价值观为本》）；
- 模块四：组织与组织和谐（详见《竞争与博弈》）。

《阳光心态》是与环境相适应的积极心态，通过让人的心智模式调整为平和、温暖、有力、向上的状态，而实现自己与自己的和谐。

《情商与影响力》通过把情商与领导力理论结合，打造情商基础之上的领导力，把心智模式调整为移情、自信、开朗的状态，从而实现自己与他人的和谐。

《以价值观为本》通过让人的心智模式调整为清醒、认同、敬业，实现个人与组织的和谐。

《竞争与博弈》通过调整人的心智模式，达到动态、前瞻、全局的思维状态，获得双赢共赢的竞争结果，从而实现组织与组织的和谐。

当今，由于社会越来越趋于功利化，精神生活越来越贫乏。我把这个变化夸张地定义为：物质在丰富化、心灵在沙漠化。

这似乎应验了庄子的大智慧，"不是朝三暮四，就是朝四暮三"，总计还是七个。难道物质丰富和精神富足真如同"鱼与熊掌不可兼得"？我们都努力在困惑中寻找着答案。

沙漠化的原因是缺水，如果有水就会让沙漠回归绿洲。霍元甲武功盖世，好与人争锋，遇到强者结果两败俱伤，双方都打得家破人亡。霍元甲出走到农村，盲女告诉霍元甲"人要经常给自己洗澡"。洗澡需要水，老子认为天人合一，这个世界缺水，人心也缺水，所以我们呼唤水，歌颂水，赞美水。

我把"和谐领导力"定义成水，可以用来滋润周围的环境而营造绿洲，也可以用来为自己的头脑洗澡而净化心灵。

人无论具有多少知识和财富，都应该为了获得健康、快乐、和谐。一个人要健康、快乐、和谐，他的家也要健康、快乐、和谐；家人加入组织，组织也要健康、快乐、和谐；组织在社会中，社会也要健康、快乐、和谐。由此形成健康、快乐、和谐的良性循环，实现的路径是从一个人入手。"和谐领导力"就是从改变一个人的心智模式入手，达到健康、快乐、和谐。

企业是一部机器，机器由零部件构成，零部件有相对运动才能够实现机器的功能。有相对运动就会有摩擦，有摩擦就会有磨损，防止摩擦损耗就要加入润滑油。"和谐领导力"可以作为润滑油而使得组织运转灵活。

过去有人说我们是一盘散沙，由于现在引入了竞争，还可能是一盘摩擦的散沙。如何把摩擦的散沙变成沙团？需要往里面加入胶水。"和谐领导力"可以作为胶水起到黏合的作用。

领导力分三个层次：个人领导力、团队领导力、组织领导力。个人领导力是自己领导自己的能力，要想领导别人先领导自己，这要用阳光心态来实现。你内心是一团火才能够释放出光和热，你内心是一块冰即使化了也还是零度，如果是个黑洞还会吞没光亮。自己牢牢站稳了，稳健地成为一个"人"，才会有魅力吸引另外一个人，因为领导者有情商，能照顾好团队的成员，所以会形成团队，用"从"来表示团队领导力。这个团队有动力、有愿景、有魅力，会吸引更多的人，组织就造成了，用"众"来描述，凝聚众多人用组织领导力，通过价值观来实现。如果三个人没有内在的领导力，每个人都不在自己位置上敬业和安居乐业，就是三个人并行，"人人人"，三个人并行成一个字，字典里没有这个字，就是乌合之众。所以有人的地方就需要有领导力来理顺人的行为和理念，这样才会有秩序。

《大学》倡导修身齐家治国平天下，《阳光心态》的思想类似于修身，《情商与影响力》的思想类似于齐家，《以价值观为本》的思想类似于治国，《竞争与博弈》的思想类似于平天下。所以"和谐领导力"的思想使得我们努力靠近修齐治平的境界。

"和谐领导力"的研究起始于1996年，本思想体系以我负责和参与的6个基金研究为基础而写成，我们能够享受"和谐领导力"这一思想盛宴，要感谢香港中文大学研究基金的资助（项目号44M7007；2070239；2070220），更要感谢国家自然基金的大力支持：《以价值为本的领导理论与中国企业高层领导行为研究》（项目号79970009，2000—2002年），《改造型/交易型领导行为与下属激励：关于情绪智力的效用研究》（项目号70572012，2006—2008），国家自然科学基金重点项目、雅砻江水电开发联合研究基金《水电企业流域化、集团化、科学化管理理论和方法研究》（项目批准号：50539130，2009—2011）、《辱虐管理的后果及其应对——一项多层次的研究》（项目号：70972025，2010-2012）、《复杂变化环境下企业组织管理整体系统及其学习变革的研究》（项目号：71421061，71121001）、国家社会科学基金重大项目《"互联网＋"促进制造业创新驱动发展及其政策研究》（批准号：17ZDA051）。

山涧一泓小溪静静流淌，如果你把脏了的手放进去，它会为你清洗。如果你把脏了的脚放进去，它也会为你洗干净。但是如果你不把手脚放进去，小溪也不会麻烦你。"和谐领导力"是水，是流淌在思维丛林理念山涧的水，如果你愿意把自己的心放进去，也会为自己的心洗个通通透透的大澡。让沉重与灰垢去除，让清新愉悦轻松回归，让健康快乐和谐陪伴。

人不但要洗脸、洗脚、洗澡，更要洗心。"和谐领导力"是洗心之水，其中《阳光心态》是热水，《情商与影响力》是温水，《以价值观为本》是冷水，《竞争与博弈》是冰水。四种水给人心洗澡，有利于一个人心明眼亮而看清路。脚走路要用眼睛看，人走路要用心看。由于心最容易被污染，所以心要常洗才能常新，才能保持"心常态"，如《大学》说的："苟日新，日日新，又日新。""和谐领导力"帮助我们以"心常态"应对新常态，保持在新常态下状态常新。

吴维库

第 5 版序言

当下社会中,高中以前的应试教育和大学的就业导向的职业化教育,都过分重视智商教育,也就是做事能力的培育,这样的人才却与社会发生了脱节:学生不容易接受社会,社会也不容易接受学生。实际上高中生是毛坯,大学生是半成品,员工是零件,企业是机器。毛坯加工成半成品,半成品经过再加工才是零件,机器是由零件组成的,半成品放在机器上会损坏机器。而机器的功能是由零件的相对运动实现的,有相对运动就会有摩擦,因为有摩擦而损坏零件,就需要为保护机器而更换零件,同时也为了防止零件损坏成本过高,而需要加入润滑油。情商是润滑油,也是人际沟通的桥梁,更是人际关系的润滑剂。

我们来到这个世界要完成两个工作:做人和做事。做事用智商,做人用情商。一首歌说"我有一双隐形的翅膀",可以比作一个是情商,一个是智商,缺一个也不能自由飞翔。如果有人抱怨怀才不遇,那是因为他的才不全,他不缺 IQ 缺 EQ。所以才说可怜之人必有可恨之处。情商高智商高者春风得意,情商高智商低有贵人相助。

马车由马拉动,人被情绪推动,马失控了会翻车,人的情绪失控了会出事。不良心态是安全隐患,生产安全事故 80% 由情绪引起,管理好情绪可以有效降低事故率。

当人们还在拼命学习领导力而致力于成为领导者的时候，忘记了一个重要的问题就是：谁给了你权力，使得你有资源去激励属下？是上级。如何从上级那里获得权力？首先要有追随力。追随力是权力的来源，也就相当于是水的源头。一个人对上要有追随力，对下要有领导力，对外要有影响力，对内具有执行力，对自己要有平衡力。以上五个力量是本书提出的领导者核心能力的"五力模型"。这个模型粗线条地把目前流行的各种能力进行了方向性的归纳，有利于操作和实施。而这五力的提升都是由管理情绪的能力产生，也就是情商是人际互动能力的基础，情商就是管理情绪的能力。

不论是生活幸福还是职场成功，情商都是其中的关键因素。越早接触情商启蒙，受益的时间越长：子女变得孝顺、老人变得幸福、父母变得慈爱、夫妻和睦、家庭和美、同事和顺。有些思想年轻时知道了终生受益，年老时知道了悔恨终生，如果出了问题才知道则悔之晚矣。所以才有"早一步海阔天空，晚一步追悔莫及"的说法。

今天的人物质条件在改善，吃的多是绿色食品，为什么不健康、亚健康的人数在增加？得癌症的人数在增加？医学数据告诉我们，人的疾病75%都由情绪引起，经常保持好心情，寿命可增长5～7年。《中国"工作倦怠指数"调查报告》表明，70%的被调查者都被职业倦怠侵袭着。25岁以上的职场人士中，抑郁症患者正以每年11.3%的速度增长，每十位男性中就有一位可能患有抑郁症；而女性则每五位中就有一位患有抑郁症。90%的人讨厌办公室文化，90%的职场人处于亚健康。

当我们大谈以人为本、和谐社会的时候，这些数据的出现真是事与愿违。这些数据让我们感到管理情绪已经到了迫在眉睫的时刻。我们创造了高度物质文明的办公环境，却没有给自己带来愉快的心境和生存空间。当我们努力创造财富改善物质条件时，改善的只是自己物质层面的环境，实际上更重要的是精神环境的改善，在改善物质环境的同时，也要改善心境。当人们把大量的时间和金钱用来吃补品和营养品来提升机体免疫力的时候，更需要重视的是情绪免疫力。《情商与影响力》有助于提升情绪免疫力。

本书所介绍的是我二十多年来讲授领导学课程的部分内容，以情商为基础提升影响力。本书不仅适合于打造个人影响力、成为领导者，而且能够塑造人们积极的心态，使人们聪明灵活地工作、积极进取地生活，做一个受社会欢迎的人、受朋友欢迎的人。本书所介绍的学问是使人生愉快和完美的学问，其基本工具是情商、移情、换位、自信、认可、赞美、宽容、活在当下、操之在我、聪明地工作而不是愚蠢地盲从。提高情商会减少摩擦与事故。能调动情绪就能调动一切，领导者的所有领导行为最终都是为了影响人的情绪，由此提出了以情商为基础缔造领导力的模型，同时提出了以下概念：情绪弹簧、情绪单极化、情绪免疫力、以有字书为基础读无字书、沟通差距、管理妒忌心、所有的工商理论都是盲人摸象、比较优势原理、情绪传递、情感强度等。

一个人拥有"情商与影响力"，至少可以福荫三代人：上到父母、下到子女、中到自己和同辈。建立健康、愉快、和谐的心智模式，有利于生活和职场上的和谐与成功。思想决定行动，行动决定习惯，习惯决定性格，性格决定命运。

情商只是一个工具，工具的作用在于完成任务。工具是中性的，就如同武器。本书用情商来缔造领导力，通过培养一个人的三种心智模式——移情、自信、开朗，实现人与人的和谐。

这本书内含大量案例以及对人生有重大启迪的原理，改变了许多人的人生，为读者创造完美人生缔造聪明的思想基础。

这本《情商与影响力》属于"和谐领导力"系列之二：自己与他人和谐。本次出版是第5版，提出了一些新的思考和理念：通过情商实现工作繁荣、高情商地采用批判性思维、认识不良情绪传染的"蝴蝶效应"、领导力就是体力加精力、以国学智慧提升情商修为。

感谢国家基金对本书的大力支持，也感谢给我大力帮助的人：富萍萍、刘军、宋继文、刘益、关鑫、陈国权、吴昱舟、李东、黄小丁、李琳、朱雁飞。

目　录

总序　和谐领导力

第 5 版序言

第 1 章　为卓越建立好习惯

习惯是一种选择，你的选择决定了你的命运。本章将为你揭示习惯与行为、思想、命运之间的关系。

人按习惯做事 / 2

思想决定命运 / 3

改变习惯需要动力 / 4

学会放弃和选择 / 5

养成习惯的六个步骤 / 7

像心情好那样去行动 / 9

自我感觉要好 / 10

养成好习惯 / 11

第 2 章　个人魅力

如果把人比作一台电脑，那么人的智商就是硬件，而情商则是软件，更能决定人的成功和命运。通过这一章，你将了解情商对于提升个人魅力，进而提升影响力是多么的重要。

情商内涵 /14

情商的培养 /32

移情 /40

生活遵守牛顿定律 /63

情商树 /80

情商知识汇总 /82

第 3 章　自信

能力像弹簧，你相信它能够拉伸到多长，它就能拉伸到你所信任的长度。自信是竞争中的心理力量，是事业成功的前提和基本素质，所有的成功者都离不开超凡的自信心。人不自信，谁人信之？

认识自信 /85

自信心的作用 /88

建立自信的途径 /92

CONTENTS

认可和赞美 / 111
找回失去的自信 / 128
自信与行动 / 135
获得自信的比较优势原理 / 139

第 4 章 操之在我

事情本身是中性的，没有好坏之分，是人给事情定义了好坏。操之在我，可以让人以最乐观的角度定义事情，摆脱受制于人与环境，战胜最大的敌人——自己。

为何要操之在我 / 142
操之在我与受制于人 / 148
操之在我调控情绪 / 152
操之在我的应用原则 / 159
操之在我获得美好人生 / 171

第 5 章 影响力

基于情商缔造影响力，可以更游刃有余地影响身边人，成就自我。

影响力的本质 / 188

影响上级 / 189
影响下级 / 209
影响身边的人 / 218
说服力 / 240

第 6 章　情商缔造和谐及领导力

情商的高低影响着我们的生活态度，从而影响着我们的生活质量。无论情商理论用在什么地方，都有利于创建和谐，而和谐到哪，快乐、成功、幸福就会到哪。

摩擦与事故的情商角度分析 / 246
高情商缔造和谐 / 258
高情商缔造领导力 / 273
情商与职场成功 / 282

第 7 章　管理者核心能力"五力模型"

作为管理者，对上具有追随力，对下具有领导力，对外具有影响力，对内具有执行力，对自己具有平衡力。五力齐发才能缔造其核心能力。

管理者核心能力"五力模型" / 298

CONTENTS

五力与五行的相互关系 / 306

第8章 基于情商缔造工作繁荣

提高情商，有利于充分发挥自己的主观能动性，创造使得自己工作繁荣的环境，产生积极的心理状态，提升自己的幸福感和获得感。

工作繁荣 / 311
积极应对上司的行为 / 311
换位思考的魅力 / 313
培养钝感力 / 314
基于情商使用批判性思维 / 316
不良情绪传染的"蝴蝶效应" / 320
领导力就是体力加精力 / 323
以国学智慧提升管理情绪的能力 / 330

后记 / 333

参考文献 / 334

第1章

为卓越建立好习惯

习惯是一种选择,你的选择决定了你的命运。本章将为你揭示习惯与行为、思想、命运之间的关系。

人按习惯做事

人按习惯做事,为什么?因为习惯具有力量,习惯的力量叫做惯性。成功是一种习惯,失败也是一种习惯。所以习惯有好坏之分,好的习惯助人成功,坏的习惯使人受挫。所以有必要建立好习惯,克服坏习惯。

如果有时候你锁门,有时候你不锁门,结果有一次你最后一个走出家门,匆忙上了飞机或者火车之后,你突然想起来一个问题:"门锁上了没有?"你忧心忡忡,甚至怀疑自己是否患了"精神强迫症"。其实如果你养成了一个习惯,就可以相信习惯的力量会帮助你解除担心。

2003年春节团拜,我带几个亲戚到清华大学经济管理学院,在我的办公室逗留了一个上午,在同大家闲聊的过程中我们离开了办公室,没有注意到是否有锁门的动作。回家以后,我突然发现自己记不起门是否锁上了,我甚至想回到学校去检查一下。因为平时我离开房间,哪怕是几分钟,都要锁门。所以在这种情况下,我相信了习惯的力量。我告诉自己,门肯定已经锁上了。寒假以后我回到办公室,发现门果然锁上了。这次经验加强了我对习惯力量的相信。

行为科学的研究表明,如果每次你都能按某种方式行事的话,那么就会出现这样的情形:你如今的行事方式将慢慢占据你的脑海。重复次数越多,你过去的行事方式就越来越模糊,而新行事方式将越来越占据主导地位。

思想决定命运

习惯分两类：思维习惯和行为习惯，改变行为之前先改变思维习惯，思维发生在行为之前。一个人很复杂，但是也很简单，简单到什么程度呢？只要知道了这个人的思想，就可以预知他的行为。如果他能够接受你的思想，那么他的行为就在你的预测范围之内。

警察看谁都像小偷，老师看谁都像学生。所以有"秀才遇到兵，有理说不清"，"慈不掌兵"之说。由于从事一种职业时间长了，就养成了思维定式和行为习惯，所以就有职业习惯。

当你改变了自己的信念，你就改变了自己的行为。拒绝或接受变化，取决于你选择相信什么。

信念可以激励人去搬山，信念比锁链和监狱更能禁锢人。人由两部分构成：有形和无形，即肉体和思维。这两部分互相影响，而且要保持一致，人才不至于痛苦，内外不协调会导致人不舒服。这就是内外协调，表里一致。所以思想、行为、习惯、命运之间就有了高度的联系。办事认真，对原则不喜欢妥协的人可以做审计；对数据敏感而不厌烦枯燥的人可以做会计；善于同人打交道，能够在短时间内把陌生人变成熟人、把熟人变成朋友的人可以去做营销员。这就是性格同命运的关系。

一个刚刚毕业来到企业的大学生，喜欢抽烟，又舍不得把好烟分给别人抽，因此在他的烟盒内装有两种档次的香烟，高档的自己抽，低档的给别人抽。结果这个人的结局比较尴尬，没有几个朋友，没有晋升，没有影响力。所以习惯岂止决定命运，习惯就是命运。

只是看到了好的行为和听到了好的思想，不等于是你的好行为和好思维，就像武术动作虽然好看，但不经过演练，那个动作你做不来一样。习惯的建立在于重复,包括思维和行为。思维改变了,才可能改变行为。重复可以养成一种习惯。

改变习惯需要动力

意识产生动机,动机产生行为,这需要有动力。改变习惯同样需要有动力,动力来自哪里?动力有几种呢?

> 一个智者把三个胆量不同的人领到了山涧的旁边,跟他们说:谁能够跳过这个山涧,我承认谁胆子大。第一大胆的人跳了过去,得到了智者的赞美。其他两个人不跳。这时智者拿出一块金子,说谁能够跳过去我给谁金子,第二大胆的人跳了过去。第三个人还是不跳。这时此人后面出现了一头狮子,他发现如果不跳生命即将结束,一用力,也跳了过来。这三个人都能够跳过来,但使得他们能够发生跳过来这个行为的动力不同。

使人的行为发生的动力有两类:恐惧和诱因。行为发生了,是因为诱因足够;行为没有发生,是因为恐惧不够。如果一种习惯改变了,是因为诱因足够,如果一种习惯没有改变,则因为恐惧不足。

恐惧比诱因有更大的动力。你可以不为金钱利益所动,但是你害怕失去:害怕失去自由、害怕失去健康、害怕失去爱。所以马基雅维利说:恐惧比感激更能够维系忠诚。

改变习惯需要动力,动力分为诱因或恐惧。不管是国外还是国内,在古代,君主都是以武力来实现统治,即利用臣民对自己的恐惧达到统治的目的,而不是对臣民好一点,让他们产生感激来维系忠诚。因为感激是不可靠的,出于感激,人们只会在满足自己的情况下,再考虑对方。而恐惧就不一样了,它甚至可以让你先满足对方的要求,再考虑自己。

一个人要改变习惯真的很难,要让一个不喜欢学习的人每天都去学习,他会觉得很不舒服。但是到了快要考试的时候,他就有了压力,考试不及格怎么办?如果考得好的话可以拿奖学金,对以后的推荐上研究生、出国、找工作都很有好处,面对恐惧和诱因双重影响,他就会逼着自己改变习惯,因为他有了动力。

森林公园为了保护鹿,把狼赶走了。但是一些鹿却得病而死。得病的原因是缺少运动,为什么缺少运动?因为没有了天敌——狼,所以不用奔跑了。后来森林管理人员又把狼引进了公园,这样鹿们又恢复了健康。

学会放弃和选择

如果你手里已经握了一个杯子,试图用同一只手握住另外一个杯子,是不可能的。只有先放下一个,才能拿到另外一个。

所以,为了有更好的成功与未来,有必要克服不好的习惯,建立好习惯。这些需要从改变思维做起,才能使我们拥有一个更加完美的人生。这样的人生目标,可以通过缔造高的情商实现。高情商的人首先是能够清楚地认识自我,掌握一些自我情绪调控的工具,通过调控自我的情绪来影响自己的行为,然后再影响别人——朋友、家人、下属、上司和同级。能够影响陌生人，把陌生人变成熟人，把熟人变成朋友，一旦变成了朋友关系，就有了广泛的人脉，有了人脉就有了财脉。能够影响别人就有了影响力，当有了影响力以后，就拥有了领导力，就会在一个组织中获得更多的资源支持。我们不可能一开始就做管理别人的人，但我们可以成为能够影响别人的人。影响别人的前提条件是我们要拥有能够影响别人的素质和内涵，缔造基于情商的影响力，就是为你塑造这样的素质和内涵。

习惯是一种选择，假如在某种情况下，每次你都有这种反应，导致你以后这样做起来很容易，就形成了习惯，而不管是好习惯还是坏习惯。因此，你可以选择形成对自己有利的好习惯。想使一个行为成为习惯需要两个前提：强迫它重复发生和建立情感触发器。

一个人的竞争力表现在学习力上。学历代表过去，学习力掌握将来。懂得从任何细节、所有人的身上学习和感悟，并且要懂得举一反三。学习的实质是学与习两个字，学就是搞懂，习就是做到。学一次，习一百次，才能真正掌握。学、做、教是一个完整的过程，只有达到教的程度，才算真正吃透。而且在更多时候，学习是一种态度。只有谦卑的人，才能真正学到东西。大海之所以成为大海，是因为它比所有的河流都低。

你的选择决定了你的命运

有三个人将要被关进监狱三年，监狱长给他们每人一个提要求的机会。

美国人爱抽雪茄，要了三箱雪茄。法国人最浪漫，要一个美丽的女子相伴。而犹太人说，他要一部与外界沟通的电话。

三年过后，第一个冲出来的是美国人，嘴里、鼻孔里塞满了雪茄，大喊道："给我火！给我火！！"原来他忘了要火了。接着出来的是法国人，只见他手里抱着一个小孩子，美丽女子手里牵着一个小孩子，肚子里还怀着第三个。最后出来的是犹太人，他紧紧握住监狱长的手说："这三年来我每天与外界联系，我的生意不但没有停顿，反而增长了200%，为了表示感谢，我送你一辆劳斯莱斯！"

培根说：知识就是力量。
但是今天知识"爆炸"了，在爆炸了的知识面前人人自卑。
所以劳厄说：重要的不是获得知识，而是发展思维能力。
布朗基说：智慧才是真正的力量。
我更赞成布朗基的见解，智慧是举一反三、创造知识、灵活应变的能力。
书有两类：有字书和无字书。学有两类：知识和智慧。有字书来自无字书，知识积累产生智慧。

养成习惯的六个步骤

习惯的养成需要六个步骤：做出承诺、现在行动、关注结果、不断重复、反馈纠偏、不要自责。

做出承诺：向朋友承诺你养成习惯的决心，有了这样的表白你就会坚持，因为你不会在朋友面前说话不算数。在做出承诺时要使用第一人称：我。不能说"人其实要自信"，而是要说"我要自信"。

现在行动：行动等于"行了就动"，否则会被惰性和其他事情冲淡，不能唱"明日歌"。

关注结果：看到新习惯带来的好结果，对自己是一个鼓励。《谁动了我的奶酪》中的小矮人唧唧，在寻找新奶酪的路径中，用大量想象中的奶酪来激励自己。如果你的目标结果可以衡量，那么这个结果会具有更大的激励作用。

不断重复：改变习惯是一个不舒服的过程，习惯的养成在于重复。习惯就是由于经常这样做所以变得容易的动作。

反馈纠偏：当你发现自己又出现老习惯的时候，及时觉醒。例如你要戒烟，当一段时间后你又把香烟放到嘴边的时候，你是有负罪感还是惬意？如果你真的对自己改变习惯高度承诺，那么就要立刻回到戒烟的轨道上来。

不要自责：出现反复的行为时，不要责怪自己。不要对自己说这样的话：我软弱、我没有毅力、我不行、我是一个失败者。这是一种暗示，它影响潜意识。要对自己说：我很强、我没有问题、我会成功、我能行、我很有力量。

在养成习惯的过程中，要用正面的词汇和图像，少用负面的词汇和图像，用现在时而不是将来时。肯定你的行为而不是意愿，如"我要提高演讲能力"就是意愿，而"我说话要清楚并且用词准确"就是行为。因为我们能够控制的是行为而不是意愿。一次只做一件事情，人不能同时做太多的事情。要用想象中的细节来鼓励自己。例如为了克服演讲时的紧张，可以这样想象：无数双眼睛在欣赏着我，无数双耳朵在倾听我的每一个词汇，热烈的掌声在为我欢呼等。目标不要遥不可及，虽然高目标总会使人进步，但是如果改变习惯的目标太高而难以实现，你的潜意识就会惊慌，从而导致你本人整体慌乱。所以有时候追求完美并不合适。

我第一次去美国进修时，时间只有五个月。我给自己定了目标：掌握所学的所有课程，熟练使用英语听说，写两篇论文，结交一些知名教授。两个月过去的时候，我没有实现任何一个目标。我变得内疚、自责、消沉。一次参加聚会，一位早年来美国的华人心理学者无意间说：不要以为自己来到美国以后会做很多事情，你其实做不了很多事，设想太高会使你难受。这真是一语惊醒梦中人。

一句话改变了我的习惯，我放弃了许多想法，只保留了离开这个环境就不可能进行的内容。我把重点放在了课堂内的学习和课外与当地人的沟通上。结果五个月以后，我的语言沟通能力非常好，认识了许多本地人。而另外一个进修的同事，一心要写出两篇论文，每天在宿舍里上网，偶尔同教授沟通一下，当五个月结束的时候，他没有写出论文，语言能力也和出国前一样。回国的时候，他非常沮丧地叹息：几乎没有什么提高，白来美国一回。

像心情好那样去行动

如果你不自信，但是装做自信，别人都看到了你的自信，并且赞美你和认可你的自信，你也会真的以为自己是自信的，以后就会表现得更加自信。像你已经养成那个习惯一样去行动，像不吸烟者那样去逛商店，像已经苗条的人那样去饮食。你必须从你的词汇库中除去一些词汇，这些词汇有：试一试、不能、但是。

你也许早就发现了，经常演正面人物的演员，演不好反面人物。演员李默然因为经常演正面人物，公众已经把对正面人物的尊敬和热爱指向了李默然老师，生活中的李默然也是以模范人物出现的，他不为钱而做广告,是模范丈夫、成功的父亲和优秀的爷爷。模仿什么样人的行为,你就会获得什么样人的心情。

模仿成功者的行为,你会得到成功者的心态,所以说成功是可以模仿的。像心情好那样去行动,你就会获得好心情。

自我感觉要好

一旦达到某个目标,人们就会感到身心舒畅,但问题是你可能永远达不到目标。把快乐建立在还不曾拥有的事情上,无异于剥夺自己创造快乐的权利。记住,快乐是天赋权利。首先就要有良好的感觉,让它使自己在塑造自我的整个旅途中充满快乐,而不要等到成功的最后一刻才去感受属于自己的欢乐。人在压力下智商下降,人在不快乐的情况下思考力下降。所以,在生活中找到能够使你愉快的事情,并以此站稳脚跟,你就能够获得好心情,对自我的感觉也会好一些。再以此为基础,向更高一点的目标努力,你会在好心情下实现一路风光。

如果你活给别人看,你就会很痛苦。如果你今天相信自己做得还不错,不在乎别人怎么看你,你就真的可以活得很自在。

有人在看到别人感觉良好时会产生嫉妒,所以把"自我感觉良好"作为贬义词送给别人。要知道自我感觉良好也是一件不容易的事,妒忌和挖苦只能使人际关系恶化,破坏自己的好心情。改善人际关系的途径是:认同和肯定对方。认同和肯定反而会使对方谦虚,同时也会使自己获得好心情。

养成好习惯

在每个人身上,都存在着这样一种神奇的力量,它可以使你精神焕发,也可以使你萎靡不振;它可以使你冷静理智,也可以使你暴躁易怒;它可以使你从容安详地生活,也可以使你惶惶然而不可终日。总之,它可以加强你,也可以削弱你,可以使你的生活充满甜蜜与欢乐,也可以使你的生活抑郁、沉闷、黯淡无光。

这种能使我们的感受产生变化的神奇力量,就是情绪。情绪活动无时不在、无处不在,人人皆有情绪。许多人至今对情绪的重要性认识不足,把情绪活动仅仅看做是一种因外部条件所引起的偶然的感情变化,是一种无关紧要的、暂时的精神状态,顺其自然,很少进行有意识的控制与调节,结果是积极健康的情绪得不到很好的保护,消极不良的情绪也得不到及时的调解,从而使人常常受到不良情绪的压抑与伤害。所以人们应学会控制与调节自己的情绪。

我们把控制与调节情绪的能力称为情商。情商包括区分自己与他人的能力,调节自己与他人的能力,运用情绪信息去引导思维的能力。注重培养情商不仅对日常生活有益,而且有助于提高你的领导力。

领导力就是影响他人的能力,领导者是具有影响力的人,领导者拥有追随者,领导者拥有权力。权力是现在采取行动的能力。一个领导者首先应该是一个自信的人,心胸豁达的人。懂得赞美鼓励别人、拥有激情和良好心态的人,才有可能感染别人、影响别人。要培养个人魅力,成为一个优秀的领导者,需要从现在起养成好习惯。

对于跳远运动员来说,眼睛要看着远处,才会跳得更远。戴高乐说过:眼睛所看到的地方,就是你会达到的地方。伟大的人之所以伟大，是因为他们要做出伟大的事情，所以树立培养高情商的目标，培养高情商的思维习惯，就可以获得完美人生。

基于情商的影响力缔造个人领导力的途径是：

掌握情商工具——调控自我情绪——影响他人情绪——获得他人认同

那么如何缔造基于情商的影响力呢？将在后文展开。

第 2 章

个 人 魅 力

如果把人比作一台电脑,那么人的智商就是硬件,而情商则是软件,更能决定人的成功和命运。通过这一章,你将了解情商对于提升个人魅力,进而提升影响力是多么的重要。

情商内涵

理解情商

"情商",已成为人们耳熟能详的一个术语。

20世纪90年代初期,美国耶鲁大学的心理学家彼得·萨洛韦和新罕布什尔大学的约翰·迈耶提出了情绪智能、情绪商数概念。在他们看来,一个人在社会上要获得成功,起主要作用的不是智力因素,而是他们所说的情绪智能,前者仅占20%,后者占80%。1995年,美国哈佛大学心理学教授丹尼尔·戈尔曼提出了"情商"(EQ)的概念,认为"情商"是一个人重要的生存能力,是一种发掘情感潜能、运用情感能力影响生活各个层面和人生未来的关键因素。戈尔曼认为,在成功的要素中,智力因素是重要的,但更为重要的是情感因素。

情商是指人对自己的情感、情绪的控制管理能力和在社会人际关系中的交往、调节能力,相对于智商而言,它更能决定人的成功和命运。丹尼尔·戈尔曼在其所著的《情感智商》一书中说:"情商高者,能清醒了解并把握自己的情感,敏锐感受并有效反馈他人情绪变化的人,在生活各个层面都占尽优势。情商决定了我们怎样才能充分而又完善地发挥我们所拥有的各种能力,包括我们的天赋。"他所偏重的是日常生活中所强调的自知、自控、热情、坚持、社交技巧等心理品质。为此,他将情商概括为以下五个方面的能力:

(1)认识自身情绪的能力;

(2)妥善管理情绪的能力;

(3)自我激励的能力;

（4）认知他人情绪的能力；
（5）人际关系的管理能力。

认识自身的情绪

认识情绪本质是情商的基石，这种随时随地认识感觉的能力，对了解自己非常重要。不了解自身真实感受的人势必沦为情绪的奴隶，反之，掌握情绪才能成为生活的主人，面对各种抉择方能妥善处理。

妥善管理情绪

情绪管理必须建立在自我认知的基础上。如何自我安慰，摆脱焦虑、灰暗或不安，而这方面能力匮乏的人常常与低落的情绪交战。调控自如的人，则能很快走出命运的低潮，重整旗鼓。妥善管理情绪，要努力做到操之在我，自己把握并影响情绪的变化，这样能够始终保持理智，避免感情用事。

自我激励

保持高度热忱是一切成就的动力。能够自我激励的人做任何事情都具有较高的效率。内心涌动着激情，方能坚持不懈并高效地成就自己的事业。对于领导者而言，善于自我激励并保持高度热忱能够使员工满怀信心地工作。

认知他人的情绪

对他人的感受熟视无睹，必然要付出代价。具有同情心的人能从细微的信息察觉他人的需求，进而根据他人的需求行事，就能得到他人的认可和欢迎。在人际交往中，认知他人的情绪并顺应他人的情绪起着至关重要的作用。换位思考、感情移入是认知他人情绪的常用技巧。

人际关系的管理

人际关系管理是管理他人情绪的艺术。它要求人能在认知他人情绪的基础上，采取相应措施，与他人建立并维系良好关系。一个人的人缘、领导能力、人际关系和谐程度都与这项能力有关，充分掌握这项能力的人常常能成为社会上的佼佼者。

何为情绪？

有关情绪的定义有100多种，主要观点有：

《新华字典》——情绪是外界事物所引起的爱、憎、愉快、不愉快、惧怕等的心理状态；

《现代汉语词典》——情绪是人从事某种活动时产生的兴奋心理状态；或指不愉快的情感；

《牛津英语字典》——情绪是心灵、感觉或感情的激动或骚动，泛指任何激越或兴奋的心理状态；

《EQ情商》——情绪是指感觉及其特有的思想、生理与心理的状态及相关的行为倾向。

总的来说，当我们的生理或精神上受到外来刺激时，会引起种种心理反应，这些反应即为情绪。

情绪是指人对客体是否符合自己需要而产生的体验，凡符合需要的事物都能引起愉快的体验；反之，则会引起不愉快的情绪。情绪是以主观体验、生理变化和外部表现为特征的。情绪具有审美功能、适应功能、交际功能和动机功能，情绪是一个人可以依赖的最重要的内在资源之一。

情绪是以主观体验、生理变化和外部表现为特征的

以快乐这种情绪为例，当我们达到了渴求的目的，原有的紧张感就会解除，这时我们体验到的情绪就是快乐。此时，我们主观上的体验会是愉悦、欣喜、满足，生理上则会变得放松，外部表情则是笑逐颜开、神采飞扬甚至手舞足蹈等。

情绪使我们具备了审美功能

周围世界的美与丑对一张没有生命的桌子而言是没有意义的，因为桌子没有感受的能力；与桌子相比，人类真是幸运，大自然不仅赋予周围世界的美丽，而且让我们具备了一种天赋——感觉并体验世界的能力。由于这种能力的存在，生活才有意义：大到为理想而奋斗，小到为一顿晚餐而辛劳，都可以让人体验到愉悦、欣喜、满足和成就感，这种感觉若用一个心理学术语来概括，就叫：幸福感。

情绪是我们适应生存的心理工具

我们都知道躯体在帮助我们适应环境、有效生存中所起的作用。海边的人靠捕鱼为生，高山上的人靠狩猎为生，平原上的人靠耕种为生……人类因势利导，靠自己的双手发展出最有效的生存环境和生存方式，如遇外敌入侵及自然灾害，人们还要凭借自己的躯体力量或反抗或逃生。

但很少有人想到，若没有无形的情绪做中介，上述一切活动甚至都不会发生。因此，情绪是帮助人适应生存环境的有力而且首要的工具。

情绪影响人际沟通与交流

在与人交往的过程中，情绪使我们得以主动协调与他人的关系，

比如通过微笑表达友好，通过热忱表达关切。我们还知道：表现快乐会使人感觉愉快，表现稳重会使人感到放心，表现体贴会使人感到亲近，表现幽默会使人感觉放松。

最有意思的是，不论是实验还是经验都已证实，人类的基本情绪（快乐、愤怒、恐惧、忧伤）都是一致的，都有着共同的生物学基础。正因如此，情绪不仅有助于我们在本民族内沟通，而且也使我们得以和世界各地的人沟通。

情绪可以激发人的行为动机

爱会成为激发人们为正义、为和平、为环境、为美好生活而奋斗的动机；好奇会成为激发人们去冒险、去探索、去努力认识世界的动机；忧伤会成为激发人们深入思考的动机；恐惧会成为激发人们追求安全的动机；焦虑会成为人们争取放松的动机……

正因为情绪具有审美功能、适应功能、交际功能和动机功能，所以情绪是一个人可以依赖的最重要的内在资源之一。

汽车由马达推动，人的行为由情绪推动。人的情绪直接引起生理反应，进而可以调动体能。当情绪控制人的时候，可能会失去理智。80%的生产安全事故由情绪引起，20%是由其他因素引发，违规操作也是由不良情绪引起的。因此可以提出不良情绪是安全隐患，管理情绪至关重要。强烈的感性会战胜理性，为朋友两肋插刀，为亲情忍受痛苦。

低智商的人为高智商的人干活，高情商的人领导高智商的人，都说明情商的重要性。高情商的人擅长调动别人做事，高智商的人擅长自己亲自做事。领导者是擅长调动别人情绪与自己共鸣的人。高智商的人个人业绩会很优秀，但是如果没有情商，其生活会有许多苦闷。不善于管理情绪的人，常常会经历内心的纠结，会破坏其专注工作和清晰思考的能力。

高智商的男人理性，做事的能力强。高情商的男人感性，动感应变，做人的能力强。高智商的女人理性，内向沉稳，高情商的女人外向开朗，生活充满情趣。高智商的人做事能力强，擅长跟事情打交道。高情商的人做人能力强，善于与人打交道。

高智商的人如果抱怨怀才不遇，是因为情商不够。20/80原则影响一个人的成功，智商贡献了20%，其他因素贡献了80%，其中重要的是情商。

情绪弹簧

人的情绪有高潮、平稳，也有低潮，情绪平稳是正常状态，过高过低都属于偏离了平衡位置，就如同弹簧一样。过高了要适当拉低，过低了要适当拉高。过高了不能回归平衡就是阳亢，过低了不能回归就是抑郁。抑郁症要用药物，但是伤害大脑。调整情绪高低的能力就是情商。如果在实质性病变之前，管理好情绪，就有可能避免疾病的痛苦了。

人的痛苦在于欲望无限，资源有限。人与动物的区别在于理性，人如果失去理性就是动物，但是激情会压倒理性，情绪失控具有严重的危害性，就如同脱缰的野马，会把主人置于死地。因此必须学会管理情绪，不能让情绪泛滥。摆脱不良情绪的路径有两条：极端的不良情绪需要配合药物，正常范围内的不良情绪可以自我管理。

明代医学家龚廷贤提出保健养生33字诀：薄滋味、省思虑、节嗜欲、戒喜怒、惜元气、简言语、轻得失、破忧沮、除妄想、远好恶、收视听。

《中庸》说："喜、怒、哀、乐之未发，谓之中。发而皆中节，谓之和。君子，中庸；小人，反中庸。"

这些在我们看来就是管理好情绪，达到中庸状态。可以过，也可以不及，但是都要能够调整到平衡状态。

人类的情绪数百种，其间差异细微，可以分成组，如下所示。

- **愤怒**：生气、愤恨、发怒、不平、烦躁、敌意、暴力。
- **恐惧**：焦虑、惊恐、紧张、关切、慌乱、忧心、警觉、疑虑、恐惧症。
- **快乐**：如释重负、满足、幸福、愉悦、骄傲、兴奋、狂喜。
- **爱**：认可、友善、信赖、和善、亲密、挚爱、宠爱、痴恋。
- **惊讶**：震惊、惊喜、叹为观止。
- **厌恶**：轻视、轻蔑、讥讽、排斥。
- **羞耻**：愧疚、尴尬、懊悔、耻辱。

数百种情绪，驾驭起来谈何容易！但是一个人如果能够相对于别人来说更主动一些，就有了影响别人的能力。有了影响力就拥有了领导力，领导力的实质是一种影响力，一个有志于缔造个人影响力的人，是善于运用和调控自己情绪的人。善于驾驭自己的情绪属于优秀的素质。

能够比别人主动一点就是相对优势。什么叫相对优势？森林里两个猎人在子弹用光以后在树下休息，突然出现一只硕大的熊，其中一个人说快跑，另一个人说没有用，跑不过它，第一个人说："我能跑过你就行！"

领先一步就有了相对优势。

情绪复杂且类别很多，强弱不同还各有千秋。经实验证明，人类的基本情绪有四种，即快乐、愤怒、恐惧和忧伤。

《情感智商》一书的作者丹尼尔·戈尔曼指出，从情绪管理的角度分析，乐观的情绪使人不至于产生无力感、冷漠，做事较有自信，比较能经得起打击、挫折。同样的事，不同的态度，不同的看法，会产生不同的结果。乐观的情绪是动力的助长器，据医学杂志表明，乐观的情绪可以刺激大脑前额叶更为发达，而大脑前额叶的发达可以刺激人的思维运转得更为迅速。一个时刻保持乐观情绪的人，才会拥有更加自信的心智，而乐观的情绪更能激发一个人的奋发精神，让人更自信地面对未来，更有效地去解决问题。

愤怒是一种常见的消极情绪，它是人对客观现实的某些方面不满，或者个人意愿一再受到阻碍时产生的一种身心紧张状态。在人的需要得不到满足，遭遇失败、不公，个人自由受限制，言论遭到反对，无端受人侮辱，隐私被人揭穿，上当受骗等多种情形下人都会产生愤怒情绪，愤怒的程度会因诱发原因和个人气质的不同而有不满、生气、恼怒、大怒、暴怒等不同层次。发怒是一种短暂的情绪紧张状态，往往像暴风骤雨一样来得猛、去得快，但在短时间内会有较强的紧张情绪和行为反应。愤怒的情绪郁结于心会产生强大的力量，一旦发泄到外面，会造成难以估量的损失。

恐惧的情绪是人与生俱来的东西。恐惧的情绪初期表现为紧张，然后担心、迷惑，进而导致手足无措，无法把握眼前事情的方向，严重的会引起"社交恐惧症"。总被恐惧情绪控制的人一般性格比较内向，不爱与人打交道，长此以往地沉默下去，最后就会导致恐惧情绪成为一种惯性，对外面的世界越来越迷惑，对自身的能力产生怀疑。一个恐惧的人，他在面对事情时更加不自信，不再相信自己的力量，也不再相信未来在自己手中真的可以有所改变。

忧伤的情绪通常表现为郁闷，郁闷可以说是介于忧虑和愤怒之间的情绪，它虽然不会像愤怒和恐惧那样来势汹汹，但会在时间的累积中不停地消磨人的斗志，当困难降临时，甚至连反抗的力量都没有了。郁闷的情绪如果不能得到及时的控制，人就会在这种放纵中更找不到前进的方向，从而产生恶性循环，甚至导致"忧郁症"。那样的话，不仅影响正常的生活，也会影响人与人之间的感情和对事情的看法。情绪是可以互相转换的，郁闷会把所有不良情绪都摄取一点融入其中，一经激化，就势不可当了。

处于烦躁状态的人，一旦被触发导致了情绪失控，不管是愤怒还是焦虑，情绪强度都会特别大。愤怒是人最难控制的情绪，但是宽容、积极和移情会减少愤怒。

以下情况人感到受到危险：人身威胁、自尊或尊严受到了威胁，比如被不公正或粗鲁对待、被侮辱或被命令、追求重要目标时受挫。这时候一个人通过判断对方的实力，决定"战斗或逃跑"。

人的素质可以概括为三个商数：智商、情商、逆境商。

（1）**智商**的构成有内部智力和外部智力。

- 内部智力包括：注意力、记忆力、观察力、理解力、想象力、推理力、思考力、洞察力、内省力、创造力。
- 外部智力包括：知识、经验、技能。

（2）**情商**的内容很广泛，包括：乐群性、稳定性、恃强性、兴奋性、敢为性、敏感性、怀疑性、幻想性、世故性、忧虑性、实验性、独立性、自律性、紧张性。

（3）**逆境商**包括：信念、自信心、意志力、容挫力、乐观性。

三个商数的功能分别是：智商使人抓住机会，情商使人利用好机会，逆境商使人不轻易放弃机会。西班牙斗牛场用的牛，在很小的时候就进行了心理素质考验，如果它敢于向对它进攻的人反击，那么说明它具有不畏强暴敢于反击的意志，是培养的对象。如果它小时候对于进攻是躲避的，那么只能作为肉牛。人没有意志力，做事会浅尝辄止。

请你观察一个人，如果你认为他是成功的，一定能够找到他情商的突出部分。通过加强或者弱化情商的某个部分，有助于我们获得顺利的生活。

对情商内容的解释

一个人力资源总监告诉我，"我是人力资源总监，最怕的就是与人打交道。"接触多个人力资源总监，我夸张地定义了人力资源总监就是"找死的位置"。为什么呢？高兴的人不找你，找你的人全是不高兴的，高兴的人找了你也不高兴。看上去权力很大，其实权力都在老板那里，老板的意志你要变成制度约束员工，员工不骂老板骂你："搞人事的不干'人事'"。

解决的路径是：提升情商的"**乐群性**"。

银行的领导诉苦："现在银行网点储蓄所顾客排队，谁都不耐烦，把怒火发在柜员身上，柜员总是被呵斥，恨不得把制服脱了，跟顾客暴打一顿，再也不干柜员了。"

如何提高柜员的"乐群性"？第一，把顾客发火当做同这个位置上的人发火，不论谁坐在这里，都会遭殃，顾客通过这个位置的人把火发给这个银行。这样就不会把所有的烦恼都自己扛了。第二，跟大夫学习，大夫总跟患者打交道，不能病人的病没有治好自己成了病人；柜员也不能把顾客的不良情绪传染给自己。

一个乐群性高的人，善于同各类人交往，放弃自己的情绪感受，适应和运用别人的情绪。

有人问这样的问题："管理情绪太难，我这个人经常发火，发完火还后悔，要找人检讨，然后发誓再也不发火了。但是遇到事情又火了。发完火后悔、检讨、发誓，再发火、后悔、检讨、发誓。几个循环后就彻底放弃了，真是江山易改，本性难移。"我问他："都同谁发火了？同老板发不发火？"他说："巴结还巴结不上呢，没有火。"我告诉他："你这个人自制力相当强，该发火时发火，不该发火时就不发火。"

这说明这个人的情绪稳定性不够。原因是自己给予自己的两个力量还不够。两个力量足够，情绪的**稳定性**就高，人可以干任何事情，也可以不干任何事情。这两个力量就是恐惧和诱因。

发完火就后悔的人是思维比行为慢半拍，先有行为发生，然后才有思维活动。先动，然后才知道错了。

一个学员马上反应："我就是慢半拍那个人，告诉我如何让思维提速？"

我告诉他："提速很难，减速还可能。当你要发火的时候立刻上厕所，或者数6～10个数"。

也有人提："我是刀子嘴豆腐心。"

刀子嘴豆腐心的人，伤人又伤己。既丢了米又丢了鸡。等于刺伤人的心后再给他一个甜枣，修补的不是地方。

一位老板说："我的员工待遇很好，就是见到我害怕，到我办公室腿都发抖，话都说不清楚。"这位老板就是刀子嘴豆腐心，伤的是员工的心，暖的是员工的嘴。如果员工发傻，一般是被老板吓傻的。

一位经理说："手下一个员工每到月底就向我借钱，月初还，但是下个月底还借钱。每次我借给他钱就骂他。估计我借给了他钱他也会诅咒我。"这就是刀子嘴豆腐心。

有人提出这样的问题："手下有能人，不敢管，怎么办？"

这属于情商的**恃强性**，要求人找到自己的强点坚定地站稳。再了不起的人在一个组织里也是一个零件，要与别人组合成部件，才能够实现自己的功能。整合"IQ"用"EQ"，整合"EQ"用

"IQ",整合"EQ""IQ"都高的人用"阿Q",实质上是服务型领导。刘备就是这样的领导风格,遇到事情就爱哭,然后手下人就开始表现自己的本事,刘备这种特点可以定义成"缺陷美"。内含的领导学原理是:

给平台比指挥重要

只要我能够掌舵就不需要别人推

人人讨厌被管理

人人喜欢自由

人人有逆反心

管孩子多了孩子逆反,管下属多了下属逆反,向上级提建议多了上级也逆反。

王英老公开车,她在副座上操心:"红灯,绿灯,注意左边,注意右边,走这个方向。"先生闷闷不乐,也不回答,也不听。到地方了,老公也不说话。王英是直性子的人,要老公解释咋回事。老公说:"开车我是专家,路我也是专家,你操心属于干扰。就像你炒菜我唠叨你,你会高兴吗?"王英是聪明人,知道了不能怀疑别人的"专家权"。

不过这里给专家的建议是:**专家没有 EQ 可能走向专断,总裁没有 EQ 可能走向独裁,管理没有 EQ 可能只管不理。**

一个**兴奋性**强的人永远没有烦恼。如果你到一个人面前感到紧张,那是他的磁场强度比自己大。能够在磁场强度大的人面前保持足够的兴奋性而不被压抑过度,说明自己有可能走向高层。

一个年轻人告诉我:"前不久总公司大老板来到我们二级公司,

晚上要开联欢会，小老板让我主持，其实我是学生干部出身，主持是没有问题的。但是我客气了一下说有点紧张，小老板以为我被彻底摧毁了磁场，就换了别人。那个人也是学生干部出身，顺利主持完毕，结果大老板就把那个人领走提拔了。我真后悔，你要是早点来讲课就好了。"

在大老板的面前，更紧张的是小老板，他把这个年轻人的压力放大了。

提升情商有利于抓住机会，横向比较发现自己的竞争优势，认真准备提升做事的能力，集中精力统筹现场，全力以赴必有所成。

在压力面前保持适度的兴奋性，有助于提升磁场强度。

面对复杂的现实，敢做比会做更重要，这叫做**敢为性**。敢为而不莽撞。

敏感性是指适度敏感，太敏感了容易受伤，日本推行钝感力。敏感加钝感可以成为"情绪单极化"：接收良好的情绪，不接收不良情绪；释放良性情绪，不释放不良情绪。

> 曾宪梓17岁到香港投奔叔叔，叔叔给了他7000元港币，曾宪梓用来做手工领带，他到沙头角摊贩那里出售，没人理睬。他去的时间长了，混熟了，下午西装革履伺候人家下午茶，那些小老板帮忙销售了一些。但是他知道要想做大，需要与大老板合作。他通过中间朋友请大老板到澳门去玩，大老板玩得高兴，就问曾宪梓是干什么的。曾宪梓说："我是做领带的，这是我做的领带，请您指教，不过我是个小不点企业。"大老板说："你的领带我都要了。"一下子就把曾宪梓变成了领带大王。

后来别人问曾宪梓，当年别人把你赶走你感到丢不丢脸，曾宪梓说："当年这张脸没有人认识，本来就没脸，所以就没脸可丢。"

情绪单极化

敏感和钝感的组合叫做情绪单极化。吸收优良情绪，不吸收不良情绪；输出优良情绪，不输出不良情绪。我把曾宪梓的这个成功特点定义成情绪单极化，敏感到能够抓住机会，钝感到不怕丢面子，不为了面子丢了里子。

东软公司招聘人才，营销总监面试一个男生："你长得也太难看了，这么丑还到我们东软公司，知道东软是干什么的吗？"男孩说："我长得再难看也比你好看多了，你那么难看咋还面试我呢？"营销总监又说："你的成绩也太差了，这么笨还来东软集团。"男孩说："我要是学习好不早考研究生了吗，考不上研究生才到你这里来的。"又这样过了一会儿，营销总监说："行了，要的就是你。"

这个男孩的钝感力预示他具有较好的业务员前景，很快他就很优秀了。

怀疑性是指善于提出问题。

幻想性是指思维活跃，善于思维创新。

世故性是深谙世事。大人物高 EQ 是政治家，小人物高 EQ 是世故圆滑，善于同各类人打交道，缔结网络。奇瑞公司的人力资源总监说："奇瑞录取人才首先选择优秀的干部，他们情商高，善于与人合作，在公司如果不能与人合作，不善于配合别人或者得不到别人的配合与帮助,学不到东西,就难以在公司生存。"

在美国的大学,会有意识培养学生缔结网络的能力。

富士康公司的新员工提问:"师傅之间有派系,我在中间,谁也不教我,我不会业务,请求指点。"我告诉他:"看准有技术实力的人,投向一个师傅,利用好工余时间主动沟通。"

忧虑性是指知道自己的不足,看到潜在的风险。符合孟子的智慧"生于忧患,死于安乐"。但是当资源有限的情况下,发挥优点胜过克服缺点,发挥优势胜过克服劣势。

实验性就是执行力比较强,能够把思想变成行动,动手能力比较强。

独立性指情感独立,能够独立思考。有人陪伴快乐,没有人陪伴也快乐。有人表扬开心,没有人表扬也开心。

自律性指定力,《大学》说"定生慧",一个没有定力的个人难以成事,一个没有定力的企业长不大。人需要抵制难以抵制的诱惑,抑制难以抑制的冲动。

紧张性指资源有限时,迅速行动。

哈佛心理学家麦克利兰研究一家全球餐饮公司,发现高情商的人中,87%业绩突出,奖金额领先,其所领导的部门销售额超出指标15%~20%。而情商低的人,年终考评很少优秀,其所领导的部门业绩低于指标20%。所以,著名的"二八"原则告诉我们:成功的人20%靠智商,80%靠情商。

情绪免疫力

与医生相比,护士的情商更重要。老师系列里,幼儿园老师、小学老师、中学老师、大学老师,越往后智商越重要,越往前情商越重要。

情绪免疫

今天的人服用各种维生素来提升机体免疫力，但是如果情绪不佳还会生病。医学数据证明：75%的病由情绪引起，经常保持好心情，寿命增长5～7年。得恶性肿瘤的人，往往是因为突发性情绪不好。在今天以人为本的大环境里，90%的人厌恶办公室文化，90%的职场人亚健康。

虽然鼓励发泄不良情绪，但是职场上一个组织的一号人物心情不好，发泄的地方不多，有压力也不能跟内部人说，会影响士气；跟外部的人说，懂的是对手，不懂的说了也白说。而中层领导者发泄的机会就更少了，有痛苦不能总向上级说，说多了自己就会下去；跟下级不能说，下级会巴不得你下去我上去。中层领导者要执行制度，敦促属下执行，这会导致属下的人不开心甚至痛苦，他释放了"病毒"。遇到敢于顶撞的下属，他要吃"病毒"，他还可能要吃来自上级的"病毒"，因为高层对中层一般不会客气。

所以很多人的郁闷是没有办法发泄的，只有锻炼自我消化的能力，把这个自我"消化病毒"的能力叫做"情绪免疫力"。情商是管理情绪的能力，有助于提升情绪免疫力。

我们经常看到这样的人，受过高等教育，他的智商使他具有非常丰富的知识，使他能顺利地到一家单位就职或者从事一项研究工作。如果他情商高，情绪稳定，适应环境能力强，对外界和上司、同事没有过分苛求，对自己有适当的评价，不因外界的影响而"热胀冷缩"，在受到挫败时能"重整旗鼓"，并能不断提高自身心理素质，从不怨天尤人或悲观失望。这样，他的智商和潜能就能得到充分发挥，在工作中就会游刃有余，走向成功。反之，一个人智商虽高,却以此自负,情商低下,昼夜为自己周围并不理想的环境所困扰,那他的结局或是愤世嫉俗、孤芳自赏,与社会、公司、同事融不到一起。或高不成低不就,一辈子碌碌无为;或走上歪门邪道,毁于高智力犯罪。由此可见,一个人成功与否,情商与智商一样重要。

情商的价值

几个真实的统计数据和试验结果,表明了情商的巨大作用。

资深学者丹尼尔·戈尔曼宣称:"婚姻、家庭关系,尤其是职业生涯,凡此种种人生大事的成功与否,均取决于情感商数的高低。"一份调查报告披露,在"贝尔实验室",顶尖人物并非是那些智商超群的名牌大学毕业生。相反,一些智商平平但情商甚高的研究员往往以其丰硕的科研业绩成为明星。其中的奥妙在于,情商高的人更能适应激烈的社会竞争。

宾夕法尼亚大学的马丁·塞利格曼教授根据多年研究,发表了他的"乐观成功理论"。他认为,一个具有自信和乐观精神的人往往比缺乏自信、悲观失望的人更容易取得成功,尽管两者在智能上相差无几。塞利格曼在新加坡对某保险公司 15 000 名新员工做了跟踪调查,这些人都经过两次测试,一次是公司常规的摸底测试,另一次是塞利格曼的信心测试。结果,有几位员工在摸底测试中不及格,但在信心测试中却达到"超级乐观者"的水平。果然,这几名"超级乐观者"证明了自己是最优秀的推销员,他们在第一年就比那些"悲观者"多推销21%,第二年更高出57%。从此以后,这家保险公司便把"赛氏测试"作为招收新员工的主要测试手段。

得克萨斯的一所小学,一个班级的8位同学被叫到校长办公室,一位学者发给每个人一块包装精美的糖,你们可以随时吃掉。不过,谁要是能等到我回来后再吃,还会再得到一块糖的奖励。

随着时间的推移,一个意志薄弱者首先剥掉糖纸吃糖,嘴里发出"啧啧"的诱人声。受他的影响,有几位同学也放弃了得到另一块糖的机会,剥开糖纸吃糖。过了40分钟,仍然有一半的学生理智地控制了自己的欲望,一直等到学者回来,幸运地得到了最好的结果。

学者跟踪这些参与者长达20年,结果发现凭借良好的自制力能够延迟满足的学生,数学和语文成绩要比那些管不住自己的学生平均高出20分,参加工作后把握机会的能力都很强,都能够不畏艰难走出困境获得成功。而那些没有经受住延迟满足考验的学生,后来大都没有什么出息。

这项情商测试"延迟满足"心理实验,说明两点:一是情商的内容包括两大要素,价值判断和自制力,不但要判断出什么对自己有利,还要抵御诱惑,控制自己采取正确的行动;二是情商比智商重要。

情商的核心内容

"情商",是一个人了解自身感受、控制冲动和恼怒、理智处事、面对各种考验时保持平静和乐观心态的能力。是指在对自我及他人情绪的知觉、评估和分析的基础上,对情绪进行成熟的调节,以使自身不断适应外界变化的这样一种调适能力。

如果你今天情绪好，你发现你会影响别人。如果你心态很差，你发现你今天做事很不顺利。为什么不顺利？因为你心情太差了，你情绪太差，会影响别人。所以，高情商的人，要能够控制好自己的情绪，要想影响别人首先要能够控制自己的情绪，不要让自己的坏情绪影响别人的情绪，最后影响工作。现在是知识经济时代，人的感情越来越丰富，人读书越多，感情越丰富，越需要在情商上能够和别人互动。

情商的核心内容可以用以下四句话描述：知道别人的情绪，知道自己的情绪，尊重别人的情绪，调控自己的情绪。

情商的培养

情商修炼在于细节

优秀的性格才能成就优秀的事业，而优秀的性格需要出色的情商。情商是情绪管理方面的智力，它表现的范围很广泛，包括细微的小事情。因此，在任何时候都能够表现出一个人情商的水平。

情商是一个人的综合素质，人的每一个微小行为都可以反映出他的情商，大到大型谈判合作，小到与朋友间的闲聊。"不论我们在什么场合使用什么语言，你所说的都是对你自己的写照"（爱默生）。人的一言一行、一颦一笑、只言片语都是整个人内心的完全写照。所以要想打造自己的行为必须从头打造自己。故而打造高情商的过程远不仅仅是读几本书、听几节老师的讲座、记下几条行为准则的过程,而应是通过这些有益的启示自己反复领悟、实践并让这些思想通过每一个细小的实践过程逐渐感化自我的过程。

培养自己每一个行为习惯的过程又都是重塑一遍自我的过程,也就是说,在修炼我们某一个细微行为或是培养某个习惯的时候,就是对我们整体情商、心态、观念的调整。这就是修炼时应从小处着眼的道理所在。

高情商者能在日常生活中及时调整自己获得快乐,以下是五条通向快乐的途径:不要存有憎恨的念头,不要让忧虑沾染你的心,简单地生活,多分享,少欲求。

握手与情商

玫琳凯化妆品公司的创始人玫琳凯年轻时做推销员,一次听营销总监演讲,演讲具有极大的煽动性,几乎所有人的情绪都被调动起来,玫琳凯也在其中。演讲后大家最大的希望就是同营销总监握手,这样握手的人排起了长队。几乎两个小时以后,终于轮到了玫琳凯握手,她怀着十分激动的心情伸出了两只手,急切地希望得到热烈的握手。可是台上的人已经握了两个小时的手了,对人和手已经麻木了,台上台下两个人的心情是不一样的。总监只是伸出一只手,松松地递给玫琳凯,并且没有看她,而是从她的肩上看过去,看看还有多少人等着握手。这个动作使玫琳凯受到了极大的刺激,她感到总监根本没有意识到他是在同一个活人握手。她感到一盆凉水从头浇到脚,自尊心受到了极大伤害。她狠狠地发了一个誓:一定要有自己的公司。45岁的时候，玫琳凯退休，成立了自己的公司。当她有机会同别人打招呼的时候，一定会很认真，并且从对方身上找到一个值得赞美的地方告诉对方。她的公司人际关系融洽，她在与不在都没有关系，人们工作始终积极热情。

和高层的领导人握手时，不能用力去握。因为他每天要握很多次手，每次都用力会导致他疲劳。

握老人的手不能太用力。一次我见一位退休的老演员林老师，我伸出两只手去握她的一只手，还用力抖了几下，林老师急呼："别抖，别抖，我的胳膊刚刚骨折。"后来我想，像我这种年轻人，用大学时玩单杠双杠的手去抖老太太的胳膊，好的胳膊也会搞骨折的。

说话与情商

情商不高的典型表现

一位村长说话直率，但别人有大事小情总要请他去吃饭。一家盖了两层楼的房子，请他去吃饭。他说："别人都是平房，你家二层楼，万一倒塌了不把人都砸死了吗？"主人本来想听些吉利的话，可是此时如同吃了苍蝇。回家太太告诉他，说话太难听，以后别人请客时多吃饭少说话。又一次，一家小孩满月，请村长去吃满月酒。临行前太太告诉他：多吃饭少说话，否则孩子有病死了找你算账。他记住了，整个吃饭过程时刻警告自己，别说话，要不万一孩子有事会找我麻烦。终于吃完了饭，主人高高兴兴送村长出门。出了大门村长终于忍不住说话了："我今天可什么话也没说，将来这孩子有病死了你可别找我。"

1997年暑期，我在广东大亚湾核电站工作三个月。核电站的人带领我们参观公关中心，公关处长向我们介绍一幅挂毯，这幅挂毯是香港中电集团专门为大亚湾核电站制作的，是核电站的园景——浅黄色的核反应堆和蓝色的海滩。公关处长说："这是香港中电集团专门送给我们的，是我们最好的东西。"我们参观队伍中的一位女核专家说："这不算什么，这有什么漂亮的。我们北京的长城挂毯那才叫漂亮。"公关处长刚刚说完这是最漂亮的，客人却说没有什么漂亮的，公关处长很尴尬，张着嘴不知说什么好了。我感到公关处长已经受到了伤害，人家说这是最好的，你说不算什么，其他不是最好的东西就没有办法介绍了，而我们的参观才刚刚开始。于是我接着说："物以稀为贵，珍贵只因罕有。长城挂毯到处都有，大亚湾园景却是独一无二的，真是很漂亮的。"公关处长尴尬的脸上露出了笑容："看来你们的观点不太一致吗？"我说："略有不同。"公关处长又可以愉快地进行下去了。

无意伤人仍会使别人受到伤害。

有些人说话时不顾及别人的情感和面子，尽管自己也得不到什么好处，但似乎以令别人难堪为快乐，这是情商不高的典型表现。

轻松幽默获得别人的接近

> **爱迪生的智慧与幽默**
>
> 著名发明家爱迪生常被采访的记者围住,回答他们提出的各种刁钻古怪的问题,显示了非凡的智慧与幽默。
>
> 一次有人问他是否需要给某个正在修建中的教堂安装避雷针,爱迪生回答说:"一定要装,因为上帝往往是很大意的。"记者问他是如何想象上帝的,爱迪生回答:"没有重量,没有质量,没有形状的东西是不可想象的。"

幽默是人际交往的润滑剂,它可以使人笑着面对矛盾,轻松释放尴尬。幽默是一种机智地处理复杂问题的应变能力。幽默是教育最主要的、第一位的助手,幽默往往比单纯的说教、训斥或嘲弄使人开窍得多。

当我们把重点放在宽容的时候,就会忽略其中的恶意和偏执。给自己轻松,同时也给别人宽容。真正的优越感不是来自于争执时占了上风,而是来自于对别人的宽容。有了这种轻松的豁达,幽默感自会产生。善于发现幽默的机会是心胸豁达的表现。

过于拘谨难以发现轻松幽默

圣诞节人们喜欢发送短消息送惊喜幽默的礼物。一个朋友给我发了一条"你生蛋快乐",我感到滑稽好笑,转发给了熟悉的人,其中也包括一个同学的小妹妹。由于我没有署名,小妹妹打来电话问我是谁，我告诉他我是谁，她问我是否给她发了消息，我说是。她让我再发一遍，我以为她很喜欢，就又发了一遍。她回复道："我以为哪个讨厌的男孩，原来是你。如果换成别人，我一定骂他，真讨厌！"我才知道原来同学小妹见到短消息已经非常不高兴了，她觉得是一种侮辱而不是幽默！

给我的教训是，同样的情景不是对所有的人都能引发幽默感。人们处于不同心境时对同样的情景有不同的反应。

但是，如果别人想同你开个玩笑，你冰冷拒绝，以后别人就会对你保持距离，并对你怀有戒备之心。解决的途径是：别把自己看得太重。把自己看得太重的人很难有轻松幽默感。

别把自己看得太重

电梯可以乘坐13人，已经坐了4人，来了一个重100公斤的胖先生，他说："我进去会不会超重呀？"里面的人回答："别把自己看得太重！"

克服害羞和恐惧心理

害羞的原因是过于注重"自我形象"，把自己看得太重。忘掉自我，别拿自己太当回事。世上最秘而不宣的秘密是：战胜恐惧后迎来的是某种安全有益的东西。哪怕克服的是小小的恐惧，也会增强你对创造自己生活能力的信心。如果一味想避开恐惧，它们会像疯狗一样对我们穷追不舍。此时，最可怕的莫过于双眼一闭假装它们不存在。当你因为害怕不行动会使事情变得越来越糟时，恐惧心反而会激起你去采取行动。因为过分惧怕而不采取行动，恐惧心就会变成前进道路中的最大障碍。当你超越了自己的恐惧，就会感到轻松自在，你会发现所害怕的东西根本没有你想象得那样糟糕，而你想象的恐惧比实际处境更坏。不冒险就没有收获，克服恐惧、摆脱习惯才会享受冒险的喜悦和探索的回报。生活不会遵从某个人的意愿发展，积极面对随时可能发生的改变才会有惊喜。

猪马不同槽

我在哈佛大学商学院研修领导学时，全班70个学员，只有我是中国人，大家讨论案例。其中一个纽约人在讨论合伙人构成体系的时候说："Pigs and horses do not feed together"（猪马不同槽）。全教室哄堂大笑。过一段时间课堂沉闷，有人建议把那个玩笑再说一遍，结果大家又大笑一阵。又过了一段时间，课堂又沉闷了，又有人建议他再说一遍，结果大家又笑了一次。这有什么值得那样高兴的呢？

这件事告诉我们，不同文化背景的人对同样一件事的感觉是不同的。因此，当与其他国家的人在一起时开玩笑要慎重，别人对你的幽默没有反应也是正常的。文化背景决定了幽默的存在，幽默要与环境相匹配。

用故事塑造人

> 高亮从前公司的老板是个公认的有人格魅力的人，大家都戏称其为"老大"，老大为人谦逊、兼听、知识广博、自信、诚

实,因此成为他的楷模,也是高亮留在公司的最重要原因,整个公司四十几人,没有明确的规章制度来约束,也没什么激励的方法,但公司上下都感到了身在集体中的愉悦,在公司总能快乐地工作,即使在困境中也都信心百倍。是什么在起作用?是公司文化!公司从不开正式会议,必要时大家坐在酒桌前研究问题,布置任务,而后开心欢聚,再去各行其事。老大是个篮球迷,每周都找个时间提前下班组织大家打场球。平时员工周末不休息,但只要个人有事可以请长假。平时大家总出差,但无论事办成办不成,公司允许大家出差时在当地"浏览一下风光"。最突出的一点是只要一有时间,老大总要给大家讲故事,有他自己的,也有公司其他人的。久了高亮也讲故事给别人听,有时不小心遇到了故事中的情况自己也不自禁地去做了……其他人也被故事感染,有意无意地仿效!老大讲故事是无心,但却无形中形成了一种文化,正是这种沉积下来的价值观约束和激励了员工,虽无制度,但无招胜有招。

一位企业家有两件事要做:一是把别人兜里的钱装到自己口袋里;二是想办法把自己脑袋里的东西装到别人脑袋里!后者是前者的前提,所以成功的企业必然有一个成功的文化在背后,而企业的文化是靠故事来传播的,一个个动人的故事能凝练成行动的指南。所以另一个结论是:成功的企业家必然要会讲故事!管理知识也靠故事来传播,一定量的理论是必要的,而必要的故事是不可少的。

在企业管理中要让一个思想传播深远,枯燥的说教永远没有故事有效。

> 一家民营企业投资餐饮业——风味小吃城，总共有31个摊位，每个摊位出租，顾客到每个摊位处开票，然后到收银台处统一付款，最后企业按照每日流水额的25%提成，从而与摊主分享收入。由于刚开始控制不善，许多摊主不向顾客开票，而是直接收取现金，导致公司蒙受损失。这种风气产生了很坏的后果，企业采取了一系列的控制措施，但效果不是特别明显。后来决定如果哪个摊位被抓住了，采用重罚的方法。但惩罚毕竟不是目的，重罚的摊主可能还会在其中捣乱。公司目前最重要的是改变已变坏的文化氛围，而文化是靠故事进行传播的，要善于制造故事。所以白刚为公司老总出了一个点子：
>
> 某一天，由公司一名员工（摊主们不认识）去小吃城吃饭，故意给一位摊主现金，这位摊主偷偷地将现金收下（这位摊主事先交代好了，属于内幕人），然后抓住，进行重罚（罚的很离谱，其实根本没有罚款），事后由这位摊主负责在小吃城中大肆传播这件事，告诉其他摊主随时有可能被抓住，抓住将会很惨。

这件事，除了给这位配合工作的摊主一些奖励支出外，没有其他的管理支出，但取得的效果十分不错，小吃城的商业文化也得到了扭转。要善于制造故事，善于用故事去传播自己的思想。

移 情

敏感

有一次坐车上班，车上人很多，我身边站着位年岁较大的人，车到站后，正好旁边有个座位空了出来，我正要让给那位长者，谁知那位长者使出了与其年龄不相符的力气与速度，一把推开我就坐到座位上去了，还在我脚上留下了他前进的足迹。在他的脸上我没找到一丝歉意，就更别指望道歉了，有心找他评理，一想有失身份，只好作罢。那真叫一个窝火，好几天都没缓过来。现在看来，如果当时能替他想想（那么多人，自己年纪大，别人不一定保证能给自己让座，与其等，不如自己来了），也就不会生气了。

培养高的情商需要学会换位思考，即站在对方的角度去思考。移情又称为换位思考、感情转移与同理心、设身处地。

移情就是"感人之所感"，同时能"知人之所感"。是既能分享他人情感，对他人的处境感同身受，又能客观理解、分析他人情感的能力。移情可以表现为很多种形式。移情是在情感的自我觉知基础上发展起来的，首先要面对自己的情感。我们越是坦诚，研读他人的情绪感受也就越准确。

每个人天生都会有一定程度的体察他人情感的敏感性。人如果没有这种敏感性，就会产生情感失聪。这种失聪会使人们在社交场合做傻事，或是误解别人的情绪，或是说话不考虑时间地点，或是对别人的感受无动于衷。所有这些，都将破坏人际关系。

移情不仅对保持人际关系的和睦非常重要，而且对任何与人打交道的工作来说，要在工作中做出优异成绩，移情都是至关重要的。无论是搞销售，还是从事心理咨询，或给人治病以及在各行各业中当领导，只要是了解他人的情感对工作有着举足轻重的影响，那么移情能力就是取得优秀业绩的关键因素。

移情并不一定总是通过听别人说话来实现，人们总是用讲话声调、面部表情或其他非语言方式来表达自己的感受。察觉这些细微信息的能力是建立在更基础的情感能力之上的，特别是在自我觉察力和自我控制能力之上的，一个缺乏自我觉察力以及不能控制自身情绪的人是无法去揣摩别人的心情感受的。弗洛伊德曾经说过："人无秘密可言，即使他们嘴不作声，指头也定会喋喋不休。内心的秘密总会通过每一个毛孔泄露出来。"因此，移情要善于察言观色，善于抓住人们情感变化的蛛丝马迹来分析。移情的精髓就在于不通过对方说话的内容而知道对方的感受怎样。

情绪智力包括表达情绪的能力。我们发出的情绪信号，会对周围的人产生影响。能够帮助他人舒缓情绪的人特别有用，他们是极度有情绪需要的人求助的灵魂，处于压力下的人听到有力量的声音都是一种鼓舞。调节他人情绪的能力是处理人际关系艺术的核心，这要求情绪自控力必须达到一定的水平。没有人事技巧，高智商的人也会四处碰壁，自认为怀才不遇却又给人傲慢无礼的印象。

有效的人际交流在于与情绪同步。如果善于与别人的情绪协调一致，或者让别人的情绪跟着自己的走，这些人就会产生影响力。成功的领导者和演说家都是善于调动公众情绪的人。

沟通差距

成人如何同孩子沟通？有四个办法：第一，蹲下去与他沟通；第二，把他抱起来沟通；第三，用他的语言同他沟通；第四，教会他说自己的语言。

同孩子沟通的路径可以解释很多成人之间沟通的问题。沟通是困难的，因为有"沟"，所以不通。要在"沟"上架起桥梁才能够通：一是大家要用同样的语言讲话，二是接受同样的知识教育，三是心理地位平等。

一个企业内部大家都接受同样的培训，共享同样的资源和知识，就有了沟通的文化氛围。如果在知识和心理上形成了高低差，就难以沟通了。

高管团队为了推动企业发展进修了最新的知识，而员工没有共享这个知识。高管团队就会发现这个队伍难带，甚至语言都不通，怀疑自己能力不够。再学习，差距再加大，发现更难带这个队伍。解决的路径是提升员工的高度。

国粹和美声艺术家功底深厚，精修多年，然而收入却不如通俗歌手。每年的春晚都有产生于民间的小品，其当红的程度超过正规艺术院校的作品。原因就是高度差。能够与国粹和美声艺术家处于同样高度的人，毕竟人数不多，不是大众需求。圈子的大小和偏好决定了收获的内容和大小。在学术圈子，共享的是创新，收获的是思想。在大众圈子里，共享的是氛围，收获的是人气。

圈子不同，交换的内容不同；高度不同，沟通方式也不同。

移情换位要因人而异

移情换位这个工具是为了能够了解别人的感情，并引起共鸣性的情感反应，从而缔结良好的人际关系。移情需要区别不同的人，因人而异。

如何对待老年人？老年人的辉煌已经过去，他们已经没有能力再造辉煌，他最大的需要是年轻人对他们过去的认同和现在能力的认可，承认他们的过去，引起他们对过去成功的回忆，并对他们过去的成功给予赞美。如果家中有老人，要经常同他们沟通，经常同老人沟通可以保持他们头脑的活力，由于心情愉快地做事而获得健康。子女要做的就是认同，并欣赏他们的能力，哪怕带有一点善意的谎言。这样可以使他们有一个愉快的心情和快乐的晚年。

> 一位70多岁的老太太,一天儿子和姑爷都回家了,老太太高兴地去做菜,做了两小时,吃饭时老太太问儿子:"菜好吃吗?"儿子实话实说:"不好吃。"老太太不高兴了,又问姑爷:"姑爷你说好吃吗?"姑爷比较灵活,知道老太太心中已经不快,再听到不好吃会导致老太太更大的不高兴。姑爷说:"好吃,比食堂做得好吃多了。"老太太听了很开心,说:"还是姑爷好。"

人老了以后最怕的是被别人看做是没有用的人,最需要的是子女的承认和尊敬。老年人的辉煌在过去,没有能力再造辉煌。子女的尊重和认可能够使老人获得好心情。

青年人刚刚来到社会上,没有什么成绩、财富和社会关系,他有的是时间、精力和学习力。特别是一些自尊心强、重感情的人,很重视别人对自己的看法,对别人的行为、眼神、表情、很短的一句话都很敏感,所以对青年人需要多给予认同和赞美,让他们感到对未来充满希望。

年长的人也许因为年轻人做事毛躁而诋毁他们,可是自己是否想过,当自己处于同样年龄段时还不如他们?不能用50岁人的城府要求20岁人的心智。青年人重视别人的肯定和未来发展。

中年人兼有青年人和老年人的特点,既有辉煌的过去,也有广阔的未来,所以通过沟通赢得中年人的方法是承认他们的过去,鼓励他们的未来。

小孩的特点与生俱来:自信、快乐、创造。后天的教育和激励改变了他的天性。因此我们要缔造孩子的自尊、自强、自立、自信。从孩子降生那一刻起,使得孩子有安全感,并施加积极的影响。对小孩应该关注、照应、理解,如果对孩子的恐惧漫不经心,会压垮其自信心。

我在美国进修学习时,用参加各种活动来填满我的时间,以此来接触美国的风土人情。一次参加感恩节聚会,一个小男孩拿着装满冰块的纸杯去打可口可乐,一不小心掉在了地上,可乐冰块洒了一地。我凭着自己比他年长,就想去批评他:"你怎么这么不小心!"在我的话到了嘴边还没有出口的时候,一个美国女孩说话了:"不要紧,姐姐帮你擦掉,你再去拿杯子打。"当时我脸"刷"地红到了脖子,两国人教育孩子的方法相差太大了,我们总是把自己的意志强加在别人头上,让小孩子按照自己的意志成长,由于自己的不优秀,结果传给孩子的思想也不是最优秀的,反而扼杀了孩子的创新思维,所以孩子长大以后就没有很好的主见和独立性。如果每一个孩子都被教育成唯唯诺诺、没有创造性,这个国家的未来就不乐观了。所以,大胆地鼓励你的小孩去创造,失败了再来。

一个7岁小孩跟我说:"活着没有意思。"我惊讶地问:"怎么了?"他说:"我考不上大学。"我说:"将来大学有钱就可以上。"他说:"我长大后找不到工作。"我说:"工作多的是,不行自己当老板。"孩子仍然说:"我考不上大学,将来找不到工作。"孩子的这种思想是怎么产生的呢?是他父母教育的结果,他的父母这样对小孩教育:"你真笨,这种题都不会,将来你考不上大学,考不上大学就找不到工作。"时间长了,孩子的自尊和自信心被破坏了,形成了惯性思维。

孩子天生具有创造性。父亲同小孩下国际象棋,当父亲让着小孩,让他赢时,小孩按游戏规则走棋,当父亲不让棋,把小孩的皇后吃了,小孩说吃掉一个子不算输,要把子都吃掉才算输。国际象棋的规则是卒子在第一排,小孩感到卒子在第一排影响了重要棋子的出动,说我们把卒子放在后面,让车马象在前面。父亲此时要鼓励孩子的这种创新思维,鼓励小孩改变游戏规则。规则是成人定的,当小孩发现规则对自己不利时他会改变并创造新的规则，打破规则就有创新。

父母是孩子的第一个老师，要想让孩子学习，自己需要学习。要想让孩子不搓麻将，自己就不能搓麻将。中国有句谚语：有其父必有其子，有其母必有其女。

家庭生活是孩子情绪学习最早的学校，父母要善于充当孩子的情商老师。父母情商高，本身就会使孩子受益无穷。

有一个实验叫做"富老鼠"和"穷老鼠"实验。在"富老鼠"的笼子里有大量鼠类娱乐设施。"穷老鼠"的笼子什么设施都没有。过了几个月，两种老鼠出现的差异非常显著：富老鼠的大脑更重，它们走迷宫要比穷老鼠聪明得多。

高情商地培养孩子

培养孩子自信心的途径

尊重孩子，信任孩子。不能常常责怪孩子，像"傻瓜""笨蛋""没出息"这类的话不能送给孩子。只有他扭转了自己"处处不如人"的意识，自信心才能真正建立起来。孩子遇到困难时给予帮助，成功后给予奖励。发现孩子的长处，告诉他，切忌提出不切实际的过高要求，拔苗助长容易形成自卑感。不要小看孩子，相信孩子。不要以为孩子什么都不懂，他知道的很多。也不要以为大人什么都懂，大人也有很多不知道的东西。家长不要以强烈的否定或取笑来对待孩子，不能经常指责、抱怨、训斥、打骂。帮助孩子培养与伙伴们交往的合作能力，这是使他获得自信的重要基础。当孩子经历挫折失败而心情沮丧时，应表示关怀与安慰，花一点时间同他讨论原因，用鼓励法使他学会接受失败和错误,获得勇气。

有一个记者在家写稿时,他4岁的儿子吵着要他陪。记者很烦,就将一本杂志的封底撕碎,对他儿子说:"你先将这上面的世界地图拼完整,爸爸就陪你玩。"过了不到5分钟,儿子又来拖他的手说:"爸爸我拼好了,陪我玩!"

记者很生气:"小孩子要玩是可以理解的,但如果说谎话就不好了。怎么可能这么快就拼好世界地图!"

儿子非常委屈:"可是我真的拼好了呀!"

记者一看,果然如此:不会吧?家里出了神童?他非常好奇地问:"你是怎么做到的?"

儿子说:世界地图的背面是一个人的头像。我反过来拼,只要这个人好了,世界就完整了。

所以不要小看孩子的智慧。一个人如果在小的时候就培养了自信心,那么,无论在智力、体力或处世能力上都有了基础。自信心就像催化剂,能够将人的潜能调动起来,推动人取得成功和幸福。

帮助孩子缔造自信:换种方式说话

有位母亲第一次参加家长会。幼儿园的老师说:"你的孩子有多动症,在板凳上3分钟都坐不了。"回家的路上儿子问老师说了什么,她鼻子一酸,差一点落泪。"老师表扬了你,说宝宝原来在板凳上坐不了1分钟,现在能够坐3分钟了。别的家长特别羡慕妈妈,因为全班只有宝宝进步了。"那天晚上,儿子破天荒地吃了两碗米饭。第二次家长会，老师说："全班50名同学，这次你儿子数学排49名，我怀疑他有智力问题，最好带他到医院看一下。"回家的路上，她哭了。回到家里，看到诚惶诚恐的儿子时，她振作精神："老师对你充满信心，你并不是一个笨孩子，只要你能够细心些，会超过你的同桌。"说这些话时，她发现儿子暗淡的眼神一下子亮了。第二天上学，儿子比平时起得都早。孩子上了初中，又一次家长会，老师告诉她："按你儿子的成绩，考重点中学有点危险。"她还是告诉儿子："班主任对你非常满意，只要你努力，很有希望考上重点中学。"高中毕业，儿子把清华大学招生办的通知书送给了妈妈。边哭边说："妈妈，我一直都知道我不是个聪明的孩子，是您……"

这时，她再也按捺不住十几年聚集在内心的泪水。

小孩的特点是好奇、幼稚、缺乏自信。他们对每一点小小的进步都非常在乎，渴望得到大人的肯定。

一个淘气的小姑娘，平时总是因为淘气而受到妈妈的责骂。有一天，她故意表现得特别好，但从开始到晚上睡觉前，妈妈没有一句表扬的话。她躺在床上哭了。"难道我今天不是很乖的小姑娘吗？"

人类本性中都渴望受到赞美，孩子尤其如此。所以对孩子的一点点进步都要及时鼓励。

正确培养孩子自信心的做法

鼓励孩子说出恐惧，并表示出同情、理解，帮助他消除恐惧。对孩子的成功表示赏识，让他相信如果继续努力他会做得更好。创造条件让孩子不断取得胜利，就像下棋一样，让他在不断的赢棋中培养进取精神。对孩子不要过度保护和溺爱，鼓励孩子自己解决问题，给孩子自行选择的机会并使他看到正确的结果。记住：站在你眼前的仅仅是个孩子。

不能够换位移情的父母会说孩子：你怎么那么懒惰、你怎么那么会捣蛋、你怎么那么笨、你真是败事有余、你是骗子、你真自私、你真是顽固、你在浪费时间、你是人见人烦、你怎么那么爱表现、你真是没出息、你的脾气真暴躁、你是个胆小鬼、你真讨厌。

能够移情换位的父母会说孩子：你努力些可以做得更好；你的聪明可以用在适当的地方；找到了诀窍你会进步；成功之路需花力气寻找；你讲的不是事实；你可以试着为别人着想；别人的意见常有可借鉴之处；你可以更有智慧地运用时间；你可以与别人相处得更好；你需要别人的注意；你讲话可以精简一些；你从别的角度去找自己的长处；你可以控制你的情绪；勇气是需经锻炼的美德；你不那样做我会高兴。

孩子心中的小事情同成人心中的大事情一样重要

一个小女孩站在繁忙的十字路口旁，向指挥交通的警察招手，招呼他过来。警察以为事情紧急，尽最大努力使各方向的车流停下来，跑到小女孩跟前问她有什么事。小女孩说："警察叔叔，你佩戴的肩章同我的铅笔颜色一样。"

现在大部分家庭只有一个孩子，所以孩子是孤独的，缺少小朋友之间的沟通。父母不能以为孩子的问题简单，谈论内容没有成人的意义而不理睬或嘲笑他，成人需要用孩子的语言跟他认真讨论他的事情，让他学着去做事情，尽管他做得没有你做得完美，但这是学习的开始，这样才能够锻炼他的沟通能力，建立他的自信心。

现在每个家庭只有一个孩子，孩子经常说出大人的话，令大人吃惊，其实是因为他没有小朋友沟通，跟父母和电视中模仿的结果，并不是他的智力达到了成人的水平。

不管是否受过大学教育，如果没有情商的概念和意识，很难成为合格的父母。

有些父母能力很强，精力旺盛，担心自己孩子吃苦，担心自己孩子做事情不完美被别人耻笑，所以孩子所有的事情都代劳，甚至玩游戏都替代孩子，这样很难培养出适应力和独立能力强的孩子。当孩子长大成人的时候，自己已经年老体衰力不从心，孩子做事情的能力和方式自己很不满意，这时候反而来抱怨孩子，怎么能力如此之差，其实这正是父母培养的结果。

> 小刚小时候，没有谈话的小伙伴，只能同父母说话，他问一些很简单的问题，有关玩具和游戏以及荒诞不经的事情，父母给予孩子的反馈是否定和教训：别这样说，小孩子不要瞎想，小孩子别参与大人的事，这种话以后不要说了。经常这样的反馈，小刚就不知道什么该说，什么不该说，总之他知道，要说话就会受到父母的训斥。所以他在很小的时候就养成了不喜欢说话的性格，产生了很大的自卑感，不敢同别人说话，更不敢向很多人讲话，只有和很熟悉的人他才敢讲话。现在他已经大学四年级了，马上大学毕业，他面临的最大问题就是学习如何自信地同别人沟通。他需要补课，补8岁之前的课程：学习说话。

其实小孩的语言没有什么实质意义，他只是在说话，具体话是什么意义，并不重要。就是成人，有时候的闲聊也是毫无意义的。锻炼小孩的沟通能力在于说，而不在于说什么。

母亲与孩子情感协调可以培养孩子的同理心，这对孩子情感的培养是关键的，成人后他具有饱满的情感，会减少冷漠。如果孩子的情感受到不协调的回应，他们就会回避表达情绪，也不再会感受到别人的情绪，就不会恰当地把情绪用于人际关系。忽略情绪会削弱同理心，童年期缺少协调的情绪会产生严重的后果。

换位要到位

移情换位要真的能够换过去，真正站在对方的角度去考虑。考虑的因素包括年龄、性别、工资、学识、远见、工作性质、出生条件、家庭状况等，否则换位只是停留在嘴边。

一家广告公司的老板，希望自己的员工在社会上体面地存在。他的员工工资在当地属于中等偏上水平，1500元左右。他的员工在打车时同司机讨价还价，哪怕是1块钱。老板开始看不惯，想不通，觉得员工给自己丢了面子。后来他站在员工的角度去想，他们的工资不高，对钱是敏感的，不能用老板的心理去衡量员工的心理。这样想了以后，他增加了员工的工资。

一个温泉度假村老板，请我去参观他的度假村。草坪上立着一个锁链，我问："锁链是怎样立起来的？"他说："焊接上的。"我问："这个雕塑什么意思？"他说："鼓励逆向思维。"我倍加赞赏这个老板的思维模式。晚上老板告诉我他正准备推出一种新型的激励措施，让所有的旅馆员工挂牌服务，员工分为A、B、C三等。A最好，C最差。对这样一个鼓励逆向思维的老板来说，这个政策出台是否可行？我们用换位的方式可以分析出来。这个政策涉及三种当事人：员工、老板、顾客。顾客如果知道他接触到的服务员是C，他会很不高兴。C会感到压力很大，在别人面前抬不起头来，会跳槽。B会让A多出力，A会面对来自B和C的压力。最后老板本人也会感到麻烦。所以，这个政策不可行。

行为方式分析专家汤姆·柯奈兰博士在一个少年管教所任顾问，管教所的工作人员向他反映在所内频繁出现的恣意破坏公物的问题：那些男孩子经常在墙壁上乱写乱画，堵塞马桶，把水池拆下来等。他们的捣乱行为不仅数不胜数，而且超出了一般成年人的想象。既然必须制止这种胡作非为的行为，工作人员首先想到的是如何教训这些孩子。

他们绞尽脑汁思考怎么来处罚这些孩子。一位工作人员建议，抓住破坏公物的孩子就把他关进禁闭室，几天之内只给他一点面包和水。这个主意是出于他认为十几岁的孩子都特别能吃，这种办法一定奏效。信不信由你，实施这种方法的结果是破坏公物的行为反而增加了。

柯奈兰博士告诉工作人员，破坏行为的增加表明他们的办法是在鼓励破坏行为。每天一点儿面包和水怎么会是鼓励呢？你得这么看这个问题：这些孩子凑在一起总是以此为荣来炫耀自己，就像"你觉得你很饿吧？其实你根本就不知道什么叫饿。让我来告诉你。"于是这个孩子就会说他曾经干过什么非法、不道德或者反社会的勾当，其邪恶程度甚至比他听说过的还要厉害。被关禁闭，每天只有一点儿面包和水，将成为他另一项吹嘘的资本："让我来告诉你什么叫吃苦。有一次，整整10天我只吃一点儿面包，喝一点儿水！"

柯奈兰博士建议管教所的工作人员，与其让那些孩子吃面包和水，不如让他们吃婴儿食品。你能想象事情过后，这些孩子会怎么吹嘘自己吗？他们会这么说："你觉得你吃过苦，让我来告诉你什么叫吃苦。我整整吃了10天婴儿食品！"你觉得这么说能显示他吃过苦，或者具有男子汉气概吗？这肯定不是他们要炫耀的内容。管教所接受了柯奈兰教授的建议，结果恣意破坏公物的行为很快就停止了。

下面再来看一个换位换到位的例子。

18世纪末，英国人来到了澳洲，宣布这是他们的领地，这样辽阔的大陆如何开发呢？英国政府想了个办法，把罪犯统统发配到澳洲去。

私人船主承包了运送犯人的工作。为了便于计算，政府以上船的人数为依据支付船主费用。船主上船前尽可能多装犯人，一旦船离岸，船主按人数拿到钱，对这些人的死活就不闻不问了。他们把生活费降到最低，还故意断水断食。三年间从英国运到澳洲的犯人死亡率高达12%。

英国政府在船上派一名监督官、一名医生，并且对犯人的生活标准做了规定。但是死亡率没有下降，甚至监督官和医生也不明不白地死在船上。

> 后来政府查明了原因：一些船主会贿赂官员，拒绝受贿的就扔进了大海。
> 如何解决？
> 一些绅士提出教育船主、制裁船主，政府试着做了，但是情况没有好转。
> 一位议员想到了制度问题，私人船主钻了政策的空子。制度规定报酬按上船人数计算。如果倒过来，政府以到岸的人数为准计算报酬如何？
> 问题解决了。船主们积极聘请医生跟船，改善生活，尽可能让每个犯人都健康抵达澳洲。死亡率降到1%以下。有些运数百人的船航行几个月甚至无一人死亡。

在强光的天气里照相，很难长时间睁眼睛。如果睁眼睛等待喊1、2、3就容易在喊3的时候闭眼睛。反过来，首先是闭眼睛，喊1、2、3再睁眼睛，就容易在照片上看到炯炯有神的眼睛。

如果正向思维山穷水尽，何不逆向思维海阔天空。要想知道，打个颠倒。

两个兄弟赛马比谁慢，谁的马最后到达终点谁胜出，结果迟迟到不了终点，甚至不走了。观众觉得无聊无奈无趣。有个智者给出了个主意，结果两个人都飞快地奔向终点。这个主意就是换骑对方的马。

善意的谎言

一本书描述这样一段情节：

一位年迈的父亲就要去世了,在昏迷了几天以后,他突然睁开眼睛说:"房上有秘方,可以治我的病。"守候在病床前的子女们说:"我们赶紧去找。"父亲在希望中吐出了最后一口气,含笑离开了人间。这个故事被另外一个年轻人读到了,他大骂这本书为什么不早一点让他读到,他也遇到过类似的事情。他病危的父亲昏迷了几天以后,突然睁开眼睛,说:"珍珠白玉汤熬好了没有?"儿子知识面比较宽,知道这是回光返照,脱口而出说:"没有这种汤,你这是临死的征兆,快点穿衣服,不然来不及。"父亲明亮的眼睛逐渐地暗淡下去,吐出了最后一口气,离开了人间。这时的小伙子追悔莫及,跟父亲的最后一次说话是破灭父亲的希望。他恨不能钻入地下,让父亲再活一回。

学会建设性的真诚:如果真实情感可能伤害你所爱的人,那就掩藏起来,代之以虽然虚假却不那么有伤害的情感。

一堆草垛的故事

在美国南北战争末期,许多士兵要走很长的路回家乡。每次有士兵经过一家农舍时,那里的女主人总是让他们帮忙把草垛移到院子的另一角,然后作为酬谢盛情款待他们。就这样,一个个士兵经过,那堆草垛由一边移到另一边,再由另一边移回来。当邻居问起时,她只是微笑着说:"我是想让经过的士兵们能够愉快地享受我的款待,不让他们有被施舍的感觉。"

所有听过这个故事的人,都会感叹女主人的善解人意。

善于移情的人首先是善解人意、体察入微的。他们能够通过倾听别人的意见和想法注意到他人的情感变化;能够察言观色,体谅别人的需求和感受;能够对别人关心的事保持一种积极的态度。

善于移情的人还可以帮助别人发展。他们能够了解并鼓励人们发挥自己的长处、技能和潜力;能够提供有价值的信息反馈,并且明察人们的发展需求;同时,他们能够及时给人们提供指导,培养其技能。这种能力对从事销售工作的人是非常重要的,从长远来看,善于移情的能力对于培养顾客和挽留顾客有着非同寻常的意义。

善于移情的人还能够有效地利用人群的多元化,通过不同的人孕育机遇。他们能够尊重来自不同生活背景的人,能与他们和睦相处;能够理解不同的世界观,敏锐觉察不同群体的差异;同时能够把多样性看做机会,构筑不同人群成功发展的环境。在销售活动中,他们能创造出更多的机会。

身边的移情故事

我们身边总是会发生很多很小的事情,仔细想一想,从移情的角度去考虑,就能从中发现很多颇具启发的闪光点。

一位母亲在采购时很少尝试新牌子,总是热忠于买已经用惯的产品,尤其是在那些普通的日用品方面,比如洗衣粉,她总是用熊猫的,而洗涤灵则总是白猫或是金鱼。而安利的销售人员却成功地说服了这位母亲购买了他们的产品,尽管这些产品要比熊猫、白猫或是金鱼至少贵一倍。回顾当时安利的销售人员和这位母亲的对话,发现移情在这次成功的销售活动中起到了关键性作用。

母亲：太贵了，你们的产品。

安利：我想，您可能还不是很了解安利的特点，我可以为您解释一下。

母亲：嗯，你先说说看吧。

安利：安利产品的最大特点就是环保，无毒无害。拿咱们平常吃的蔬菜瓜果来说吧，尤其是苹果，咱们都习惯连皮儿吃。可是现在苹果都喷农药，单拿水洗不干净，用普通的洗涤灵又很难清干净，这些化学合成的东西吃进去对身体更加不好。而安利的配方是无毒无害的，又很容易漂洗干净，带皮吃黄瓜苹果什么的，尽可以放心。

母亲：我用普通洗涤灵多冲冲也就行了。

安利：呵呵，看您家的布置很精细雅致，您一定是个很注重生活品质的人吧。那些普通洗涤灵中的化学物质对皮肤很不好，如果再长时间浸泡在水中冲洗，对手伤得更是厉害，而且洗蔬菜水果的时候，戴那种塑胶手套也不是很方便。安利产品对皮肤的刺激比较小，再加上很容易冲洗干净，即使是大冬天，手也不会被洗得红红的啦。

母亲：那你们那个洗衣液呢？

安利：洗衣液的特点也在于环保，刺激小，但是绝对不会有损去污力。有的洗衣粉比较烧手，但是安利的比较温和，手洗、机洗都可以，而且含有一定的柔软成分，如果不是特别敏感的材料，一般不用再加柔软剂了。

母亲：可是你们的产品确实太贵了，我平常用的只要几块钱就可以，也没觉得用着有什么不好啊。就算安利确实像你说得这么好，那也贵多了。

> 安利：其实是这样的，我给您算一算，安利可能确实是要稍微贵一点，但是绝没有贵得那么离谱啦。我们这一大瓶洗涤灵是需要先稀释后使用的，因此普通家庭大概可以用一年半左右，普通的洗涤灵一般两个多月就要换一瓶了吧。洗衣液每次也只要很少量就可以达到很好的去污效果，只要这个专用瓶盖（出示了一个小瓶盖）的 2/3 就可以了，因此这一大瓶一般用一年左右也没问题，可普通洗衣粉要洗同样的衣服大概一个月就用完一袋了，另外还要单买衣物柔软剂。这样算下来的话，安利并没有贵太多，您只要稍微多花一点钱，就可以保证使用环保产品，保证您全家人的健康生活，同时无刺激的配方也使您手部的皮肤免受伤害。从长远想想吧，如果您和家人经年累月都生活在充满化学残留物质的环境中，那对身体是多大的隐患啊。

后面的对话就不再赘述了，结果可想而知，这位母亲不仅买了洗涤灵和洗衣液，还买了稀释用的瓶子和倒洗衣液的专用瓶盖，当然这两样东西相对也不便宜。安利的这位销售人员或许是无意识的，但是她在推销过程中却充分利用了移情的力量。她不仅一开始就揣摩顾客的心理，从顾客的需求出发，而且在整个过程中注意听母亲的每一句话，体察她的每一丝情绪变化，恰当地做出反应，不断调整着服务的定位，从环保到无刺激，从无毒无害到不伤手，始终都围绕着顾客所关心的话题，从顾客的角度考虑从而提出建议，抓住顾客每一次想法的变动，就像家庭主妇之间的聊天一样，让顾客感到她们所想的问题是一样的，她所提供的产品恰好能解决顾客所面临的问题。

与此同时,她也没有把移情做得太过分。过犹不及,做过了就成了虚情假意,因此在谈到价钱问题的时候,她很坦然地承认了安利产品确实是贵,在谈及洗衣液的功效时,她也没有夸夸其谈,说该产品可以完全替代衣物柔软剂。这种恰到好处的移情,正是销售中成功的关键。

换位到顾客角度

再看另一位成功的推销员如何移情。

我去北京蓝岛大厦买抽油烟机,当时是抽油烟机展销,推销员们看到来了个顾客,大家一哄而上,这个说:"你买我的!"那个说:"你别买他的!"又一个说:"买我的,他的不好!"弄得我很烦,干脆我说不买了,就走开了。然后离开20米观察,看哪个好再去选择。这时在我旁边响起了一个声音,是位女士,她说:"你家的厨房可能是白色的?"我回头一看,原来是在和我说话,是一位女推销员。我答道:"你说得很对,我家厨房是白色的。"她说:"白色的厨房放一个白色抽油烟机会显得非常亮堂。"你看,她的语言在塑造你的想象,在你的想象中,白色的厨房放白色抽油烟机确实很好看。然后我就主动发问了,我说:"你们的抽油烟机是什么颜色的?"她说:"白色的。"我说:"那太好了,那你里边的构造和别人的一样不一样?"她说:"里边和别人都一样的。""价格怎么样?""价格都差不多。"我说:"太好了,我就买你的。"她说:"那跟我走吧。"我就跟她回去了。这时候别人看我又回来了,又来拉我,而我已经不理他们,坚定不移地跟那位女士去了,买了她的抽油烟机,转身就走,头也不回,不敢比较,我担心一比较就后悔。

后来我想,我怎么就买了她的抽油烟机了呢?当时如果来个卖灰色抽油烟机的人，对我说："你家厨房可能经常炒菜。"我会说："你说对了，我家厨房就是炒菜用的。"他说："厨房经常炒菜油烟会比较大，屋里熏得比较脏。"然后我的想象就会出现脏的厨房形象。我就会说："对，我家厨房确实比较脏，不好擦。"他说："这样的厨房放一个灰色的抽油烟机比较经脏、耐用，不用经常洗。"我就会说："你说得太对了，你的抽油烟机是什么颜色的？"他会说："灰色的。"而我一定会说："我就买你灰色的抽油烟机了。"

这个推销案例，靠情商来推销，站在对方的角度去考虑。而不是说，你买我的吧，我的是白的，特别适合你。这样说是没有用的。

识别他人的情绪和观点，对于深入了解顾客需求，调整自身行为十分重要。在销售中，至关重要的一步就是善于听取顾客的看法和意见，这种倾听是指"积极"地听，即对听到的情况做出恰当的反应，对自己的行为做出某种调整。而要做到所有这些，关键就在于移情能力的高低。因此，从这个角度看，移情能力是推销成功的关键。

福特汽车公司在改变林肯城市车设计时，就采用了移情设计的方法。工程师们抛弃了过去由市场信息调查员来挑选车主听取意见的做法，亲自走出设计室，花了一周的时间与车主们座谈，听取他们的意见，揣摩他们的意思，了解他们的意图，从而在设计时从客户的需求和感受出发，设计出更为打动人心的车型。

善于移情的人在销售中能够很好地进行服务定位。他们能够为顾客提供满意的服务或商品；他们能够采取不同的方法让顾客称心如意，愿意再次购买；他们能够抓住顾客的想法，乐于为顾客提供其他的配套服务，提供令人信赖的建议和忠告。

要提供给顾客满意的服务，就必须主动了解顾客的满意程度，而不是被动听取顾客的抱怨，要与顾客建立起互相信任的关系，而不只是双方之间的简单买卖关系。这种关系的建立，需要移情能力，因为信任的产生，是与友好感情的建立同时发展的。

小狗推销术

> 有一个卖狗的小伙子，狗没卖出去。他敲开了一户人家的门，出来一个女主人。女主人说："我不买狗。"小伙子说："不卖给你，我卖不动了，只想把狗寄放在你家两天，过几天我来取。"女主人一听说放两天，那太好了，可以免费玩两天小狗。人的本能都是喜欢占便宜的，白玩两天小狗太好了，就放这儿了。这个主人领着小孩尽情地同小狗玩耍，小狗就和主人家建立了感情，它的小鼻子湿湿的，小嘴舔一舔小孩的小手，小爪子挠一挠，小尾巴晃一晃。第二天，小伙子打来电话，问小狗怎么样？她说小狗挺好。第三天打电话，问狗还活着吗？还是活得挺好。这个太太愉快的声音在电话线上传递着。第四天小伙子打电话说："我去取狗。"女主人说："你来取钱吧。"小狗就这样推销出去了。

人们喜欢为感情付出努力，人们喜欢为感情投入金钱，这就是情商的魅力。

不会移情换位会失去客户

> 著名的汽车推销员乔·吉拉德，一次向一位先生推销汽车，

> 终于说服了这位先生买汽车。先生在把钱递给吉拉德时,谈起了自己的儿子,说自己的儿子如何了不起。可吉拉德对他的儿子不感兴趣,只想快点拿到钱。吉拉德的表现引起了先生的不满,吉拉德还没有接到钱他就转身走了。吉拉德晚上给先生打了一个电话,问为什么他要把钱收回去,先生回答:"没什么,就是我在跟你谈我心爱的儿子的时候,你对我的儿子不感兴趣。"

乔·吉拉德立刻意识到营销的真谛:营销就是调整人际关系的过程。

移情者得人心

一个大集团的副总裁,对于下属有至高无上的权力,对下属从来都是命令和训斥,他拥有绝对的人事权和财权,下属见到他,如同老鼠见了猫,对他的意见没有任何人敢反驳和对抗,他也因为所有的下属都怕自己而感到自豪。但当他来到清华大学课堂,听到情商与影响力这门学问后,豁然醒悟。他对我说:"这种思想价值连城,我以前从来没有在情商上考虑过,我觉得那是没有权力的人的事情,而我则握有重权。这种思想提醒我,如果我能以高情商的方式对待下属,当我的决策出现失误时,下属会告诉我,从而使我避免损失。如果下属对我不满意,而又惧怕我,有意见不敢甚至不想跟我提出,我的错误决策就会导致巨额损失。所以,我必须以下属能够接受的方式对待他们,这样他们才能够指出我决策中的失误。"

在韩国历史上，有一个叫黄喜的相国微服出访，在路过一片农田时，他坐下来休息。他瞧见农夫驾着两头牛在耕地，就问农夫两头牛中哪个更棒。农夫看着他，一言不发。等耕到了地头，牛到一旁吃草，农夫附在黄喜的耳边低声说哪头黄牛更好些。黄喜很奇怪，问他干吗这样小声说话。农夫说牛虽然是牲畜，但心和人是一样的，它们会从我的眼神、声音、手势、表情中分辨出我的评论，那头不太优秀的牛就会难过。

生活遵守牛顿定律

狗看镜子与牛顿定律

一只狗第一次走进四面是变形镜子的室内，发现竟然有一只狗凶狠地看着自己，它对着这只狗叫了几下，没想到对方张的嘴竟然比自己还大，它更加大声地叫了几下，而镜子内的狗竟然毫不示弱，还冲着自己发怒。它害怕极了，咆哮着奔跑。这一跑不要紧，四面都有硕大凶猛的狗向它咆哮和狂奔。它越拼命，镜子中众多的狗也越拼命，它更加紧张害怕，直到累死了自己。

牛顿定律告诉我们，作用力同反作用力大小相等，方向相反。生活遵守牛顿定律，别人对你怎样取决于你对别人怎样，别人对你怎样取决于你让别人对你怎样。

宽容可以传递

中午我在食堂吃饭，人很多，买饭要排队，找到座位也要排队。我把外衣脱下来放在座位上占个地方，自己准备去排队买饭。这时一位先生端着饭盘到处找座位，我估计自己买回饭的时候别人已经吃完，就把座位让给了这位先生。买完饭以后，我发现他还没有吃完，就在他旁边的空位坐下。此时又出现一位女士到处找座位。那位先生站了起来，说："我就要吃完了，请坐在我这里。"说完赶紧把剩下的饭吃完站起来，把座位让给了那位女士。

这个故事给我的启发是不要一到餐厅就用自己的东西先把座位霸占上，以至于自己买饭的时间比别人吃饭的时间还长，毫无意义地给别人制造不方便。

那位先生之所以能够为他人考虑，是因为有人为他考虑。

我们都有在一个新地方问路的经历。一次在地铁里，一个小伙子匆匆忙忙上了地铁，急匆匆地问他附近的人："这趟地铁是否到火车站？"没有人理睬他，我也在其中，也没有主动搭腔。那个小伙子很愤怒，但是没有爆发出来。离开地铁以后，我开始自责。我也有在十分着急的情况下问路，不太顾及礼貌的时候，要知道你的一句话，可以给别人带来多大的方便，减轻多大的压力。我自己在别的城市不也对热情回答问路的人感激不尽吗？从此，当别人向我问路的时候，我一定心平气和地回答对方，特别是在清华大学里面。外面的人仰慕清华大学，他们更在意在清华大学校园内的遭遇，对他们来说，校园内的人都是清华大学的人。所以，帮助外部来的人，也是在提升清华大学的形象。

我在哈佛大学进修时，一个人在外面散步准备照相，此时见到一位风度翩翩刚停好车的先生，我说："劳驾先生，能帮忙照相吗？"先生热情地过来，问："就照你和那幢楼房吗？"我说是。照完相后，他问我从哪里来，我说从中国清华大学经济管理学院来，他说："我认识你们的赵院长，他对我很好，给我留下了深刻的印象。"我这才知道，他对我的热情原来源自别人对他的热情，我也更加坚信：世界在循环中前进，人际互动也是循环的。

宽容别人就是宽广自己的内心。

但是，别把宽容当纵容，别把真诚当天真，别把善良当软弱；真诚值得真诚，宽容值得宽容，善良值得善良。

微　　笑

微笑可以救命

安东尼有一段不寻常的经历。他是优秀的飞行员，曾参加西班牙内战打击法西斯，不幸被俘入狱。在狱中，安东尼翻遍口袋找出一根香烟，但是没有火柴。看守看起来像个凶神恶煞。安东尼鼓足勇气向他借火。看守打量他一眼，冷漠地把火柴递给他。"当他帮我点火时，眼光无意中与我的眼睛接触，这时我下意识地冲着他微笑。我不知道自己为何有这般反应，在这一刹那，这抹微笑如鲜花般打破了我们心灵之间的隔阂。受到了我的感染，他的嘴角也不自觉地出现了笑容，我知道他原无此意。他点完火后并没有立刻离开，两眼盯着我瞧，脸上仍然带着微笑。我也以微笑回应，仿佛他是个朋友。他看着我的眼神

> 也少了当初的凶狠。'你有小孩吗？'他开口问道。'有，你看。'我拿出皮夹，手忙脚乱地翻出了全家福照片。他也掏出照片，并且开始讲述他对家人的期望与计划。此时我的眼中充满泪水，我说我害怕再也见不到家人，我怕没有机会看到孩子长大……他听了以后流下了两行眼泪。突然，他打开牢门，悄悄带我从后面的小路逃离监狱。他示意我尽快离去，之后便转身走了，不曾留下一句话。"

真诚的微笑如春风化雨，润人心扉。微笑的人给人热情、富于同情心和善解人意的印象。

如果你在出门前对镜子笑一下，就会获得好心情和动力。对于微笑的理解是：没有人富，富到对它不需要；没有人穷，穷到给不出一个微笑。对同事的笑是喜悦，对父母的笑是孝顺，对子女的笑是包容，对朋友的笑是回报，对客户的笑是尊重。

避免以下类型的笑：居高临下的笑；目不视人的笑；徒有其表的笑；不合时宜的笑；于事无补的笑；毫无效率的笑。

个人修炼

在三个方面修炼你的个人魅力，称为人格魅力"金三角"：信赖性、亲和力、沟通能力。打造个人魅力金三角需要三个条件：恒心和毅力、韧性和持续力、细致周密的思考。

对喜好刚强、勇猛的对手或下属，可以善用轻柔、缓和的办法来战胜或收服他；对喜欢动心计、耍心眼儿的人，我们可以用真诚来感化他；对经常容易生气的人，我们可以跟他讲道理，来使他顺服。如果能做到这些，那么天下就没有不好相处的人了。刚猛之人可能永远只能做大将，而不能做元帅。刚则易折，易被柔所破。柔不是软弱，而是坚韧，富有弹性，因而面对强手不会被对方摧垮，而是主动避其锋芒，而就在对手扑空没来得及反应的时候，又已经攻到了对手要害。

在积极的自我修炼过程中，学会自我成就，并且让自己成为言行一致的人。选出优秀的品格进行自我暗示。有目标就会有进步，知道自己的不足就会有上升的动力。

楚庄王宽容得猛将

《东周列国志》里有个"灭烛绝缨"的典故，说的是楚庄王因"不责小人过"，原谅了趁黑暗之机调戏自己爱妾的将军唐狡，而赢得唐狡舍命相报的故事。

可见一个人要心胸宽阔，善于宽厚待人，容忍别人的缺点，才能收服人心，成就人格魅力。而古人提倡"君子不计小人过"，"不念旧恶"，"不报私怨"，提倡容忍和宽容。到了现代，从理论上和移情换位、操之在我联系在一起，使其更为人接受。

人无完人，谁都不可能是完美无缺的。因此能够对别人的小过失不斤斤计较，会赢得别人的友好。宽容能使人获得好心情，这也符合医学原理，愤怒使我们自己受到伤害，怨恨的心理会破坏我们的胃口。因为怀着爱心吃青菜，会比怀着怨恨吃牛肉味道好得多。

> 美国著名试飞员鲍伯·胡佛，一次在 300 米的高空两个引擎同时失灵。他凭借高超的技艺安全降落。引擎失灵的原因是年轻技师装错了油，大家都指责技师，年轻的技师痛哭流涕，追悔莫及。可胡佛抱住技师的肩膀："你能干好，帮我检修 F-51，我继续试飞。"技师从此没再犯过错误。
>
> 拿破仑在进军意大利的一次战斗中夜间巡查岗哨，发现哨兵睡着了。拿破仑会怎么做？他在那里替哨兵站了半小时，哨兵突然醒了，叩头请求饶命。拿破仑说："艰苦作战，可以谅解，但是一时的疏忽会断送全军。下次要注意了。"

伟人是在对待别人的失败中显示其伟大的。人无完人，真诚的理解和慰藉是起死回生的良药。心地高洁的人善解人意，使得有过失的人恢复自信和自尊。跌倒了爬起来，挫折与成功如高山峡谷同属于地球，如果没有阴暗的山谷穿行其间，山峰也就不会显得壮观。

> 小年在加盟公司之前，总工程师工作职责与权限基本是由现在的部长兼任，且该部长与上下关系都处理得不错。加入单位后，老板明确小年下属人员的聘用、考核由小年直接决定，这样无形中对该部长的职能有所限制，因而该部长在工作中有一些抵触情绪，但从实际的业务能力方面远远达不到总工的要求。
>
> 刚到单位不久，小年与该部长进行了一次沟通，希望其在具体业务上多下一些工夫，这样对提升自己的业务素质和未来的发展应该是有益的。由于是出自内心真诚的建议，这之后该部长的抵触情绪有所缓和，但没有根本改变。

有一天，小年因业务出外办事，事情办得较为顺利，所以提前回到单位，推开该部长的办公室门，其正在与下属员工闲聊天。当小年推开门的瞬间，他们同时站起，面色通红。当时小年说："是不是下午工作不多？"部长答曰："没什么活，几个人聊聊。"小年说："既然没什么事，平时大家也挺辛苦的，沟通沟通也好，我什么也没看见，你们继续聊。"随后，小年带上门，就回到了自己的办公室，不一会儿，该部长带着羞愧的神色来到了小年的办公室，小年知道他认错来了，于是首先开口谈了一些工作的事，最后心情较平稳地说："平时没事，聊聊天可以，但最好不要在办公室，这件事到此为止。"在接下来的工作中，该部长简直判若两人，工作积极、主动，他们之间的那道墙消失了！

移情换位使得我们学会了以责人之心责己，以恕己之心恕人。这可以理解成是一种交换，先给予别人想要的，别人就回馈给自己想要的，这样就能够保持关系的平衡。

两个人之间的关系是天平关系，每个人占据天平的一端，重量相近，天平才能够平衡。一方过于索取，索取多了就超重了，天平就失衡了。

心胸豁达

战国时，梁国与楚国交界，两国在边境上各设界亭，亭卒们也都在各自的地界里种了西瓜。梁国的亭卒勤劳，锄草浇水，瓜秧长势喜人。而楚亭的人则疏于管理，结果瓜秧又瘦又弱，与对面瓜田的长势简直不能相比。楚亭的人觉得失了面子，有一天乘着月色，偷跑进去把梁亭的瓜秧全给扯断了。梁亭的人第二天发现后，气愤难平，报告给边县的县令宋就说，我们也过去把他们的瓜秧扯断好了！

宋就对他们说："这样做当然是很卑鄙的。我们明明不愿他们扯断我们的瓜秧，那么为什么反过去再扯断人家的瓜秧？别人不对，我们再跟着学，那就太狭隘了。你们听我的话，从今天起，每天晚上去给他们的瓜秧浇水，让他们的瓜秧长得好，而且，你们这样做，一定不可以让他们知道。"梁亭的人听了宋就的话觉得有道理，于是就照办了。楚亭的人发现自己的瓜秧长势一天比一天好，仔细观察，发现每天早上地都被人浇过了，而且是梁亭的人黑夜里悄悄为他们浇的。

楚国边县县令听到亭卒的报告后，感到十分惭愧又十分敬佩，于是把这件事报告了楚王。楚王听说后，也感于梁国人修睦边邻的诚心，特备重礼送梁王，既表示自责，亦以此酬谢。从此，两个敌国变成友好邻邦。

以你希望被对待的方式对待别人，就会获得所期望的人际关系。

宽容不仅可以温暖我们自己和他人的心灵，还是处理外界各种非议、回避攻击的最好武器。面对外界的批评和攻击，我们应该努力从批评中认可别人的关注，从攻击中认可别人的坦率。

李伟被安排到一个基层项目部兼任项目总工，起初对项目上的一些工作方法不认同，看不上一些人的工作能力和业务水平，总认为和公司机关的工作方法和水平相差较大，在一些言谈中禁不住有些体现，逐渐感觉一些人和自己好像总隔着一层，工作开展不顺利。

这时情商与影响力的理论给了他一个新的思维方式，在实际工作中试着运用，宽容、尊重、赞美、合作，用阳光的心态影响他人。例如：带领技术人员进行一个科技成果推广项目，在工作中像兄弟一样和部门人员相处，共同研究难点问题、充分沟通共历风雨，在获得集团科技进步三等奖后把主要人员列到获奖名单中，而自己不参加获奖，同时在公司领导面前极力表扬推荐几个技术人员，使得全体技术人员的工作积极性大大增强，主动性也大大提高。李伟继续和项目部的其他工作人员融为一体，适应项目的环境、改变对事情的态度，促进团队合作，赞美他人工作中的优点，培养圆融的社交技巧，体谅他人的感受，与他人建立正面的人际关系。逐渐地他发现工作安排更加顺畅，不用再进行生硬的命令，员工间的配合与沟通在增加，部门的工作绩效在提高，项目经理也称赞他领导有方。这时他更加充分理解在这个时代里，成功领导之钥是"影响力"而非职权，甚至认为成功的领导，其关键在于99%的领导者个人展现的魅力以及1%的权力行使，虽然他还只是一个部门的领导。

智商只是显示一个人做事的本领，情商反映一个人做人的表现。在今后的社会中，公司职员不仅要会做事，更要会做人。情商高的人说话得体、办事得当、才思敏捷、"人见人爱"。工作中除了要具有高智商外，情商的运用也是必不可少的。一是竞争合作意识。个人若没有强烈的竞争意识（或者说生存意识）则难以站稳脚跟，不过一味强调竞争,也可能走向反面。部门领导和员工都应该认识到,合作是第一位的,竞争的目的只是为了更好地合作。二是控制自己的情绪,培养自己感受、适应各种情况的能力。三是情感归向,或者叫对他人情感的感知,这种对他人的关注使你能充分理解他人、帮助他人和赞美他人。四是掌握好人际关系,具有与他人交往的才能,懂得如何表达信息和思想,并能够听取信息与别人的思想,这是一种掌握好自己情感的特别的才能。

在人生的舞台上,每个人都随时扮演着"领导别人"的角色。想要扮演成功,就要充分注重自身情商和影响力的塑造。情商高的人在工作上,会受到同事与上司的尊敬、喜爱,工作效率高,升迁的概率也就较大,升迁也会迅速;而在生活上,能享受人生,拥有良好的亲友及社交关系,因而会感到幸福与快乐。

分清谁是对手

在非洲草原,生长着野马,也生长着吸血蚊子。一次,一只吸血蚊子叮在了野马身上,野马奔跑、跳跃,想摆脱蚊子,蚊子则在香甜地吸着血,一直到吸饱了才飞走。当蚊子飞走的时候,野马累死了。野马因为对付蚊子而导致自己死亡。

假如你不小心被桌角撞到了胯骨,你很疼又很恼怒,愤恨之下用拳头猛砸在桌角上,结果手又受伤了。你把不是对手的人当做对手,最终伤害的是自己。

> 一只麻雀和小猫从小就是好朋友,它们在一起玩耍。一天来了一只新麻雀,大家共同玩耍。有一天,两只麻雀反目,老

麻雀就找到小猫，说："它真讨厌，你把它吃掉吧，它的肉很好吃。"小猫把新麻雀吃掉了，结果发现麻雀肉真的很好吃，从此昼思夜想想着麻雀肉，终于有一天把老麻雀也吃掉了。

出卖同伴，最后伤害的是自己。

不要把团队成员看做竞争者，他们是合作者，相互完善比相互竞争更重要。

做事之前先做人

1998年8月，山东六和集团河北省石家庄分公司，经过销售一线人员和全体员工的不懈努力，销量和利润取得了非常好的成绩，名列集团公司在河北六家公司的第一位。但销售经理易先生，却因为全体销售人员向总部联名写信，反映其工作方法简单、武断，而被迫离开公司。公司认为：易先生工作干练，业务能力较强，是一个不可多得的人才。建议集团总部，调其他公司降职使用。但易先生个性刚强，认为有人告他的黑状，对他的评价不公正，而被迫辞职。

一个能掌控自我情绪的人，通常能在关键时刻做出明智的抉择，而不致因其情绪失控坏了大事。现实生活中许多人智商很高，情商却有待进一步改进、完善。易先生工作能力强，工作果断干练，但他以自我为中心，不考虑别人的感受，虽然工作中做出很大的成绩，却因为情商不高，而成为一个失败者。

获得财富与成就的关键,都始于健康的心理。即便一个心智健全的人,也不可能毫无心理问题,只不过程度有轻重而已。孤僻、易怒、固执、轻率、自卑、焦虑、多疑、嫉妒等异常心理,在人们的日常生活中随处可见。我们如何洞察自己内心的秘密,正确调整不良的心理倾向,这将决定我们的成功与失败。无论是在生活或者事业中,我们随时都在对自己的不良心理进行校正。

由于环境不同、自身条件不一样,不同人的心理也存在很大差别。有的人情操高尚,积极进取;有的人精神空虚,行为怪异;有的人无端恐惧,自我设限;有的人命运坎坷,成功难遇。为什么不同的人之间会有如此大的差异,心理学家认为,其中最重要的一点是每个人心理不同,即健康心理和病态心理。拥有健康心理的人,不让自己深陷于不幸与痛苦之中,从而获取了人生的幸福与成功。

情绪智商的高低通常在面临重大问题的时候,视能否沉着冷静而定。当火灾发生时,有人能沉着寻找最佳的逃生之路,甚至能冷静地疏散混乱的场面。当股市下跌,有人却逢低买进,待众人疯狂买进之时,也正是他逢高卖出之时。足智多谋的诸葛亮,印度的圣雄甘地,都是情商极高的成功人士。易先生智商很高,事情做得很好,能力也很强,却没能处理好与同事之间的关系,使自己处于被动的局面。相信易先生有这次亲身经历,会不断成熟起来。"做事前,先做人",是我们应该追寻的准则!

> 小李被破格提升为副处长,而原来已经是副处级的同事小张虽然比小李晚到公司,却是和小李一个系毕业比小李高两级的师兄。原来两人关系很好,两人都认为先提拔的肯定将是小

张,这次提拔使两个人的关系蒙上了阴影。小张虽然知道不应该对小李表示不满,但当小李成了他的上司之后,他能够对部门任命表达不满的途径就只有对小李的工作采取不合作的态度。小李同时接到部门领导的暗示,这次提拔对两个人都是考验,对小李而言是考察其面对这种情况下的协调能力,对小张而言是要压一压,让他看清自己的位置。同时领导还暗示小李,小张是个不可多得的人才,希望小李能保证队伍的完整,不要出现人员流失。

在刚任命的那段时间,小张表现出极不合作的态度,小李每次都压制住自己的情绪,告诫自己:管理情绪,换位思考。小李一方面通过原来良好的私人关系基础和小张做彻底的沟通交流,首先明确表明如果换了自己也会很有意见,其次让小张认识到这次任命对双方的重要考验意义,团结协作对双方都有好处。另一方面,小李给小张充分的授权,在处内根据工作性质分成两个不同的小组,由小张负责其中一个更加重要的小组工作。同时,小李虽然和各级领导保持着良好的沟通,但对小张工作中不合作的情况一概不报,只向领导汇报小张在工作中合作的方面,小张从各级领导得到的反馈信息都是积极的方面,自然对小李心存愧疚。

经过一年的时间,两个人的关系又重新回到原来的状态,工作开展得还不错。最重要的是小李圆满完成了领导原来暗示的任务,即保证队伍的完整性,考验其本人的协调能力。小李和小张一年后被同时提拔为不同业务处的处长,实现双赢。

人能够容忍外部人的优秀,不能容忍自己身边人的优秀。能够容忍陌生人的优秀，不能容忍熟悉人的优秀。对身边优秀的人由羡慕而妒忌，由妒忌而憎恨，由憎恨而陷害。巴尔扎克说："妒忌人受到的痛苦是别人的两倍，自己的不幸他痛苦，别人的幸福他又痛苦。"改变的路径就是学习情绪管理。

什么人最聪明？看谁哪点好就把这点学来的人最聪明。什么人最愚蠢？一看到别人超过自己就妒火中烧的人最愚蠢。妒忌别人的人不知道自己在干什么，一直注意别人在干什么。别人干好了，自己愤怒几天不做事。别人干不好了，自己高兴几天不做事。结果连续多天自己不做事，再仔细看自己时，已经远远落在了别人的后面。他丢掉的是时间，而时间又是什么？是一切。

庄子说：久与贤人处则无过。

泰安的李小龙总经理这样鼓励自己靠近高人：与商为友则财旺，与政为友则势强，与海为友则乘风破浪，与师为友则业精少憾。

学于一人之下，用于万人之上。

中国有句古话叫"小不忍则乱大谋"，"大丈夫能屈能伸"。控制情绪，管理情绪，让自己利用情绪，而不让情绪打扰自己，在谋求和建立影响力的过程中极为重要。

某公司业务经理，女，35岁，从事服装外贸。十年基层业务人员经历，业务经验丰富。她对待两个不同群体的行为和态度具有极为不同的表现。

对待客户

在对待客户时，她表现出的是惊人的忍受力、人际关系管理能力和换位思考的能力。她所面对的客户是全公司最大的，而且在业界也是出了名的挑剔和苛刻。该客户公司的业务人员通常很傲慢无礼，经常是自己哪方面出了问题却反过来责难贸易伙伴做得不够好。对于这种情况，她总是会换位思考，经常指导手下的业务人员从客户的角度出发想问题，从而有针对性地避免问题。

她同客户公司的大老板私交出奇地好（两个人认识是通过业务接触，对方同为女性）。她经常给对方打电话聊家常，谈教育孩子，谈美容等，总之，她们的关系像是很少见面的好朋友。这种关系在拿到客户订单、处理重大事件以及两家公司业务合作方面都起到了很大作用。

对待供应商

但是，在对待供应商方面，她毫不顾及对方的感受，有时会因为一点小事对供应商破口大骂，基本不能控制自己的情绪。这令供应商非常不满，不愿跟她打交道，甚至有时候供应商会越过她直接与她的顶头上司谈业务问题。事实上，她同供应商的关系已经影响到公司业务的开展。

这种人属于势利眼的情商利用者，是仗势欺人、欺软怕硬的人，由于内心情绪大幅度在两极之间转化而很少有平安，把握不住情绪的时候会伤害客户而自责。如果供应商是她的大客户的话，或者她的供应商与她的客户是好朋友的时候，她将面临尴尬。这种人属于鼠目寸光的人，由于过于势利，因此很难同人长久相处，不容易保持一个平衡系统。

情商提高实例

小冯是一个优秀、悟性很好的听众，下面是他的转变经过：

曾经我是多么苦恼，我可以问心无愧地说："我付出了全身心的爱去爱我所爱的人"，然而我至亲至爱的人却总抱怨我，说我根本就不关心体贴她，并且有几次几欲分手。我全身心的付出换来的仅仅是抱怨，并且是出自与我相爱的恋人之口。然而，现在迥然不同了。我女朋友说我善解人意，很自豪地说她很有眼力。

我一直认为我父母忧虑太多，没有必要，因为天塌下来又不是我一个人在承担，他们应该安安心心地享受晚年。因此，他们每次说出对我的担忧时，我总是毫不客气地打断他们。出乎我意料的是，我越这样，他们就越是担忧。然而现在他们觉得我懂事多了，成熟多了，当然对我的担忧也少了。

在上述两种180度转变中，我的心一点没变，唯一改变的是我的思维角度和说话方式。

我以前认为女朋友的有些忧虑根本就没必要，并且我认为这样下去很伤身体，因此当她每次向我述说时，我总是毫不留情地打断她，说道："你怎么还这样想呢，别这样想了。"如此几次，她就要提出与我分手了。我每次都非常纳闷，我是如此爱她，怎么还要与我分手？难道我没表现出关心她，可是她也觉得我很爱她啊！

我看到卡耐基的书说："当别人说话时，要善于倾听。"我尝试过倾听，可每次总忍不住要打断女朋友的话，因为我觉得确实没必要担忧这些了，这太伤害她的身体，所以我听不下去了。

当我在课堂上听到"移情"这个概念时，我才恍然大悟。我为什么总不能控制住自己的情绪呢？那是因为我没有进行"移情"思考的缘故啊！我每次都仅仅是站在自己的立场考虑问题,根本就没有想过女朋友为什么要这样想。这就是我控制不住情绪,做一个好的倾听者的原因。仅从自身立场出发,得出的结论往往也是要不得的。

因此我改变了策略,当女朋友向我述说她的担忧时,我总是站在她的角度思考"为什么会这样想",也许我处于她的角度也会这样想的。非常有成效的是,当我这样做时,我再也没有打断过她的话,并且我不是刻意的,而是自然而然的。

因此,移情让我控制住了自己的情绪,让我成了一个好听众,使我排解女朋友的担忧时有了与她共振的心理脉搏,达到了解决问题的目的。

我父母都已60岁出头了,他们以前一直可算得上是村里的风云人物,他们最得意的就是对我们兄弟四人的教导,让我们通过读书走出了偏僻的山村。而今,他们上了年纪,我们都已长大成人,对于我们的很多事情,他们都已无法控制,未免有失落感。他们对我担忧,一方面是关心我,另一方面也有不自觉地表明自己并没老的目的。他们每次说出对我的担忧时,我越认为是杞人忧天,越不当回事,就越增添了他们的失落感,因为他们需要通过这样来证明他们并没老。

当我使用移情时,我总能很好地听他们述说,总能从他们的话中找到合理性。我是他们的儿子,他们对我说教是要证明他们还是我的父母,他们还有能力控制自己的孩子。这不仅使我吸收了有用的东西,而且使他们感受到了尊重和我对他们的认可,满足了他们的心理需求。此时我再指出一些他们没必要的担忧,他们显然容易接受多了。

上述案例已经很好地说明了移情—换位思考的重要性。不要认为忠言必逆耳，好心未必有好报，那是因为环境不适合。现在需要换位思考这句话——任何忠言，如果没被采纳，那它就不是真正的忠言。

真正的忠言应该是被人采纳、解决问题的话。如果没有达到这个基本标准，那它就只能算是自我标榜的忠言，不是真正的忠言。

再想一想，所谓逆耳的忠言如果没有解决实质性的问题，并且使人不愉快，怎么还能算是忠言呢？

情 商 树

1995年10月，美国《纽约时报》专栏作家丹尼尔·戈尔曼出版了《情感智商》一书，对情感智商进行了全面介绍，此书迅速成为世界畅销书。我把情商用一棵树来描述：树根由四种情绪和五个能力构成，树干就是情商，四种情绪五个能力支撑起情商，树冠就是情商的内容。如图2-1所示。

这棵树给出的是树根、树干和主要树枝。

四种情绪是指：知道别人的情绪、知道自己的情绪、尊重别人的情绪、管理自己的情绪。

五个能力是指：知道别人情绪的能力、管理别人情绪的能力、知道自己情绪的能力、管理自己情绪的能力、自我激励的能力。

在具体的应用中，要随情景不同而变化，会产生新的应用原则，所以这个树在发育和成长中。例如职场上的情商与影响力，家庭中的情商与影响力，正手的情商与影响力，副手的情商与影响力，医生的情商与影响力，教师的情商与影响力等。

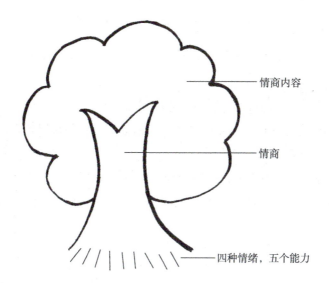

图 2-1 情商树

影响力,来自自身能力和对待别人正确的态度。

一个人的能力是多方面的,包含认识水平、工作能力、常识、精力、意志品格、学习能力和表达能力等。

与人的态度有四种:(1)凌驾于别人之上的权威;(2)屈于人下的顺从;(3)对抗;(4)友善的合作。

应用情商在生活和工作中缔造影响力,就是通过让别人心甘情愿或迫于无奈的服从,从而最大程度达成自身目的。

情商与影响力的相互关系,就是基于一个人的现有能力,对周围的人采取正确的态度,从而最大程度发挥影响,达成组织目标或个人目的。情商与影响力的最优关系是指"通过对各类人、各类事采取友善的合作态度,实现对别人的影响,以使他人以更加友善的态度进行回馈,进而主动地配合"。

情商知识汇总

自我意识

知道自己的情感：觉察与理解自己的情感，并认识到它们对工作绩效、人际关系等的影响。

正确的自我评价：能够客观准确地评价自己的优势与不足。

自信：对自身能力有极强的正面认识，相信自己。

自我管理

自我控制：能够控制破坏性情感与冲动。

可信赖性：一贯表现出诚实与正直。

敬业：恪尽职守，尽职尽责。

适应能力：适应环境的变化，能克服困难。

成就导向：具有追求卓越的内在动力。

主动性：时刻准备抓住机遇。

社会意识

同理心：能察觉他人的情感，理解他人的观点并关心他人的利益。

组织意识：能够洞察组织动态，建立决策网络并驾驭内部权力争斗。

服务意识：了解与满足客户需求。

社交技能

远见：能用远景目标激励他人。

影响力：熟练使用说服技巧。

培养他人：不断给他人提供反馈与指导，支持他们进步。

沟通：聆听他人，传递明确、可信、恰当的信息。

变革催化剂：擅长实施新思想，领导他人朝着新方向前进。

冲突管理：能够减少争执及协调不同解决方案。

建立纽带：娴熟地建立与维护关系网络。

团队协作：能够促进合作并建立团队。

第 3 章

自　　信

能力像弹簧，你相信它能够拉伸到多长，它就能拉伸到你所信任的长度。自信是竞争中的心理力量，是事业成功的前提和基本素质，所有的成功者都离不开超凡的自信心。人不自信，谁人信之？

认识自信

自　　信

自信就是相信自己，如果自己不相信自己，别人就更不可能相信你。成功学告诉我们成功是有公式的：

成功 = 想法 + 信心

当受到外界压力或外界不承认的时候，比如说：谈判时别人（故意）指出你一些很不重要的缺点（以打击你），在公司有时出现的冷嘲热讽（如这件事怎么做成这样，而事实上你已经在客观条件的允许下做到了最好），你是否对自己的能力提出怀疑，进而出现不自信？

基于情商的自信是在正确认识自己和理解别人的前提下获得的，因此是有坚实基础的自信。法国存在主义哲学大师、获得诺贝尔奖但拒绝领奖的萨特说："一个人想成为什么，他就会成为什么。"如果你认为自己被打倒了，那么你就真的被打倒了。如果你想赢，但是又认为自己没有实力，那么你就一定不会赢。如果你认为自己会失败，那么你就一定会失败。如果你不认为自己聪明，那你就不会成为一个聪明人。如果你不认为自己心地善良，即使他人认为你是一个善良人也无济于事。胜利始于个人求胜的意志和信心，胜利属于有信心的人。一个不能说服自己做好被赋予任务的人，不会有自信心。

事物本身并不影响人，人们只受对事物看法的影响。不要把自己想成一个失败者，而要尽量把自己当成一个赢家。人生来没有什么局限，无论男人或女人，每个人内心都有一个沉睡的巨人。不要自我贬低，我们都有力量变得强大。

自信——就是要从点滴的进步开始。

自信——就是要正视自己的缺点并勇于改正。

自信——就是要为自己鼓掌加油。

自信——就是勇敢地面对失败，百折不挠。

自信——就是要发挥自己的长处，在人生的旅途上不断闪光。

自信——就是信任自己，对自身发展充满希望。

自信的三种理解

我们对自信的理解是：自信是一种心态，是对自己能力的信任、非能力的信任和潜能力的信任。

能力自信

自己能做的事，就相信自己能做，勇于将自己的能力体现出来，该出风头时就出风头，不惧人言。这种自信是保证将自己的能力正常而充分发挥的前提，是自信的第一个层次。如果你拥有这份自信，又没有任何外界影响，那么你所体现出来的就是做你能力范围之内的事。

非能力自信

自己不能做的事，即使不能做，仍坦然处之，不会觉得自己不能做就低人一等，更不会影响自己对有能力做的事情的自信。你是围棋高手，却没有必要因为象棋不行而自卑。

人无完人，每个人都有自己不能做的事，而人又是社会的，总会有人对你的非能力之事做出这样或那样的评价，甚至是诋毁。这时人往往会受到打击，会由于对自己非能力的不自信，而导致对自己能力的不自信。认为自己无能，什么事情都不行，要避免这种晕轮效应的发生。

一件事的成功，往往需要很多因素。而事实上你只要具备其中做好关键性因素的能力就可能获得成功，而你在非关键因素上的非能力，并不会影响成功。但往往在外界影响下，对非能力的不自信会导致对整个事情的不自信，导致失败。

例如，你来到企业应聘负责某项产品的市场营销工作，你相信自己对市场敏锐的感觉和自己的理论知识，但你缺乏这方面的工作经验。于是，很多人在你面前或背后说你做不好这件事，一定会失败，因为你没有经验。而当这种议论更多地被你知道后，你可能开始怀疑、畏缩，信心受到打击，而造成失败。但事实上，你一定要具备经验吗？不一定！因为营销最重要的一点是创新，不能经验主义，而你具备了创新的前提。虽然你没有经验，但你可以去学习经验，交谈或阅读有关书目，都可以达到这个目的。

如果一个人365天都做同样的事情，他相当于做了1次重复364次。所以，如果你用心，用一天的时间就可以学会别人一年的知识。他山之石，可以攻玉，你在其他方面的经验，可以对现在的工作有独到的启发。因此，你没有必要因此而自卑。

对非能力自信，是能力自信的保证，你如果既有了能力自信，也有了非能力自信，就会在外界的影响下充分展示自己的能力。

潜能力自信

人是有很大潜力的，你本身具备的能力可能并未被你所认识，而人往往会遇到身处困境的情况。有一些事，你可能没有能力做，但你必须做，如背水一战，这时候你必须相信自己能做到，这就是潜能力的自信，这也是一定意义上的盲目自信，相信能做好自己必须做的事。

相信自己有本事去做事，而心安理得、心平气和叫自信；相信自己没本事，而不去做事，不做仍然心安理得，也是自信。所以做到自信要懂得自信的真正含义：有一个良好的心态；对能做的事情相信能够做好，对不能做的事情坦然处之或学习不能做的事；培养自信的习惯；对事情进行分析，找出获得成功的关键因素，对非关键性因素和自己的非能力，要正确面对，要学会抓大放小。

自信心的作用

自信心伤害会改变人的命运

> 作家三毛上初二的时候，数学成绩不好，老师不喜欢她。每到上数学课她就紧张，上课头昏脑涨，特别怕老师的目光。由于数学成绩不好，她经常被老师批评。后来出现了心理障碍，一想到上数学课就紧张，再到后来早上醒来一想到上学有数学课，她就会昏倒。

自信心受伤害会改变人的命运。自尊自信能够给人以满足感，产生满意、快乐、积极的情绪。可以化渺小为伟大，化腐朽为神奇。自卑自弃会被削弱、摧毁。

> 小李刚参加工作在车间实习的时候，跟随一名老师傅在车

床上学习加工零件。"学得真快""干得好"是这位师傅对他用的最多的词语,很快他就可以单独加工一些零件了,并且没出过废品。一次车间主任见他独自在加工零件,就走过来对他说:"你自己行吗?师傅不在不要瞎干,出废品怎么办?"结果那天他果然出了好几件废品。

在一次足球比赛中,靠点球取胜。一个一流的足球名将竟然把球踢出了门外,教练问他为什么会失败?他说他满脑子想的就是千万别踢出门外。

自信心影响一个人的能力

一位心理学家想知道人的心态对行为到底会产生什么样的影响。于是他做了一个实验。首先,他让七个人穿过一间黑暗的房子,在他的引导下,这七个人都成功地穿了过去。然后,心理学家打开房内的一盏灯。在昏黄的灯光下,这些人看清了房子内的一切,都惊出一身冷汗。这间房子的地面是一个大水池,水池里有几条大鳄鱼,水池上方搭着一座窄窄的小木桥,刚才他们就是从小木桥上走过来的。

心理学家问:"现在,你们当中还有谁愿意再次穿过这间房子呢?"没有人回答。过了很久,有三个胆大的站了出来。其中一个小心翼翼地走了过来,速度比第一次慢了许多;另一个颤巍巍地踏上小木桥,走到一半时,竟趴在小桥上爬了过去;第三个刚走几步就一下子趴下了,再也不敢向前移动半步。心理学家又打开房内的另外几盏灯,灯光把房里照得如同白昼。

> 这时，人们看见小木桥下方装有一张安全网，只是由于网线颜色极浅，他们刚才根本没有看见。"现在，谁愿意通过这座小木桥呢？"心理学家问道。这次又有五个人站了出来。"你们为何不愿意呢？"心理学家问剩下的两个人。"这张安全网牢固吗？"这两个人异口同声地反问。

积极乐观的心态能够让你战胜恐惧。失败的原因往往不是能力低下，而是信心不足，还没有上场，精神上先败下阵来。乐观的心态能够让你战胜恐惧，成功地通过一座座险桥。

一个女孩长相很丑，因此对自己缺乏自信心，不爱打扮自己，整天邋邋遢遢的，做事也不求上进。心理学家为了改变她的心理状态，让大家每天都对丑女孩说"你真漂亮""你真能干""今天表现不错"等赞扬性的话语。经过一段时间的努力，人们惊奇地发现，女孩真的变漂亮了。

其实，她的长相并没有变，而是精神状态发生了变化。她不再邋遢了，变得爱打扮、做事积极、爱表现自己了。怎么会发生这么大的变化？其根源正在于自信心。因为她对自己有了自信，所以使大家觉得她比以前漂亮了许多。

在许多成功者身上，我们都可以看到超凡的自信心所起到的巨大作用。这些事业取得成功的人，在自信心的驱动下，敢于对自己提出更高的要求，并在失败的时候看到希望，最终获得成功。

自信心的建立是正向强化的结果，自信是竞争中的心理力量，积极的自我暗示产生自信意识，消极的自我暗示产生消极、自卑意识。

三只青蛙掉进鲜奶桶中。第一只青蛙说:"这是命。"于是它盘起后腿,一动不动等待着死亡的降临。第二只青蛙说:"这桶看来太深了,凭我的跳跃能力,是不可能跳出去了。今天死定了。"于是,它沉入桶底淹死了。第三只青蛙打量着四周说:"真是不幸!但我的后腿还有劲,我要找到垫脚的东西,跳出这可怕的桶!"于是,这第三只青蛙一边划一边跳。慢慢地,鲜奶在它的搅拌下变成了奶油块。在奶油块的支撑下,这只青蛙奋力一跃,终于跳出了奶桶。

自信是成功的基石

有一位将军要领兵到前方作战,将军胸有成竹充满信心,认为此战一定能够胜利,可是他的部下却不乐观,毫无必胜的把握。将军眼见大军士气低落,心想怎么作战呢?于是有一天,将军集合所有将士,在一座寺庙前面,告诉他们:"各位部将,我们今天就要出阵了,究竟打胜仗还是败仗?我们请求神明帮我们作决定。我这里有一枚铜钱,把它丢到地下,如果正面朝上,表示神明指示此战必定胜利;如果反面朝上,就表示这场战争将会失败。"

听了这番话,部将与士兵虔诚祈祷,求神明指示。将军将铜钱朝空中丢掷,结果,铜钱正面朝上,大家一看非常欢喜振奋,认为神明指示这场战争必定胜利。

后来,部队来到前方,士气高昂,士兵们个个都信心十足,奋勇作战,果真打了胜仗。班师回朝后,有部将就对将军说,

> 真感谢神明指示我们今天打了胜仗。那个将军才据实以告:"不必感谢神明,其实应该感谢这一枚铜钱。"他把铜钱掏出来给部将看,原来铜钱的两面都是正面。

自信非常重要,所谓自助人助,自助天助。自信是一个有志于缔造影响力的人最基本的素质,是获得成功的基石。

建立自信的途径

自信人的特点

自信的人善于自我发掘,正确认识自己的强项和弱点,并且能够利用自己的优势面对环境。开放并敢于接受建议,而不是自我封闭,善于自嘲而表现出轻松幽默;活跃,善于表现自己;自我尊重,由于自尊而受到别人的尊重,又不会因为过于自尊而表现出拘谨;勇于面对,心胸坦荡;能够与人直接沟通、善于沟通,不拒人于千里之外;诚实,虚伪是不自信的表现;对他人的需要敏感,善于发现别人的需求。

大胆地表现自己

自信对一个人的成功至关重要,这句话每个人都可能听过无数次,但是真正从骨子里自信起来,的确是很难做到的事情,而且不是人人能够做到。

当我们需要建立信心的时候，可以在脑子里不断强化这个观点：这种情况下人都是有自卑情结的，任何人都会自卑。接下来我们开始对自己说：自己肯定没有问题，我了解的肯定比别人多，研究的肯定比别人深，他们是外行，我是内行。而且要知道，人都是有自卑情结的，人与人其实没有什么不同，只是有人敢说、有人敢做、有人敢想。

这样不断正向强化，我们就会马上信心大增。如此会形成良性的循环，让我们更加有信心，对生活更加热爱。

让自己与众不同

一个年轻人的学习成绩挺好，毕业后却屡次碰壁，一直找不到理想的工作。他觉得自己怀才不遇，对社会感到非常失望。他为没有伯乐来赏识他这匹"千里马"而愤慨，甚至因此伤心绝望。怀着极度的痛苦，他来到大海边，打算就此结束自己的生命。正当他即将被海水淹没时，一位老人救起他。老人问他为什么要走绝路。年轻人说："我得不到别人和社会的承认，没有人欣赏我，所以觉得人生没有意义。"老人从脚下的沙滩上捡起一粒沙子，让年轻人看了看，随手扔在了地上。然后对青年人说："请你把我刚才扔在地上的那粒沙子捡起来。""这根本不可能！"青年人低头看了一下说。老人没有说话，从自己的口袋里掏出一颗晶莹剔透的珍珠，随手扔在了沙滩上。然后对青年人说："你能把这颗珍珠捡起来吗？""当然能！""那你就应该明白自己的境遇了吧？你要认识到，现在你自己还不是一颗珍珠，所以你不能苛求别人立即承认你。如果要别人承认，就要想办法使自己变成一颗珍珠才行。"年轻人低头沉思，半晌无语。

有时候，你必须知道自己只是普通的沙粒，而不是价值连城的珍珠。你要出人头地，必须要有出类拔萃的资本才行。要使自己有别于海滩上的沙粒，就要使自己成为一颗珍珠。

> 有一个衣服破烂、满身补丁的男孩，跑到摩天大楼的工地向一位衣着华丽、口叼烟斗的建筑承包商请教："我该怎么做，长大后会跟你一样有钱？"
>
> 这位高大强壮的建筑承包商看了小家伙一眼，回答说："我先给你讲一个三个掘沟人的故事。一个掘沟人拄着铲子说，他将来一定要做老板。第二个抱怨工作时间长，报酬低。第三个只是低头挖沟。过了若干年，第一个仍在拄着铲子；第二个虚报工伤，找到借口退休；第三个呢？他成了那家公司的老板。你明白这个故事的寓意吗？小伙子，去买件红衬衫，然后埋头苦干。"
>
> 小男孩满脸困惑，百思不解其中的道理，只好再请他说明。承包商指着那批正在脚手架上工作的建筑工人，对男孩说："看到那些人了吗？他们全都是我的工人。他们之中那边那个晒得红红的家伙，穿一件红色衣服。他每天总是比其他的人早一点上工，工作时也比较拼命，而下工的时候，他总是最后一个下班。就因为他那件红衬衫，使他在这群工人中间特别突出。我现在就要过去找他，请他当我的监工。从今天开始，我相信他会更卖命，说不定很快就会成为我的副手。"

有自己的主见

"父子骑驴"的寓言故事大家都听说过吧？这个故事要说的是如

果没有定力,左右摇摆,很难成事,也很难保持平衡。

> 有一个做秘书的,领导让他看一篇报告写得如何。他看过后来汇报,说:"我认为写得还不错。"领导摇了摇头。秘书赶快说:"不过,也有一些问题。"领导又摇摇头。秘书说:"问题也不算大。"领导又摇摇头。秘书说:"问题主要是写得不太好,表述不清楚。"领导又摇摇头。秘书说:"这些问题改改就会更好了。"领导还是摇头。秘书说:"我建议退回这个报告。"这时领导说了:"这新衬衣的领子真不舒服。"

不要随意猜测领导的意图。明确表达自己的意见,没有必要一定要赢得别人的认可。

用激情来做事

自信来源于激情。离开了对生命、对生活、对工作学习、对自己周围一切的热爱,人便没有了激情,更谈不上自信。因此,我们应该始终保持一颗乐观、充满热爱的心,保持不灭的激情,从而用自信和激情成就自我,感染他人。

我为那些不能为工作而激动的人遗憾。这不仅仅是因为他永远不会满意,同时也是因为他永远不会获得任何有价值的东西。

> 张雨在宝洁实习刚一个星期,由于对这个行业几乎一无所知,没有任何出色的业绩,仅仅售出了几瓶浴液。看着旁边其他品牌的促销员,心中真不是滋味。学习经济管理四年,期间

的刻苦努力不说，只为将来能干出一番业绩来。可是刚小试人生，就对自己的才智与能力打了一个折扣。其实他一点也不笨，营销的理论都知道，为什么在实际的销售中没有业绩呢？面对一天不如一天的现状，他开始想能不能继续胜任这份工作。

张雨找经理说了自己的想法，经理劝他要对自己充满信心，不要放弃，如果自己对自己都没有信心，那么别人对你还会有信心吗？他要求张雨再坚持一个星期，并且参加全体员工工作会议，每个人都要讲自己在销售中遇到的实际情况，再说是如何考虑，如何解决的。经理的话使他感受到了一种自我激励的存在，没有人可以帮他，只有靠自己了。他终于找到了困扰他的主要问题：对自己的工作缺乏长久的激情，对自己也缺乏信心。

激情对每个人来说都是十分重要的，我们干任何事情只有信心是不够的，还要用足够的激情来改变自己的心情。对每个顾客都应该用十二分的努力去对待，让我们自身的状态达到最佳，从而去感染周围的人。

他发誓要在一个星期内改变现状，否则就辞职。这几天他干得十分轻松，每天都对自己说："今天是美好的，我一定要拿第一。"付出总有回报，在第五天，他拿了第一，他将这个好消息告诉了经理，经理鼓励他说："相信自己，继续努力。"这是十分平常的一件小事，可是对他来说却不然。这让他明白自己是有能力、有潜力的，只要坚持自己的信念，顽强拼搏，没有办不到的事。

如果一种工作满足以下三个条件：

第一，你对从事这个工作具有天赋，并且能够成为最好的（我生来就是干这个的）；

第二，你从事的工作具有丰厚的回报；

第三，你对所从事的工作充满激情，乐意去干，享受过程带来的快乐。

如果这三个部分重叠，你将具有远大前途。

解放自我

20世纪初，有个爱尔兰家庭要移民美洲。他们非常穷困，于是辛苦工作，省吃俭用3年多，终于存钱买了去美洲的船票。当他们被带到甲板下睡觉的地方时，全家人以为整个旅程中他们都得待在甲板下，而他们也确实这么做了，仅吃着自己带上船的少量面包和饼干充饥。一天又一天，他们以充满嫉妒的眼光看着头等舱的旅客在甲板上吃着奢华的大餐。最后，当船快要停靠爱丽丝岛的时候，这家中一个小孩生病了。做父亲的找到服务人员说："先生，求求你，能不能赏我一些剩菜剩饭，好给我的小孩吃？"服务人员回答说："为什么这么问，这些餐点你们也可以吃啊。""是吗？"这人回答说，"你的意思是说，整个航程里我们都可以吃得很好？""当然！"服务人员以惊讶的口吻说，"在整个航程里，这些餐点也供应给你和你的家人，你的船票只是决定你睡觉的地方，并没有决定你的用餐地点。"遗憾的是，当这家人知道他们也有这样的机会以后，他们已经到站了，需要下船了。

这个案例告诉我们很多道理：克服不良思维习惯。这家人因为一直很穷，所以到了别人面前产生了严重的自卑感，以为不可能同别人处于同样的待遇水准上。所以，改变命运先改变思维。不要自我设限，在我们没有做出任何努力之前先不要自我封闭。不要凭想当然办事，你头脑中的不可能是你自己想出来的不可能。伟人之所以伟大，是因为我们跪着，如果我们站起来，我们同样是伟大的人。

桌子上面有各种食物，无论你品尝的是什么滋味，都是你自己选择的结果。过去的属于过去，过去不等于现在，你现在正走向一个崭新的明天，不要用过去的习惯来束缚现在的思维，你现在的选择正为明天打基础。要善于沟通，沟通的前提条件是自信。圣人说："知之为知之，不知为不知，是知也。"我们每个人都有一张相同的船票，当我们来到这个世界上时，我们已经上船，当我们离开这个世界时，我们就是下船。人生只有一次机会，仅仅一次，因此，充分利用机会，享受生命。

充分利用所拥有的东西的效用，在拥有"船票"时，应充分了解这个用金钱交换得到的通行证有何作用，能为自己在哪些方面带来服务。当然也许把这张船票可以带来的服务写在其背后，这一家人就可以看到，也就不会出现案例中的尴尬境地。但是，这一家人若是不识字的话，这种方法也就失去作用。还有关键的一点，这一家人面对的机会只有一次，当他们意识到船票的作用时，已经到达了目的地。如果他们还有下一次机会，就不会有类似的事情发生。但是，在人生中很多事情往往只有一次机会，一旦错过，后悔也于事无补，只能面对残酷的现实。所以，这个案例可以警醒我们把握每一次机会，充满自信，抓住今天。

跌倒了站起来

一位父亲很为他的孩子苦恼。因为他的儿子已经十五六岁了,可是一点男子气概都没有。于是,父亲去拜访一位禅师,请他训练自己的孩子。

禅师说:"你把孩子留在我这里。三个月以后,我一定可以把他训练成真正的男人,不过,这三个月里面,你不可以来看他。"父亲同意了。

三个月后,父亲来接孩子。禅师安排孩子和一个空手道教练进行一场比赛,以展示这三个月的训练成果。

教练一出手,孩子便应声倒地。他站起来继续迎接挑战,但马上又被打倒,他就又站起来——就这样来来回回一共16次。

禅师问父亲:"你觉得你孩子的表现够不够男子气概?"

父亲说:"我简直羞愧死了!想不到我送他来这里受训三个月,看到的结果是他这么不经打,被人一打就倒。"

禅师说:"我很遗憾,因为你只看到了表面的胜负,你有没有看到你儿子那种倒下去立刻又站起来的勇气和毅力呢?这才是真正的男子气概啊!"

相信自己的价值

思想比锁链和监狱更能够限制人,因此,解放思想才能够真正解放人。要大胆,不要捆住自己的手脚。成功和走运的人一般都是大胆的,最胆小怕事的人往往是最不走运和难以成功的。幸运可能会使人产生勇气,反过来勇气也会帮助你得到好运。所以大胆些,会有强大力量帮助你。大胆不等于莽撞,不是有勇无谋。而那些强大力量就是我们自身所具有的潜力：精力、技能、判断力、创造力，以及由此而散发出的个人魅力。使你能够通过这个魅力吸引和凝聚你意料之外的资源。

> 在一次讨论会上，一位著名的演说家没讲一句开场白，手里却高举着一张20美元的钞票。面对会议室里的200个人，他问："谁要这20美元？"一只只手举了起来。他接着说："我打算把这20美元送给你们中的一位，但在这之前，请准许我做一件事。"他说着将钞票揉成一团，然后问："谁还要？"仍有人举起手来。
>
> 他又说："那么，假如我这样做又会怎么样呢？"他把钞票扔到地上，又踏上一只脚，并且用脚碾它。然后他拾起钞票，钞票已变得又脏又皱。"现在谁还要？"还是有人举起手来。
>
> "朋友们，你们已经上了一堂很有意义的课。无论我如何对待那张钞票，你们还是想要它，因为它并没贬值。它依旧值20美元。人生路上，我们会无数次被自己的决定或碰到的逆境击倒、欺凌甚至碾得粉身碎骨。我们觉得自己似乎一文不值。但无论发生什么，或将要发生什么，在上帝的眼中，你们永远不会丧失价值。在他看来，肮脏或洁净、衣着整齐或不整齐，你们依然是无价之宝。生命的价值不依赖我们的所作所为，也不仰仗我们结交的人物，而是取决于我们本身！你们是独特的——永远不要忘记这一点！"

发掘自我

从前,在非洲,有一个农场主,一心想要发财致富。一天傍晚,一位珠宝商前来借宿。农场主对珠宝商提出了一个藏在他心里几十年的问题:"世界上什么东西最值钱?"珠宝商回答道:"钻石最值钱!"农场主又问:"那么在什么地方能够找到钻石呢?"珠宝商说:"这就难说了,有可能在很远的地方,也有可能在你我的身边。我听说在非洲中部的丛林里蕴藏着钻石矿。"第二天,珠宝商离开了农场,四处收购他的珠宝去了。农场主却激动得一宿未合眼,并马上做出一个决定:将农场以低廉的价格卖给一位年轻的农民,就匆匆上路,去寻找远方的宝藏。

第二年,那位珠宝商又路过农场。晚餐后,年轻的农场主和珠宝商在客厅里闲聊,突然,珠宝商望着书桌上的一个石块两眼发亮,并郑重其事地问农民这块石头是在哪里发现的。农民说就在农场的小溪边发现的,有什么不对吗?珠宝商非常惊奇地说:"这不是一块普通的石头,这是一块天然钻石!"随后,他们在同样的地方又发现了一些天然钻石。后来经勘测发现,整个农场的地下蕴藏着一个巨大的钻石矿。而那位去远方寻找宝藏的老农场主却一去不返。听说他成了一名乞丐,最后跳进尼罗河里了。

自信的人目标执着,满怀信心地去做事。一个抛弃农场寻找钻石的人的故事,告诉了我们这样一个道理:老农场主的失败根源于他对自身的资源缺乏充分的了解,因而也就失去了树立自信的前提。我们每个人身上都有巨大的潜力等待我们去开发,敢问路在何方？路在脚下。不要追求虚无缥缈，好高骛远，不着边际。最可贵的宝藏往往不在远方，而在于我们自身。这也就是我们树立自信的客观基石。我们每个人身上都有巨大的潜力等待我们去开发，去利用。

戴高乐说："眼睛所看见的地方，就是你会到达的地方，唯有伟大的人才能成就伟大的事，他们之所以伟大，是因为决心要做出伟大的事。"

表现自己的独特

尽管你的天空不是最亮最大的那一片，但它是属于你的。尽管你不是最优秀的，但你是独特的。所以发出属于自己的声音，你就是优秀的。达尔文当年决定放弃行医时，遭到父亲的斥责："你放着正经事不干，整天只管打猎、捉狗拿耗子的。"达尔文在自传上透露："小时候，所有的老师和长辈都认为我资质平庸，我与聪明是沾不上边的。"沃尔特·迪士尼当年被报社主编以缺乏创意的理由开除，建立迪士尼乐园前也曾破产好几次。爱因斯坦4岁才会说话，7岁才会认字，老师给他的评语是："反应迟钝，不合群，满脑袋不切实际的幻想。"他曾遭到退学的境遇。牛顿在小学的成绩一团糟，曾被老师和同学称为"呆子"。

这些人类的英雄，因为坚持走自己的路，为人类的进步构造了阶梯。

俄国作家契诃夫说："有大狗，也有小狗。小狗不该因为大狗的存在而心慌意乱。所有的狗都应当叫，就让它们各自用自己的声音叫好了。"

一次只做一件事情

成功不在于你做多大的事情,而在于你把一件事情做到最好。而不能像目标多变的贾金斯一样。

好多年前,有人要将一块木板钉在树上,贾金斯走过去管闲事,说要帮他一把。他说:"你应该先把木板头子锯掉再钉上去。"于是,他找来锯子之后,还没有锯到两三下又撒手了,说要把锯子磨快些。于是他又去找锉刀,接着又发现必须先在锉刀上安一个顺手的手柄。于是,他又去灌木丛中寻找小树,可砍树又得先磨快斧头。磨快斧头需将磨石固定好,这又免不了要制作支撑磨石的木条。制作木条少不了木匠的长凳,可这没有一套齐全的工具是不行的。于是,贾金斯到村里去找他所需要的工具,然而这一走,就再也不见他回来了。

后来人们发现,贾金斯无论学什么都是半途而废。他曾经废寝忘食地攻读法语,但要真正掌握法语,必须首先对古法语有透彻的了解,而没有对拉丁语的全面掌握和理解,要想学好古法语是绝不可能的。

不久他又如痴如醉地爱上了一位迷人的、有5个妹妹的姑娘。可是,当他去姑娘家时,却喜欢上了二妹,不久又迷上了更小的妹妹,到最后一个也没谈成功。

贾金斯的故事说明的是一种现象,这种现象在我们每个人每天的生活中都可能出现:我正在电脑上写书,此时电脑提示我来了电子邮件,邮件告诉我要我发一个电子版的个人生活照片到这个地址要做通讯录。我的电脑里没有电子照片，我赶紧去借电子照相机，人家建议我买一个相机，然后我就到银行取款到商店去买相机，到了商店我不知挑什么牌子的，人家说最好找专业人士帮忙，我给专业朋友打电话，别人说今天没有时间，推到了明天，然后我回到了电脑前。结果我今天的写作还仅仅是一个开头。一次做好一件事情比同时涉猎多个领域要好得多。

意大利著名男高音歌唱家卢西亚诺·帕瓦罗蒂回顾自己走过的成功之路时，想起他父亲曾说："如果你想同时坐两把椅子，只会掉到两把椅子之间的地上。在生活中，你应该选定一把椅子。"

认真敬业

如何自信地行动？做好自己的本职工作，在自己的领域内成为专家，做名副其实而不是徒有虚名的专家。如果你是政府官员，你掌握的权力是对国家资源的调动，就要充分利用手中的资源来促进国家的进步，如果你的知识不足，就要利用专家的智慧弥补自己的不足，多听专家的建议，这样你才能够为人民的利益去行政。

做老师就要给人以智慧和启迪，为学生的时间和未来负责任。做研究生你就要认真去研究，不要在研究期间看到别人赚钱眼红，为眼前的小利而损坏了长远的研究能力，这种做法会使你不仅没有现在，也没有未来。

无论如何你是一个人，你首先就要认真做一个人。

当你在自己的领域成为专家的时候，就有了竞争力，那时名利已经成为附属品，自然一切都会有。

一首小诗启示了我们基本的做人的道理：

如果你不能成为山顶上的一棵松，

就做一棵小树生长在山谷中,
但必须是小溪边最好的一棵小树。
如果你不能成为一棵小树,就做一丛灌木;
如果你不能成为一丛灌木,就做一片草地,
让公路上也有几分欢娱。
我们不能都做船长,我们得做海员。
如果我们不能都做船长,我们就做海员。
如果你不能做一条公路,就做一条小径。
如果你不能做太阳,就做一颗星星。
不能凭大小来断定你的输赢,
不论做什么你都要做最好的一名。

没有伟大的事情,只有需要满怀爱心去做的细微事情。没有什么伟大的人,只有伟大的挑战,而必须面对的只是你我一样的人。如果你在洗盘子,就好好洗。如果你扫马路,你就认真地扫。如果你作画写诗,就认真地做,你没准儿就会成为齐白石、莎士比亚。

伟大的事并不是伟人把它做伟大的,而是平凡的人把它努力做到最好,让它成就了那份伟大。

广东三水寿险公司这样塑造员工的思想:第一,人们买的不是产品,而是我。做事之前先做人,做人做不好,就没人跟你共事,没人跟你共事你就无事可做。因此,做事之前先做人,企业造产品之前先造人,员工要有良好的精神面貌,那么公司的产品相信也不会有问题。第二,既然敷衍也要付出,何不全力以赴?每一个经历都是一笔财富,你今天坐在这里学习是宝贵的事情,你这一段时间无聊,憋得发慌,这是最宝贵的,因为无聊最使人痛苦,所以你以后绝不会用无聊打发时间。任何一个环节,你只要投入了就要全力以赴。

爱默生在《论自信》里说:"在每一个人的教育过程中,他一定会在某个时期发现,虽然广大的宇宙间充满了好的东西,可是除非他耕作那一块给他耕作的土地,否则他绝得不到好收成。"

> 一个法国人来到美国准备打工,这个法国人不会说英语,既然不会说英语就不能和别人沟通,所以老板说你只能扫厕所。他非常珍惜这个岗位,他想我也没有别的本事,就扫厕所吧。他每天努力擦这个厕所,擦得墙能照见人,室内也没有异味。结果来这个饭店的人很多。后来,隔壁饭店疑惑那个饭店怎么那么兴旺,客人怎么不来我这里?他向客人询问,你们怎么都到那儿去,能不能到我这儿来?客人说那个饭店厕所好,我们到那去是为了上厕所,那个厕所好。隔壁老板才知道原来是厕所把客人都吸引去,厕所搞得好是那个扫厕所的法国人的功劳。隔壁老板就来挖扫厕所的法国人,被这个法国人的老板发现了,老板还蒙在鼓里呢,不知道为什么顾客到我这里吃饭,还以为他的饭菜好吃。一听说是法国人干的,他就召集大堂经理和厕所经理开会:既然扫厕所都能扫这么好,当大堂经理没问题,从明天起,厕所经理做大堂经理,大堂经理去扫厕所。

有责任感

我去迪士尼乐园参观时,正逢下雨,我希望赶紧找到水世界的海盗船去看热闹和避雨。我看到三个穿迪士尼工作服的人走到了我跟前,就向其中一个人问:"水世界在哪里?"他停下来,耐心地讲了路线:"向前走,左转弯,再右转弯,再直行,再转弯……"我听糊涂了,告诉他我没有听懂。他微笑着说:"你跟我来。"我跟着他转了几个弯后,他向前指着说:"看见那个箭头了吗?直行过去就是了。"我千恩万谢。

这是1999年冬天的事情了,迪士尼的娱乐节目我已经记不太清楚了,但是这个人对我的态度我仍然记忆犹新。迪士尼的娱乐节目给观众带来享受,迪士尼的员工也要给观众带来快乐。如果你在迪士尼工作,就要认真遵守迪士尼的工作准则认真做事,否则就不能加入这个组织。他们的做事准则是:上班是上台,工作是演出,员工是演员。

迪士尼的节目和员工存在的目的是给全世界的人带来快乐。如果做不到这一点,你最好早点离开这家公司。而如果你做到了这一点,就会如鱼得水,一帆风顺。要做到这一点,就要学会换位思考:站在顾客、企业的角度去思考,而不仅仅从自己的角度思考。

没有经过努力就不要放弃

2001年5月20日,一个叫乔治·赫伯特的人把一把斧子卖给了美国总统布什,他得到了美国布鲁金斯学会送的金靴子,上面写着"最伟大的推销员"。这个奖励已经空了26年,1975年,一个人因为把微型录音机卖给尼克松而获奖。布鲁金斯学会创建于1972年。乔治·赫伯特给布什写了封信,说:"总统先生,我很荣幸参观了你家的植物园,那个植物园真是别具匠心,是一个非常好的去处。遗憾的是,一些桑菊树已经枯死了,大煞风景。我知道您特别需要一把斧子把它们砍掉。不过现在出售的斧子不是太大就是太小,不是太快就是太钝。我家有一把老斧头，是爷爷留给我的，特别适合砍掉那样的桑菊树。如果你喜欢，我就把它15美元卖给你。"

布什回信了，邮寄来了15美元，造就了一个伟大的推销员。

一家合资物流配送公司招聘营销主管，考试题目是把梳子卖给和尚。一个姓万的人，找到住持说："蓬头垢面是对佛的不敬，应该在香案前放把梳子，供善男信女们梳理。"住持买了10把。一个姓乔的人，一次推销了1 666把木梳。他对住持说："凡来进香朝拜者多有一颗虔诚之心，宝刹应该有所馈赠以做纪念，保佑其平安吉祥，鼓励多做善事。江南名梳刻上您的书法'积善梳'，一定受欢迎。"

住持闻言大喜，广施积善梳，影响深远，香火更旺，梳子供不应求。

尊重与信任

美国心理学家做了一个所谓的未来发展测验。测验结束后，他们发了一份名单，说是从中发现的最有前途的人，只不过智力有待老师开发而已。实际上，这些学生完全是随机选的，并没有数据说明他们是天才。然而有意思的是，学期结束时，这些学生的成绩要好得多。原因是教师对心理学家的测试结果深信不疑，于是唤起了他们对这些学生的期待。而这种期待不自觉地从老师的言行中表现出来,而这些学生从老师的唇边眼角、和蔼的语气、鼓励的目光中增强了自尊心和上进心,从而取得了更好的成绩。心理学上把它叫做"皮格马利翁效应"。

尊重与信任能够加强或者满足人们普遍具有的自尊和渴望获得信任的心理需要。比如,即使别人工作中有一些差错,如果跟他说:这次虽然没有完成任务,但是你具有干好工作、完成任务的潜力,只要你好好努力,相信你绝不会干得比别人差。这种寓批评于尊重、肯定之中的话,就容易让他充满信心,干劲倍增。

我在上海演讲时正好是下雨天,留的作业就是让大家找个机会赞美一下别人。一个大集团的副总裁中午开车回到公司,门卫同往常一样站在雨中为来往的车辆开门关门,副总裁打开车窗,对门卫说:"雨天为我们开门,你辛苦了!"门卫受宠若惊,赶紧说没关系,分内的工作。副总裁离开很远了,通过倒车镜看到那个门卫还在望着他。副总裁想:"那个门卫今天一定有一份好心情。"一句话送给别人一天的好心情,多好的礼物!何乐而不为呢?

刺猬与狐狸

狐狸很聪明,知道很多事情;而刺猬只知道一件重要的事情。狐狸策略也很多,是一种狡猾的动物,能够设计出无数复杂的策略偷偷向刺猬发动进攻,狐狸从早到晚在刺猬巢穴的周围徘徊,寻找机会吃掉刺猬。狐狸行动迅速,皮毛光滑,动作敏捷,阴险狡猾,看上去准是赢家。

当刺猬不小心碰到狐狸的时候,狐狸闪电般扑上去。刺猬

> 立刻蜷缩成一个圆球,浑身尖刺,指向四面八方。狐狸遇到这种防御,只好停止进攻。
>
> 狐狸回到森林以后,又开始策划新的进攻方案。

狐狸和刺猬之间的这种争斗每天都要发生,但是尽管狐狸比刺猬聪明,刺猬总是屡战屡胜。

我们把环境比做狐狸,把自己比做刺猬。尽管环境总在变化,而且变化复杂难以预测,但如果我们能够成为一只刺猬,有一技之长,就能够对付环境的变化。一技之长也可以叫做核心能力,所以要缔造自己的核心能力。

核心能力是一种独特的技能,这种技能只有我有,或者只有少数人有,能够给自己带来很好的价值。有了这种能力,在与环境的竞争当中,就能够任凭风浪起,稳坐钓鱼船。就会充满自信,不会每天忧心忡忡,担心明天的面包在哪里。

早一点掌握这种观点,并能够彻底领悟和实践的人,会达到一个境界:海阔凭鱼跃,天高任鸟飞。

做"缺不了"的人

> 北京一家研究所,有一天高层领导者突然向全体员工发布了一个决策:30年工龄以上的人全部内部退休,是否聘用待定。工作30年的人,年龄是在50岁左右的人,没有了年龄优势,也没有了精力储备,如同一只只无助的羔羊,任人宰割。但是有一个人,她是一个十分认真敬业的编辑,别人不懂这一摊业务,所以她向所长提出不接受内退,虽然你可以返聘我,但是

我还需要个人尊严。结果所长对她实行了例外对待,没有让她内退。她说:"我之所以能够站住,是因为我不可替代。"

要努力做公司缺不了的人,要经常问自己:"如果没有我,公司会怎么样?"如果缺了我,公司"无所谓",那就是自己面临危险的时候,需要赶紧提高自己,锻炼能力,缔造不可替代性。

如果随着年龄的增长,你的优势会被年龄吞食,你将面临被后来的年轻人顶替的危机。如果你没有在年富力强的时候打造出基于经验的竞争力,并且随年龄的增长你的能力也没有增加,那么你将在悔恨交加中度过晚年。

认可和赞美

人人需要认可和赞美

2003年3月,石家庄一家房地产咨询公司的行政办主任,开车来到北京接教授前去公司做客,来到北京的安定门外大街,北京的路很复杂,哪里能走和哪里可以停车,外地人搞不清楚。他看到别人都把车停在路边,他也跟着停,结果警察来了,说此地不可以停车,罚款。他跟警察说:"我从石家庄来,开了四个小时的车,接你们北京的教授前去授课,不知道怎么走路,告诉我就在这附近了。我在电视上看到了关于咱们北京警察的报道,是全国警察学习的榜样。你罚我可以,能不能先劳驾把我带到教授那边去。"警察把他带到教授那个住址后，教授也立刻向警察表示感谢。结果，警察不但没有罚他款，还帮他带路。

北京的警察严格全国知名，但这个人却通过赞美提高警察的自尊与面子，他的赞美给了警察高度的自尊，也挽回了自己的面子。

一个小伙子结婚了，第一次领媳妇到自己家，跟自己的母亲说："您儿媳妇很勤快，眼睛里面很有活儿。"既然先生说自己很勤快，那自己也不能懒惰，媳妇尽力找活儿干。公婆说："媳妇真好，别累着！"媳妇说没关系，在媳妇干活的过程中公婆不停地送给她赞美。下次来到公婆家，公婆说："上次把你累坏了，这次别太辛苦了。"这反而使得媳妇更加努力。小伙子问媳妇到公婆家的感觉，媳妇说："到你们家很开心，虽然辛苦了一点。"

认可和赞美属于正面鼓励，就是对人的某种行为给予肯定或奖励，使得这种行为得以巩固和持续。正面鼓励可以帮助人们建立自信和自立。

玫琳凯化妆品公司董事长玫琳凯说"有两样东西比金钱和性更为人们所需要——认可和赞美。"

马克·吐温说："一句美妙的赞语可以使我多活两个月，一句赞美的话能当我十天的口粮。"

威廉·詹姆斯说："人类天性中都有做个重要人物的欲望。人性至深的本质，在于渴望获得尊重。"

林肯说："当人们被奉承的时候，就会忍受好多事情"。

正面鼓励是一个人能够用来改善人际关系、家庭关系、一项事业、一个社区，甚至一个国家的最强有力的交际手段。

人人有自卑情结

我有一个重大的发现："人人有自卑情结"。一个没有企业的人见到小企业主自卑，一个小企业主见到大企业家自卑，一个大企业家见到更大的企业家自卑，更大的企业家在以自己的弱项同别人的强项相比时自卑。

一个人不可能在所有的方面都独占鳌头，所以总是山外青山楼外楼，强中还有强中手。当人们以自己的弱项同别人的强项相比时，会产生自卑情结。由于人人有自卑情结，所以，人人需要认可和赞美。

自卑就是不如别人，有自卑感对人会产生激励效果。"行远必自迩，登高必自卑。"（《中庸》）张瑞敏的观点是："如果你能够把自己放在一个弱者的位置上，你就有目标可以永远前进。"当我们认识到人人都有自卑情结的时候，管理自卑的能力上升，心理压力渐小，就会获得心理的自我平衡。

由于人人都有自卑情结，所以给我们缔造自信打造了平台。自己总有比别人强的方面，因此，我们可以充满自信地与人互动。当我们知道人人需要认可和赞美这个原理后，可以大胆地把赞美和认可送给别人：赞美你的朋友，赞美你的太太，赞美你的先生，赞美你的孩子，赞美你的邻居，赞美你的父母，赞美你的上级，赞美你的同级，赞美你的下级，赞美你的客户，赞美对你提供帮助的陌生人，赞美你的敌人。如果你是一个很少赞美别人的人，一直以严格要求者自居，今天改变一下习惯，送给别人一个赞美，你会有意外的惊喜。

把以上的赞美当做作业来完成,并且考虑以下问题:当别人赞美自己时感觉如何?如何对待别人对自己的赞美?当赞美了别人以后自己的感觉如何?当别人赞美自己以后自己对别人的态度如何?

一位中年母亲,很少赞美自己已经上中学的儿子,听课后回去对自己的儿子说:"儿子,其实你还是不错的,很有发展前途。"儿子说:"妈妈你什么意思,有话直说吧。"由于这个母亲从来没有送给儿子认可和赞美,导致儿子对母亲的表扬已经感到不自然了。应该从小就要把两类语言——批评和表扬同时送给孩子。

一位男士,结婚以后从来没在什么时候表扬或认可过太太,这天听课改变了自己的思想,回去对太太说:"太太,你仍然和以前一样漂亮,对我照顾很好,我还是像以前那样爱你。"由于多年没有说这样的话了,所以出口的话也显得比较别扭。太太觉得先生今天很特别,你可以想象太太会怎么说?太太说:"你有病了吧?"先生说没有。"那你一定是有外遇了,告诉我你的外遇是谁?"结果两个人吵了起来。第二天这位男士告诉我这招不仅不好用,还起反作用。我说:"你太太比你聪明,她都知道改变行为需要动力——恐惧和诱因。你必须告诉她你行为改变是因为听了情商与影响力这个演讲。"

第二天,她的太太也来到了教室中听课。

如果你从来没有赞美和认可过别人,当你突然改变习惯时,要有铺垫。

<small>张进入大学初期,对新环境的不适应以及对亲人的思念使他整天闷闷不乐。日子在浑浑噩噩中蹉跎。一天口语课上,他正迷惘地望着外教讲课,试图从中听出一两个单词来。忽然外</small>

教提出了一个问题,这回张听懂了,就小声地嘀咕答案(张向来没有勇气站起来回答问题),不想外教伸出大拇指用英语赞道:"Do a good job!"一时间,他仿佛进入了另一个世界,心一下子开阔起来。"物随情移",阴霾的天刹那变得万里无云,窗台上那盆无人照管的小花也精神饱满地看着他笑,一切都生机盎然。他惊诧了:原来世界如此美好。

人,生为万物灵长,都希望被别人肯定和认可。一声赞美可以让奉献者体会付出的欢乐。

真诚的赞美如同久旱逢甘露

赞美是以真诚为基础的,是对别人的付出表示敬佩或谢意的一种表达。而且赞美绝不是单方面的给予和付出。赞美别人,是学习别人优点和长处的过程,是与人交流时和谐沟通的过程,也是心胸气度的培养过程。在赞美声中,传递的是情感和思想,表达的是善意和热情,化解的是有意无意间与人形成的隔阂与摩擦。在赞美声中,别人的精神感染着你,别人的榜样鼓舞着你,送一点赞美给别人,你的世界会一片灿烂。

认可和赞美犹如心理的空气,没有空气,人类无法生存。在物质生活没有问题后,人类最渴望的就是精神上的满足——被了解、肯定、赏识。对人来说,赞美就如同温暖的阳光一样。缺少阳光,花朵就无法开放。

赞美包括以下内容:认可,认同,发现长处,表扬,欣赏。

送一点赞美给失意落魄者,会让他心生"我辈岂是蓬蒿人"的自豪感，从而重整旗鼓，奋发图强；

送一点赞美给畏缩怯懦者，会让他勇气倍增，信心十足，成为开拓未来的勇士；

送一点赞美给踌躇满志者，会他继续向前，永不停滞；

送一点赞美给孩子，会让他对未来充满无限憧憬；

送一点赞美给老人，会抹去老人"夕阳无限好，只是近黄昏"的惆怅，取而代之的是"桑榆未晚霞满天"的豪情；

送一点赞美给陌生人，纵使萍水相逢也会成故知；

送一点赞美给周围认识或不认识的人，说出你的感谢，你的敬佩。

歌剧演员卡卢素美妙的歌声享誉全球。但当初他的父亲希望他能当工程师，他的老师则说他那副嗓子是不能唱歌的。在其成长的过程中，只有母亲赞美他的歌声，只要有改进即给予赞赏，终于培养出了歌剧之王。

如果你发现了别人的长处，就大胆地告诉他。嘉勉要诚恳，赞美要大方。要真诚而不要虚伪，因为一次虚伪就会使你难以挽回信誉。人家脸上长满青春痘，你说人家的脸如同苹果一样光滑，这只能说你的话不可信。所以，要真诚大胆地给予别人认可和赞美。

承认对方的某些优点，可以让他减轻自卑感，哪怕是赞扬对方一点点优点，也会起到激励作用。努力去发现别人的优点并告诉他是获得别人信赖的第一步，当面指出别人的缺点但不让其他人听见是获得别人信赖的第二步。如果对方改变了性格的某一点，针对此点加以赞扬，可以博取对方的欢心。

实际上每个人都有优点，赞美别人会使对方各方面的情绪得到调动，从而向你展示最好的一面，发挥出他最大的优势。如果每个人都可以把这一点做得很好，相信人与人之间的矛盾就会减少很多，关系也会融洽很多。同时，可以更多地学习别人的优点和长处，使自己在各方面得到完善和提高。学会应用"赞美的力量"，主动真诚地赞美别人的优点，发现每个人都有很值得别人学习的优点，只要善于发现，不但自己受益匪浅，还能大大改善人际关系，大家再见面都能够笑脸相迎，氛围十分友好。如果在生活中坚持做到这一点，生活将处处充满阳光。

可以这样描述一个人的成长：学会赏识而成熟，不能学习而老化，充满活力而年轻，因为经历而超越。

会赏识别人，一是自信，二是善于发现。能够从平凡中发现不平凡的人是不平凡的人，把平凡看做平凡的人是平凡的人。老的表现是新的进不来，旧的忘不掉。臧克家《有的人——纪念鲁迅有感》："有的人活着，他已经死了；有的人死了，他还活着。"人的青春是短暂的，有人年轻却已经老了，有人老了却还年轻。当人的经历足够丰富以后，就会看透世事而超脱。

两个人的世界是这样发展的：因为赞美而结合，因为赏识而流畅，因为挑剔而粗糙，因为指责而分手。

两年前我去过哈尔滨，又过了两年来到哈尔滨同一家公司。一位女士告诉我如下的故事：

"两年前你来我们公司的时候我正在闹离婚，原因是哈尔滨这么多优秀的小伙子，为什么我的老公这么差？但是我也知道自己在鲜花最靓丽的时候都没有找到最好的绿叶，离婚的人怎么还会有更好的人等待自己，所以我试图挽救这个婚姻。幸好你留下一个工具叫做'赏识'。我试着从他身上找优点，但是没有发现什么优点。最后发现他竟然不抽烟。我巧妙地表扬他，结果他酒又不多喝了，再巧妙地表扬他，回家干活，再到后来丈母娘家的活也干了。现在我的老公成为哈尔滨众多优秀小伙子中的一个啦，我不离婚了。情商挽救了家庭。"

北京一位女士是某公司董事长兼总经理,她先生在广州负责诺基亚3G手机研发,两个人长期不在一起,她就打电话诉苦,请求对方体谅。对方也不耐烦地说自己更需要关心。长期这样得不到对方的关怀和语言的温暖,家庭离解体不远了。女士的一颗心无处可放了,她来到了清华经管学院高级经理研修班。听了一天的情商与影响力课后,女士悟出了两条原理:"赏识式沟通,换位式思考。"她晚上做了充分准备后,给老公打电话了,语气是这样的:"我今天想明白了你的处境,你实在是太不容易了,见不到孩子,还有3G产品研发的压力。"没想到老公说:"我还可以,你更不容易。"以这样的方式沟通,谈了两个多小时,热泪盈眶。从此内心的隔阂消除了。这个高级经理研修班一年结业时,班级的十件大事之一就是她的"情商挽救了家庭。"

影响家庭幸福的主要因素排序是:健康、情商、财商、家庭责任以及社会环境,情绪力量是婚姻存亡的关键,防止夫妻反目的关键因素是情商。

赞美赢得顾客

杨某有次买了一个计算机内存条,由于质量问题,使他的计算机经常死机,弄得他心烦意乱,下决心退掉它。当他去退货时,销售小姐一下子叫出了他的名字,使他大为惊讶,接着她夸奖他计算机水平高、知识丰富、说话幽默,给她留下了深刻的印象。她几句赞美话使他多天来的烦恼一下子跑到爪哇国,原先退货的想法也没有了,只得另换了一个计算机内存条。

赞美使销售人员成功地做成每笔交易,赞美对有志于成为有影响力的人来说更为重要，它可以扩大影响，增强别人的信任。

吝啬赞美是最大的吝啬

但是，我们总是对赞美和认可如此吝惜，以至于舌头自古就被看成罪恶的根源，虽然没有骨头却被看做最锋利的凶器，好像人与人之间总是恶言相加。其原因就是看似简单的微笑和赞扬做起来可不容易。因为认可和赞美对真诚的要求是如此苛刻，口是心非的赞扬和虚伪的微笑是最高难度的表演，同时也最容易被别人识破。所以说，真诚的赞扬和认可需要很多的内心修炼。

人们有时候会觉得自己比别人各方面都优秀，经常看到别人的缺点和不足，对别人的行为嗤之以鼻。在认可和赞美上，有人可以说是一个毫不掩饰的吝啬鬼，自己总是要的太多而吝于给予。每个人都喜欢听别人的夸奖，得到别人的认同。来自别人的一句表扬，能使自己的心情阳光普照好几天。但当别人获得成就时，自己却好像突然变得深沉和苛刻起来，习惯性地冷眼旁观，心里想着："哼，我也能！运气使然。别笑得太早！"即使抛开嫉妒的因素，也往往会选择沉默。

这是为什么呢？是我们不会赞美？我们不太习惯这种表达方式？还是别的其他原因？仔细想想，这是因为我们现在还没有一颗懂得赞美、认可、懂得给别人温暖和快乐的心。

所以说学会认可和赞美，学会发自内心地认可和赞美自己身边的人——不论是朋友还是敌人——就是在点亮自己的心灵，寻找自己心灵内的火种。

正如太阳它首先是炽热的，才可能温暖、照耀他人。在一个人慷慨地撒播赞美的温暖阳光时，他自己的心也被烧得火热，这种热来自于自身。如果你是一团火，才能够发出光和热；如果你是一块冰，就是把自己溶化了，也只是零度。

赞美敌人，敌人于是成为朋友；热爱朋友，朋友于是成为手足。关键不在于对方听到赞美和热爱会有什么反应，而在于赞美和热爱对我们自身心态的影响。当赞美的话语脱口而出时，我们会微笑，微笑的同时，我们的心会变得开朗，心胸开朗时，我们对周围人和事的看法都会改变。

然而有人却那么吝啬，宁可恶语相向，要不就是冷嘲热讽抑或别有居心地阿谀奉承。那些情商不高的望子成龙的家长这样教育孩子："你这点成绩算什么，比你强的多的是！"忘记了"花朵没有阳光不会开放"。

如果我们对那些看似根深蒂固的怨恨、抱怨和厌恶追根溯源，最后得到的结论往往是"具体也说不清，反正就是看着不顺眼"。这是由于我们的心态其实是一个镜片，它会折射或反射从外界射入的光线。所谓的敌人不过是我们换了一个特别苛刻的镜片。赞美和微笑总是能使镜片形成完美的形状来接受外界最美的光线，所以微笑的眼睛中是没有敌人和丑恶的，原本的敌人也会变成朋友。

为什么高情商赢得信赖

情商高的人总是能够获得别人的信赖，一句话就可调动对方的情绪，并很容易让别人接受自己的观点。赞美和认可是打开影响力通道的第一步。人们对于赞扬和认可总是不设防的，往往一句简单又看似无心的赞扬、一个认可的表情恰恰是良好关系的开端，人与人的距离由此而拉近。在未来施加影响的过程中，赞美和认可总是能有效地起到激励和调节情绪的作用。当别人自卑时，用他的某部分优点鼓励他；当别人有过失的时候，用认可使其恢复自信和自尊，由此建立患难真情；当别人开始抵触时，尝试用认可树立双方的共同立场，减少对立。

赞扬别人是给予的过程，情商高和懂得移情的人总是记得别人的认可曾经给予他们多么大的快乐，他们也总是记得在委靡不振时，别人的一句鼓励曾给予他们多大帮助，他们同样记得别人的赞扬曾经多么神奇地帮助自己克服了自卑情结，他们认识到周围的人也都渴望别人的欣赏和赞扬。所以，聪明的人从不吝惜自己真诚的赞扬。

一个能够慷慨给予别人赞美和认可的人一定是有充足自信的人。因为他从不会想"赞美别人，长他人气势，傻子才这么做"。他也从不会担心"给了别人亮，遮住了自己的光"。因为他坚信自己是太阳，是光和热的来源，故而从不吝于给予别人温暖，也从不吝于用自己的光来照亮别人。他可以创造一个充满鼓励的环境，身在其中的人们会舒心开怀。

靠赞美别人脱颖而出的最典型例子，就是最受商界推崇和尊敬的英国石油公司总裁布朗勋爵。

英国石油公司的总裁布朗勋爵当时被层层提拔，很快就进了CEO的候选班子，然后又荣升为公司的总裁。后来他为英国石油公司在世界石油市场上独占鳌头立下了汗马功劳。这也正有力地证明了前任总裁是多么独具慧眼做出如此明智的选择。于是就有人问前任总裁为什么当时看准了布朗勋爵做自己的接班人。前任总裁回答得很是爽快，他说："布朗总能在一大堆聪明绝顶且极其出色的人中间脱颖而出。最重要的一点也是

> 最突出的一点就是,他总是能吸引很多出色的人到他身边,他从来不怕扎在聪明人堆里,相反,这好像是他的一个癖好。显然他总是有信心也有能力成为其中最出色的,而且,他显然更知道如何利用自己的认可和赞美甚至包容来网罗各方面优秀的人才。"

听了前任总裁的评论,我们不禁感叹布朗勋爵的聪明绝顶,赞叹布朗勋爵的自信心,欣赏布朗勋爵那种发自内心的自信和太阳般的胸怀。

心存感激

学会真诚地称赞、认可的最重要一点就是学会爱,学会包容,学会理解,学会感激,把心中的积怨、嫉妒和仇恨一股脑儿抛掉。心中充满感激的人总是诚于嘉许,宽于称道,对于别人的工作,总是给予鼓励和称赞,而讨厌挑错。对于已尽最大努力但还是犯了过错的人,总是给予宽慰甚至找些可称赞的事,而不是指责一番。对于有积怨的人,总是给予宽容,对共同的立场认可和对其优点给予称赞。这些做法都是商界名人自己视为珍宝的成功秘诀。

美国商界年薪最先超过 100 万美元的美国钢铁公司第一任总裁查尔斯·史考伯告诉我们要诚于嘉许,宽于称道。洛克菲勒崇尚真诚的称赞,以至于在他的合伙人爱德华·贝佛处置一笔买卖失当,使公司损失了投资额的 40% 时,他不但没有指责,反而恭贺贝佛幸而保全了他所投资金额的 60%。"棒极了!"洛克菲勒说,"我们没法每次都这么幸运。"

一位在维也纳从业多年的名叫乔治·罗纳的律师曾收到一封信，指责其对业务理解错误，并且瑞典文错误百出。随后他在回复中没有反驳也没有愤怒，而是对自己业务上的办事不周表示道歉，并决定更努力地学习瑞典文。最后还感谢对方帮助他走上改进之路。

仔细品味这些令人感动的人和事，我们所感受到的已不是什么神奇的办事技巧，而是发自内心的爱与宽容。

所以说，我们要用自己的爱心、包容，用自信心来推己及人，学会给予别人认可和赞美。同时我们也在真诚的微笑和发自内心的认可和赞美中学会爱，学会包容，学会移情。

赞美的方式和模型

每个人都需要被认可和赞美，这是一条真理。人都是有自卑情结的，认可和赞美对于一个人克服自卑情结从而建立自信心是极其重要的。认可是对别人的一种肯定，赞美是在肯定基础上的进一步激励。

发现别人的优点是赢得别人信赖的第一步，学会认可和赞美别人的优点是自信的表现，是心胸宽广的结果。认可和赞美有很多方法：

- 不能太脱离事实，不要给人浮夸或者油嘴滑舌的感觉，认可和赞美应该是真诚的。
- 可以利用语言，选择时机，用充满激情的语调说出来，例如很好、可以、很棒、真行、不错。
- 可以利用肯定的动作，果断地竖起你的大拇指，对老师的讲课点头表示认可，多吃父母专门为你准备的饭菜，等等。
- 可以通过比较有情调的方法，事后发一封邮件抒发一下自己的感受，阐明自己的收获，表示自己的感谢。杰克·韦尔奇利用留言条对经理们进行认可和激励，所有这些都可以收到意想不到的效果。

只要我们学会认可和赞美，自己也能收到许多认可和赞美。也就是说，如果我们热爱生活，生活也会因为热爱而更加丰富多彩。

赞美要善于把握别人的特征，否则适得其反。如对一个身材臃肿的女孩，你绝对不能夸赞她身材苗条，如果这样夸奖，别人会以为你在讽刺她，但你可以赞美她的其他优点，如高雅的气质、得体的衣着等。

赞美是一个有力的激励工具，而具体的操作方式是艺术，如图 3-1 所示的操作方式可以使赞美更有力量：

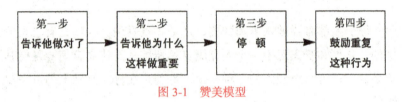

图 3-1　赞美模型

第一步：告诉他做对了

说这句话的时候要看着对方的眼睛，因为目光接触表示真诚和关心。要具体描述对在哪里，而不要一般化。例如"你是一个不错的人"这种一般化的描述效果不大。同时，不要说得太多，否则没有效果。

第二步：告诉他为什么这样做重要

简要说明这样做的好处，要具体，告诉他你很感激他。

第三步：停顿

停顿一下的原理是：让对方感受一下赞美的冲击。如同口渴很长一段时间后你得到了水喝，但是在喝的过程中是没有什么感觉的，只有喝到水停下来时最惬意，才感到渴感消失。这叫做"清新的暂停"。

第四步：鼓励重复这种行为

这是一种强化，鼓励这种行为重复发生。如果文化允许，可以拍拍对方的肩膀。拍肩膀是一个强有力的接触，但是必须小心使用。

赞美不是阿谀奉承

赞美，绝不是阿谀奉承。阿谀奉承者，无仁无德，令人唾弃。尽管赞美是我们生活和社交中必不可少的东西，但赞美不能任意、毫无边际地夸大，而是需要一定的方法和技巧。首先，要善于观察别人，对别人要有准确的认识。必须细心地观察他人的情绪、性格、外表等的微小变化，并能及时做出适度反应，这样才能起到赞美的效果。如对方改变了性格中的某一点，针对此点加以赞扬，就可以博得对方的欢心。赞美要适度，过分的赞美也会引起别人的反感，并且往往被认为是溜须拍马。具体，也是赞美的一项重要原则。模棱两可的赞美当然也不是完全无效，但效果不大，听者也无法从中学到什么。

给予＋给予的方式＝给予

那些对最微小的改善都给予鼓励的人，可以最快获得理想的效果。给予的方式往往比礼物本身价值更高，你做什么很重要，怎么做也同样重要。不时地把一件东西和鼓励之词同时给予别人，使之印象深刻。一个小网站的女老板（香港人）在周末从香港返回深圳时给每个员工带回小东西（香港产），虽然没有多少钱，却让员工都很高兴，人人都觉得老板对我挺好。要给予别人以重温他们成就的机会，可以问对方：你是怎么干成那件事的？要告诉别人你很赏识他们，并且要经常说。如果一个人没有公开和明确地听到过被赏识，那么他们就会推想自己不被赏识。

遵守短缺元素定律

150年前，德国农学家利贝格（Liebig）发现了植物生长过程中的短缺元素定律。该定律有五点内容：

- 需要有元素：任何一种植物生长都需要一定的元素。
- 某一时刻只需要一种：在某一时期植物缺少的只是某一种元素，叫短缺元素。
- 满足了短缺就增长：只要增加这个元素，植物就会有新一轮的增长，人们可以不做其他的事情，植物会靠自己的组织力量成长。
- 不缺的没有用：不缺少的元素即使增加再多对植物的生长也没有用处，通常会有副作用。
- 短缺元素不断变化：短缺元素永远在变化当中，在补充了原来所缺的元素之后，总会有新的短缺元素产生。

对于一个饥饿潦倒的人，奔驰汽车是没有用的。对于一个古币收藏者，猴票是没有用的。对于一个潜心修身的道士，美色是没有用的。短缺元素定律告诉我们沙漠中的种子需要的是水……

奥古斯特·罗丹有句名言:"世界上不是缺少美,而是缺少发现。"作为一个有志于缔造影响力的人,要善于发现别人身上的闪光点。

鼓励对你的肯定行为

中国古诗说:"房前屋后,种瓜种豆,种瓜得瓜,种豆得豆。"你鼓励什么就得到什么。接受鼓励时的表现,影响再受到鼓励的数量。为得到更多的鼓励,要对鼓励你的行为加以鼓励。比如别人说:"你选择的衣服很适合你。"你回答:"不,这简直是破烂。"你将难以再从此人口中听到赞美之词。女士对男士说:"你从来没有说过你爱我。"男士在压力下马上说:"我爱你。"女士却说:"你撒谎。"可想而知,以后此男士再难以把"我爱你"说出口。老板给长了5%的工资,员工抱怨"那也叫长工资?"结果可能再也没长。

所以对鼓励你的行为给予鼓励,你将受到更多的鼓励。

鼓励可以传递

混沌理论说:在微妙的生存环境当中,任何微小的变化,只要它不断地进行下去,就能造成巨大的改变。鼓励也是可以传染的,你受到了鼓励,心情就好,你的心情好,会对别人宽容,就会嘉奖别人。如果你希望有更多的鼓励,就去鼓励别人,由此会形成鼓励的链条,人与人之间的关系将大大改善,缔造一个充满鼓励的宽松环境。

企业文化理论告诉我们:环境造人。在一个鼓励宽松的环境里,人们会自我激励,充满自信。而在恐惧和压力的环境下,人的智慧会受到压抑。

找回失去的自信

"还可以"的价值

一个作家的儿子6岁时兴奋地跨进学校大门，18岁时沮丧地结束学生生涯，12年学习的结果是对学习极其厌倦，在那里，他的自尊和自信都受到打击。高中毕业后，她儿子进了一家影视公司工作，两年后不得不无奈地选择回学校，因为如果不想一辈子为明星们端茶送饭，只有去读一张文凭出来。补习半年，终于考进一所艺术院校导演大专班。

对儿子这第二次求学，她既高兴又担忧，害怕他的自信再遭到打击。他的小品作业第一次给老师看的那天，她一直忐忑不安等着他回家，可回到家，他脸上却没有什么表情，只说："老师说可以，但要修改。"以后几天就是痴痴呆呆，神不守舍。第二次课回来，仍然没有表情，说："老师说好些了，但还要改。"一连几天越发痴呆得厉害，走路吃饭眼神都是飘离的。第三次课回来，有些兴奋了，因为老师说"好多了，但要再改一改，会更好。"在这简单而不断变化的评语中，她儿子一天天变得严肃认真，情绪一天天振奋，为了一个道具、一句台词、一个走位，反反复复琢磨甚至到了苛求的地步。第一学年考试，成绩优良。如今他已经毕业了，在学校培养起来的学习热情和对戏剧的热爱却一直延续下来。

她常常在心里悄悄感谢儿子的老师们。回想起来，他的第一个小品作业一定是幼稚可笑的，她感谢老师没有简单地对他说"不"。

他们一定注意到面前这个学生不安的眼神,看出他内心的忐忑,清楚地知道此刻从自己嘴里说出的每一个字,对这孩子都是一种判决。她感谢他们对儿子选择了"可以"这个词,"可以"是最低调最简单的肯定,但从被孩子视为神圣的老师嘴里说出,足以支撑起一份自信。同时,其中保护大于客观的用意是明显的,明显到足以刺激自尊,点燃奋斗的激情。她还感谢老师说的那个简单而明确的字——改,他们教给孩子的是艺术的真谛,通往成功的道路——永远不满足现状,不断修改和完善,才能出好作品。她感谢老师把自信和自尊放在儿子的一只手里,把对艺术追求的执着放在他另一只手里,就这样,他们将一艘本已"搁浅"的船重新推上了航程。

回顾儿子第二次求学,她感慨万分。艺术教育有其特殊性,教育艺术却是相通的,这就是以尊重为核心的对内心体验的重视和关注,而且令她惊讶的是,有了这种意识,方式会那么简单,简单到说一个"可以"就可以了。

如果她儿子第一次求学阶段能有今天的心境,也许走的会是另外一条路。不过好在他终于懂得,以前其实误解了"学习",现在他与"学习"和解了,这对他今后的事业都会产生重要的影响。真希望我们不要吝啬"可以"这类简单而神奇的字眼。

在这里,我们看到了沟通中赞美的重要性,也看到了指出别人缺陷的艺术。激励的重点应该放在"肯定"上。

前述案例中作家儿子的第一个小品作业一定非常幼稚可笑,但是老师没有简单地对他说"不行",而是说"可以,但要修改"。之所以老师选择这样的评语,是因为老师们知道此刻从自己嘴里说出的每一个字,不但是对眼前的这份小品作业,甚至会影响到这孩子对于学习、对于艺术的信心和追求。所以在面对这样一份幼稚的作业时,老师首先想到了肯定、想到了激励。虽然,"可以"是最低调、最简单的肯定，可正是由于老师的肯定，使学生终于在忐忑不安中找到了久违的自信，也是这份低调而简单的肯定，激发了学生学习的兴趣、探索的勇气和奋斗的激情。

老师在学生的心目中往往占有非常崇高和神圣的地位，因此老师的评判对学生的重要性和影响无疑十分深远。其实大多数领导者在与下属的交往沟通中会面临同样的情况，尤其是当下属还没有建立起应有的自信心时，领导的每一点肯定和鼓励都能够成为对他最有力的支撑和信心来源。"肯定"的思维是一种对下属的影响方式，它肯定人的主观能动性，强调以人为本，承认个性都会有意识地追求自身价值。获得肯定也是人们所追求的共同目标，因此自身努力得到肯定，尤其是得到被自己认为是权威人物的肯定，何尝不是一份最大的光荣呢？从中所获得的力量是难以简单衡量的。有了这份光荣与力量，自然拥有了克服困难的勇气，有了追求更大理想的愿望，有了不断前进的动力。

作为领导，当下属做事不成功、工作业绩不佳时，常常埋怨下属不勤奋、不努力、不好学、不聪明……但是否想到过自己是不是给了下属足够的支持？这些支持并不一定是物质上的或者提供各种各样的资源，有时候一句鼓励的话语就可能让下属充满自信和斗志，而胜过任何物质上的帮助，正所谓"良言一句三冬暖"。相反，有些领导习惯于"指出下属的不足"，这本无可非议，可是如果不注重方式方法，打击并挫伤了下属的自尊心，只能起到适得其反的效果。真正的领导者需要具有使下属建立自信、自尊以及充满激情的能力，那些与下属沟通中无视他人感受的领导，绝不是一个合格的领导者。

许多人都会有这样的担心：太多的鼓励和表扬是不是会让对方感到飘飘然甚至自傲起来？基于情商的沟通，要求在与别人的沟通中首先要肯定其成绩和进步，同时还需要艺术地指出不足。在前述案例中作者写道:"我还感谢老师说的那个简单而明确的字——改",因为这更加简单的一个字,清晰地点出了学生作业的不足和缺陷,也指出了学生努力的方向。在案例中并没有展开说明老师是否对学生进行了细致的辅导,但是我想一定会有。此时,学生是抱着感激的心情、自信的心态来接受教诲,其效果自然会好。

人与人的沟通,在充分肯定成绩的基础上深入探讨不足与改进措施,往往更加有利于对方细致全面思考、冷静面对缺点,寻找差距,进而自发地去寻找改进的方法,以求经过自身努力来做到更好。因为这时对方已经拥有了非常良好的心态——我已经努力做得很好,但是我还能做得更好,我一定有能力做得更好,只要我再勤奋一些,将会得到更多的肯定和鼓励。

由"不好"到"好"和由"好"到"更好"虽然同样都是进步,但是它们的过程却迥然不同。从"不好"到"好"是在否定过去的基础上进行的改变,操作者的心态往往是负面和被动的,在改进方面也不易做到扬弃。从"好"到"更好"则是在肯定过去的基础上进行的改变,本身就是一个扬弃的过程,操作者的心态也会是正面和主动的。两种不同的起点和过程一定会得到两种不同的结果,孰优孰劣可想而知。

基于情商的激励是鼓舞对方最好的方式,沟通时认真地聆听、询问、鼓励,虽然不可能解决所有问题,也不能让对方的能力和水平立即得到实质性的提高,但你给对方的感觉是肯定的——我很重要,我已经取得了成绩,而且我一定能够做得更好。这便是个人和团队走向成功的开始和必由之路。

一个成功的外资保险公司的业务经理这样说:"我的快乐经常感染周围的人,和我在一起更多的是快乐。很多人愿意和我说说他们的烦恼。在这样的情况下,我一般是听。因为我知道,每个人都有烦恼，其实只是希望说出来。一旦说出来，他们就会好起来。劝人其实没有任何作用，他们早就在心里决定了。找人说说，只是发泄。说到动情时，我只要递上一张纸巾，就胜过千言万语。"

这种顺畅的沟通和良好的人际关系，可以获得理解、关爱和友情，解决别人的忧虑，帮助别人缔造自信。在工作中提高效率，获得事半功倍的效果。

斯托克戴尔悖论

美国海军上将詹姆斯·斯托克戴尔是美国荣誉勋章的获得者。越战中，他在越共的战俘营度过了7个年头（1965～1973年）。他最终幸存下来是因为恪守着一个信念：他的生活不会比此刻更差了，他的生活终有一天会好过现在。他坚信自己能够出来，但是不做短期出来的打算。而过于乐观的人却没有出来，因为他们以为圣诞节前自己一定会被释放，结果一个接一个地在失望中抑郁而死。斯托克戴尔告诫那些乐观的人说："我们不会在圣诞节之前出去，面对现实吧！"

这个定律被称做斯托克戴尔悖论。

生活有时是不公平的，有时顺利，有时曲折，有时得意，有时失意。将人们区分开的不是困难的有无，而是对待生活中无法避免的困难的态度。

你已经很差了，以后不会比这更差了。即面对目前现实中的最残酷的事实，同时又对未来的最终胜出怀着绝对信心。

在最困难的情况下如何获得信心？记住斯托克戴尔悖论：坚持你一定会成功的信念，不论有多大困难。同时，要面对现实中最残忍的事实，无论它们是什么。这是走向成功的关键心理秘诀。

案例：找回失去的自信

汉刚出生在一个偏远的农村，兄弟较多，小时候个个顽皮捣蛋，父亲对他们管教甚严，动不动就猛批一番，有时甚至一人犯错，兄弟几个全部受难，他们见了父亲就像"耗子见了猫"，浑身打哆嗦。父亲的严厉是可以理解的——望子成龙嘛！并且也可以说是成功的，兄弟几个后来都考上了大学。但父亲过于严厉的批评，特别是一些对人不对事的批评，却严重损伤了他们的自信心，使他们产生了消极的处事心态。这种心态主要表现在：其一，缺乏信心，胆怯、害怕，害怕在公众场合讲话，害怕见陌生人，遇到稍有困难的事情，就设法逃避，甚至放弃；其二，不愿意承担责任，对自己的错误或不成功往往设法找原因，找借口，总是埋怨别人，责怪别人，认为一切都是别人的问题；其三，自以为是，固执己见，凡事总认为自己是对的，别人是错的，常常去努力发现一些所谓的证据，来验证别人的错误，以使自己的消极论断合理化。

每个人小时候都充满了自信，失去信心的原因主要来自于多次的打击或失败，以及别人对自己不负责任、不公平的批评。自信的恢复却是在不断强化中形成的。明白了这些，汉刚在日常生活中不断强化自己的信心，并通过自我激励，使自己100%地喜欢自己。他深刻地意识到：世上没有办不到的事情，只要满怀信心去做，就会有成功的可能。世上也没有什么伟大的人，只有伟大的挑战，而必须面对的是和你我一样的人。

思想决定行动，他一改往常遇见陌生人的胆怯，而是大胆去面对任何人，包括地位和身份较高的人。汉刚采取了以下行动：

（1）在公众场合也不再腼腆，而是保持泰然自若的心态。偶尔出现紧张情绪，他就用"忘掉自我"的办法去克服。

（2）他学会了与别人一起分享他的感受，不再给自己和别人打折扣，而是用心了解别人的感情，善于发现别人的优点并给予赞美，发现别人的缺点并当面指出。积极采用合作开放的态度来接受别人的建议和批评，有则改之，无则加勉。

（3）面对一些突发性的不愉快的事情，他学会了"操之在我"，任何事情都有利有弊，"塞翁失马，焉知祸福"，如果自己不伤害自己，别人就不可能伤害你。

（4）他注重改变自己的肢体动作，确保语言和身体语言表达的一致，如走路时昂首挺胸，充满着自信；说话时目视对方，以示对讲话者的信任；听别人讲话时聚精会神，并投以欣赏的目光等。通过这些身体动作的改变，他的自信心大大增加，个人的影响力也有所提高。

一个人的能力深受自信的影响，世界上没有无能的人，只有没有自信的人，心态决定命运。人与人之间只有很小的差距，但这种差距往往会造成人生的很大差异。因为一个人的能力并不是固定的，能发挥到何种程度具有极大的弹性，它深受自信心的影响。

曾经有这样一个故事：

> 一次马戏团着火，工作人员都忙着搬贵重东西，而对他们所驯养的大象却无暇顾及，因为他们认为拴住大象的绳子很细，大象自己能挣脱绳子跑出来，但结果恰恰相反，大象被活活地烧死了。大象为什么会被烧死，原因不是它挣不断绳子，而是它缺乏自信、不敢去挣。因为它起初被训练时，曾试图挣断拴

住它的铁链，非但没有成功，反而遭到一顿毒打，所以长大后，它再也不敢去挣脱了，以至于被活活烧死。

"大象"的故事充分说明了自信心的重要性。它告诉我们：世上许多事情不是因为难做，我们才失去信心，而是因为我们失去了自信，所以事情才难以做到。

自信与行动

自信的人没有借口

在美国西点军校毕业的人都知道有四个标准答案能使人获益终生，其中一个最重要的答案就是：没有任何借口。

西点军校有一个由来已久的传统，遇到学长或军官问话，新生只能有4种回答：

"报告长官，是！"

"报告长官，不是。"

"报告长官，没有任何借口。"

"报告长官，不知道。"

除此之外不能多说一个字。比如军官问："你的皮鞋这样就算擦亮了吗？"你的第一个反应肯定是为自己辩解："报告长官，刚才上课时不小心有人踩了我。"但是不行，所有的辩解都不能作为回答，你只能从四个标准答案中选择作答，所以，你只能回答："报告长官，不是。"军官要问为什么，最后你只能回答："报告长官，没有任何借口。"学校认为,这样的规定是要让新生意识到任何时候只有行动才是最重要的,因此,任何时候都要学会忍受不公平,只有坚持这种信念才能激发自己的潜能,真正实现说到做到。

决策与行动

行动才会有结果。行动不一样,结果才不一样。知道不去做,等于不知道,做了没有结果,等于没有做。现在不犯错误,以后一定会错,因为不犯错误的人一定没有尝试。错了不要紧,一定要善于总结,然后再做,一直到正确的结果出来为止。

成功人士的特点是决策快改变慢,所以才有格言。

无效率的人总是说没有时间,而那些有建树的人似乎不仅有足够的时间完成自己的事情,还有时间做社会公益活动。他们怎么就能比那些效率不高的人多那么多时间呢?原因就是他们花在决策上的时间很少。要知道在茫茫人海中,与你持有同样远见和洞察力的人不只你一个,所以才有相类似的思想出现,只有第一个把这个思想变成现实的人才是赢家。

决策过程中首先向自己提出的问题是:这个决策使得我靠近还是远离我所希望的?如果决策不会带来负面影响,那么对这个决策的回答就应该是肯定的。

我们通过说话学习说话,通过唱歌学习唱歌,通过跑步学习跑步,通过工作学习工作,通过爱学习爱。什么叫行动?行了就去动。聪明地管理你的时间,压力会随行动的进行而减小。像没有人看见你一样做事,像不需要钱一样做事,像你不会失败一样做事。

沙漠中的小羊

沙漠中一只小羊十分饥饿,它幸运地同时发现了相距较远的两片草地A和B。它跑向A草地,当它离A近时,它回头看了看B草地,发现B比A要茂密,它回头向B跑去。当它离B近时,回头看了一下A草地,发现A比B茂密,它又回头向A跑去。它决心要吃到最好的草。当它离A近时它又回头了,结果重复出现来回跑。几个来回以后,当它处于两片草地中间的时候,它消耗完了自己的能量,再也跑不动了,哪片草都没有吃到,结果它饿死了。

机会在犹豫中丧失,敢于决策比善于决策更重要。

要事先做

伯利恒钢铁公司总裁查理斯·舒瓦普曾会见过效率专家艾维·利,会见时,利说自己的公司能帮助舒瓦普把钢铁公司管理得更好。舒瓦普承认自己懂得如何管理但事实上公司不尽如人意,可是他说需要的不是更多知识,而是更多行动。他说:"应该做什么,我们自己是清楚的。如果你能告诉我们如何更好地执行计划,我会听你的,在合理范围之内价钱由你定。"

利说可以在10分钟内给舒瓦普一样东西,这东西能把他的公司的业绩提高至少50%。然后他递给舒瓦普一张空白纸,说:"在这张纸上写下你明天要做的六件最重要的事。"过了一会儿他又说:"现在用数字标明每件事情对于你和公司的重要性次序。"这花了大约 5 分钟。利接着说:"现在把这张纸放进口袋。明天早上第一件事是把纸条拿出来,做第一项。不要看其他的,只看第一项。着手办第一件事,直至完成为止。然后用同样方法对待第二项、第三项,直到你下班为止。如果你只做完第五件事,那不要紧。你总是做着最重要的事情。"

利又说:"每一天都要这样做。当你对这种方法的价值深信不疑之后,叫你公司的人也这样干。这个试验你爱做多久就做多久,然后给我寄支票来,你认为值多少就给我多少。"

整个会见历时不到半个钟头。几个星期之后,舒瓦普给艾维·利寄去一张 2.5 万美元的支票,还有一封信。信上说从钱的观点看,那是他一生中最有价值的一课。后来有人说,5 年之后,这个当年不为人知的小钢铁厂一跃而成为世界上最大的独立钢铁厂,利提出的方法功不可没。这个方法还为查理斯·舒瓦普赚得 1 亿美元。

管理时间就是管理宇宙。由于你不能管理时间,所以你必须管理自己的优先次序。你需要在前天晚上列出自己事情的优先次序表,第二天坚决按次序做事,养成习惯至关重要。

一些人难以坚持,主要是因为优先级别高的事情具有挑战性,所以常常把重要的事情推迟。坚持要事先做的宗旨是:最糟糕的事情先做。

这其实就是最难的事情先做。如果生命是在下象棋,那么时间就是对手,你需要认真对待每一步和每一时刻。优先级别管理是把重要的事情最先做完,然后再做次要事情。

时间是有限的,如果你不能把时间分配给重要的事情,你的时间将被不重要的事情所填满,你将难以成就大事。

行　　动

从现在开始,与别人分享你的感受,可以增加快乐和减轻压力。不要给自己或别人打折扣,正确面对现实,缔造并利用自己的特长。不要软弱无力,自信的人不是软弱的人。对别人给予回馈时要具体而不要笼统,对他人采取合作开放并敢于接受建议的态度,不要自我封闭。勇于面对突发性的不愉快事件,没有过不去的事,"车到山前必有路"。

确保语言和身体语言表达一致,内外一致表里如一有助于获得自信,如抬头挺胸走路心情自然开朗。专注于你的事业,保持一种泰然自若的心态,例如表达自己的意思时把精力集中到要表达的内容而不是胡乱担心上,你会获得自如的表达。专注于事业可以忘却紧张和担心,会取得更好的效果。

忘掉自我,别把自己看得太重,是克服紧张情绪、战胜自卑心理的法宝。认可和赞美别人是自信的表现,你会获得意外的收获。

别把自己看太重就不会失重
别把自己看太高就不会失落
别把自己看太轻就不会自卑
别把自己看太低就不会郁闷

获得自信的比较优势原理

尽管自己在财富、权利、名气、知识上努力提升,增加实力以获得自信心，但是还是会遇到胜过自己的人。这时就可以用比较优势原理获得自信心：不在于自己差，在于别人更差；不在于你多强，在于你比对手强。

2004年雅典奥运会，男子步枪3×40项目，我国选手贾占波落后对手3环，但是美国运动员埃蒙斯最后一枪打飞，贾占波获得冠军。2008年北京奥运会，决赛又有埃蒙斯，结果他最后一枪打了4.7环，又把这个项目的金牌送给了中国。

没有常胜的将军，没有永远的赢家，再强大的人也有薄弱环节。

第 4 章

操之在我

事情本身是中性的,没有好坏之分,是人给事情定义了好坏。操之在我,可以让人以最乐观的角度定义事情,摆脱受制于人与环境,战胜最大的敌人——自己。

为何要操之在我

超级主动

操之在我就是：自己情绪的控制完全在于自己，完全把握自己的情绪，超级主动，使得自己的情绪不会被别人所左右。

基于情商的影响力训练是一个能使人生完美的学问。受过情商与影响力训练的人学会移情换位以后，能够接近完美，能够正确认识自己、理解别人、对别人的需求敏感，特别是由于思考力度增加而对人性有更深刻的认识，思维更加柔韧有余，张弛有度。而没有受过情商与影响力训练的人，可能在行为和语言的方式上还略显粗放。因此，高情商的人还要面临一个问题，就是如何避免被伤害。

避免被伤害的工具就是"操之在我"，又叫"超级主动"。

操之在我的基本原理是：不能被别人的语言所伤害。如果你自己不伤害自己，别人就不可能伤害你。别人的语言对你来讲是一种声音，这种声音对你能否起作用，完全在于你自己对这种声音的反应。

一位总统夫人曾说："棍子和石头也许能够打断我的骨头，而言语永远也不能伤害我。"

主动调整自己

一次我去南昌讲学，到达北京机场时知道飞机晚点一个半小时，无奈之余利用这点时间研究操之在我。原定登机口是32号口，大家等了一个多小时后，广播通知说在42号口登机。旅客们走了很长一段路到了42号口，等了一段时间后，又有通知说飞机已经停在32号口。结果旅客们就不高兴了，同登机口检票员吵架，并且大家坐在椅子上不动。

我意识到这是施展操之在我力量的时候了，我说："朋友们，飞机停在哪个口不是检票员说了算，而是指挥塔的责任，同检票员没有关系。"于是大家纷纷走了。有一个带着小孩又拿着大包的女士说："我就不走。"看来她确实行动不便，我便对她说："你也赶紧走吧，去晚了你的大包都没有地方放了。你不上飞机耽误的是我们自己的时间，大家会抱怨你的。"她也听了我的话，行动了。

通过此事，我意识到操之在我可以影响陌生人。多一些理解，少一些抱怨和指责，人们活得会更加轻松。人们都需要给自己的行动找到理由，运用操之在我首先可以使自己有一份好心情，也可以帮助别人获得好心情。没人喜欢听别人的抱怨和牢骚，因为抱怨和牢骚会破坏好心境。

如果你现在因赚钱少而不快乐，那么当你赚很多钱时仍然不会快乐。如果你在一个人的时候不快乐，那么即使你嫁了人，娶了老婆，有人陪在你身边也不会快乐。如果你现在不懂得享受生活，将来你也不会享受生活。

医院里住进一个习钻古怪的老人。此人愤世嫉俗，对护士们的精心照顾百般挑剔，很不满意，总是抱怨。护士们很不开心，希望这个老人尽早出院。护士们轮到谁照顾他时都感到万般无奈，心情郁闷。一天，一个护士在研修班上听到了"操之在我"这个词，她顿悟到：那个老人只是说了一些我们不喜欢听的话。我们之所以痛苦，是我们自己想象出来的。

以后她把老人的话反过来听：老人说她讨厌，她就认为是可爱；老人说丑陋，她就认为是美丽。结果发现自己很愉快。

她把这个办法告诉了姐妹们，大家如法炮制，都很开心。老人也自觉没趣，不再挑剔了。

潜意识重新编程

任何事情都产生于一个想法，因此要给自己的潜意识加上积极向上的暗示。

一个人划皮划艇逆流而上，正当他奋力向前的时候，另一个顺流而下的皮划艇者把他撞到了岸边。他对那个人大声地说："你为什么不看着点！"他愤怒地回到河流中继续逆流而上。此时又一个顺流而下的皮划艇把他撞得离开了自己的路线。他对这个人骂道："你这个白痴，你没有见到我逆流划行有多么艰难吗？"他怒气冲冲继续向上，可是又一只往下来的皮划艇把他撞离了航线。当他张开嘴正想大骂时，才发现这个皮划艇是空的。

没有人会浪费时间骂一个空船。他把自己的皮划艇拨正了方向又继续向上了。这个人为什么会在别人撞了他的船以后既受到了撞击之苦又受到了情绪之累呢？如果一开始那些船就是空的又会怎么样？如果他假设那些船是空的，结果又会如何？他就不会额外增加那么多无端的烦恼了。

重新解释事情

> 一位美丽的女士结婚两年，先生抛弃了她，小孩也夭折了。她痛苦至极，想到了投海自杀。船工开船到达深海的时候说："姑娘，两年前你是什么样的？"女士说："那时候我是单身贵族，潇潇洒洒。现在我一无所有，万念俱灰。"船工说："你现在不是同两年前一样吗？"女士想了一会儿，终于明白了。开心地说："可不是嘛，咱们回去吧。"

事情本身是中性的，人对事情的看法是有极性的。事情就是事情，没有好坏之分，是人给事情定义了好坏。没有钱未必是坏事情，有钱未必是好事情。

> 两个秀才去赶考，路上见到一口棺材。一个想：今年的赶考又完蛋了，遇到棺材多不吉利。另外一个想：今年我时来运转了，路上遇到棺材，棺材棺材升"官"发"财"。整个考试过程中，两个人的头脑都在运转着棺材的事情。考试结束后，两个秀才都对自己的太太说："那口棺材真灵。"

这个故事再一次告诉我们：一个人因为发生的事情所受到的伤害，不如他对事情的看法对自己的伤害深。

不随波逐流

有一家大型企业,领导者是一个充满动力的人,有远见、有创造性、有智慧、有能力,十分优秀,他的领导方式是命令式的领导方式。在构思出主意后,他命令下属们:你这样做这个,他那样做那个。当他发布完命令后,就宣布会议结束,大家分头去执行指示,不会给大家反馈的机会。他的主意并不总是万无一失、不可挑剔的。下属们看到了决策的不足,也没有人反映给他。大家在背后这样说:"让他弄去吧,这个主意不会带来什么好结果,反正是他的企业,他是头儿。"只有一个人例外,当大家抱怨的时候,他给以适当的解释,领导者给他的任务,他加上自己的分析去完成。一次领导者要他准备有关的材料,他附上了自己的分析。结果有一次,领导者在发布完命令之后,把目光投向他,问道:"你说这样可以吗?"全场人惊讶地看着他,为什么他会得到领导者这样高的重视?他站起来,肯定了领导者决策的优势方面,提出了自己的补充看法。再以后没有该人的评价决策就不确定。最后,这个人被提拔为总经理助理。

这个被提拔的人就是操之在我的人。

操之在我的人在力所能及的范围内努力改变小环境。

不负责任地推卸、抱怨、发牢骚,而自己又不做任何努力,等同于平庸。

抱怨和发牢骚既破坏了自己的心情,又于事无补。

一个人跟瑜伽师傅学习搬山术,念咒语却没有办法把山移过来。

瑜伽师傅说:"搬山术的目的是拉近你和山的距离,既然山不过来,那你就过去。"山不过来,我就过去。如果你不能改变环境,就改变自己。改变不了别人,那就只有适应别人。

事业成功的必要条件

没有哪个人的事业会是一帆风顺的。没有困难,没有挫折,没有失败,事业恐怕也就不能称之为事业了。这时候,如何面对挫折,将在很大程度上决定一个人事业的成败。

彭郁是单位里不可或缺的一位业务骨干,因为能力突出,多年来一直受到领导的重用。可是天有不测风云,领导因故调到别的单位,接替他的是原来的副职,也是原领导的一个死对头。这位新领导认为彭郁是他对头的人,简直把彭郁看做原领导的替身,处处刁难,分配给他的都是些烦琐的工作。彭郁觉得很委屈,真想一走了之。可是40多岁的人了,想调走哪有那么容易,何况他也实在舍不得心爱的工作和多年打下的事业基础。怎么办?消极怠工吗?有一段时间他确实表现出了这样的情绪。然而很快他就意识到自己错了,消极怠工最终只能是毁掉自己的前程。于是他想,我可不能为了这样一个领导毁了自己。而且个人发展的好坏最终还是要靠自己的实力。这样一想,他感觉自己的心情顺畅了许多,工作也随之积极主动。

半年以后,单位有一个重要的公关项目招标却没人敢接,领导一筹莫展。观察了一段时间,感觉时机成熟并做了认真准

> 备之后，彭郁找到领导，展示了自己的项目方案，并诚恳地表达了希望在其领导下做出一番事业的愿望。这种时候领导当然不会拒绝，彭郁利用这次机会取得了领导的好感，最终也找回了自我。

这样的例子其实生活中比比皆是，然而真能像彭郁一样摆正心态、重新找回自我的人并不多。我们都应该以此为鉴，正确面对困难与挫折。

操之在我的心态是我们在逆境中保持恒心，在困难时保持勇气的一件有力武器。正确领悟其内涵，相信对我们今后的人生道路必将产生深远的影响。

操之在我与受制于人

操之在我的基本法则

人的心情的确会受到外界各种因素的影响，情绪具有很强的感染性，看到别人微笑或发怒的表情，自己面部肌肉会产生轻微的动作反应，因而会出现同样的特征。每个人都会面对很多不如意或者吃亏的事情，面对这种境况时，如果可以做到自我解嘲，自我调节，从问题的另一个方面去考虑得失利弊，不好的事情也许可以变成好的事情，而好的事情也并不意味着结果一定好。要学会把握自己的心情，自信、独立、乐观、勇敢、热爱生命、相信自己，并且面对未知认真思考，适应变化，承认相对真理，不受其他事情的干扰和影响，把生活把握在自己手中，变成生活的主宰者。

所以人有雅量品自高，一件事情想通了就是天堂，想不通就是地狱。

吃亏的人说："吃亏就是福。"

丢东西的人说："破财免灾。"

胆小的人说："出头的椽子先烂。"

受压抑的人说："不是不报，时候不到。"

退职的人说："无官一身轻。"

被炒鱿鱼的人说："我把老板炒了。"

掉进水塘也不必沮丧，没准儿会有鱼溜进兜里。

操之在我与受制于人的差别

受制于人者为自然环境所左右，秋高气爽的日子里兴高采烈，阴霾的日子里无精打采。操之在我的人，心中自有一片天空，天气的变化没有什么影响。

受制于人者心情的好坏建立在别人的行为上，别人不成熟的人格反而是控制他们的武器。理智重于感情的人，不会让别人的行为伤害自己。

受制于人者被动地等人来爱，抱怨周围人的冷漠；操之在我者主动地去关爱，收获丰厚的爱的回馈。

受制于人者痴痴地等待幻想的机会，浪费许多日子于守株待兔；操之在我者积极地从事手上工作，创造了许多意想不到的机会。

受制于人者存着"不鸣则已，一鸣惊人"的心愿，落入好高骛远的陷阱，最终叹息自己的"怀才不遇"；操之在我者秉持"脚踏实地，努力耕耘"的理念，投入双手打拼的行动，最终享受自己劳动的"甜美果实"。

受制于人者在心情愉悦时才击节高歌；操之在我者处于逆境时仍引吭高歌，带动愉悦心情。

受制于人者觉得看得见希望时，才努力上进；操之在我者努力上进，创造了看得见的希望。

受制于人者等待接受，收到之后才会付出；操之在我者主动付出，付出之后收到回应，并且不指望别人的回报。

操之在我获得主动

一位刚刚大学毕业的女学生，推销保险敲开了一家合资公司办公室的门，迎接她的是外方经理。外方经理操着生硬的中国话说："你是今天第三个推销保险的人，我今天没有时间考虑这个问题。"女学生说："我的名片留给你，明天有时间你给我打电话。"女学生走到走廊的尽头时，下意识地回头看了看，结果发现外方经理把她的名片撕掉扔在了垃圾筒。

女学生觉得自己受到了莫大的侮辱，她不再抱任何希望，回来找到外方经理说："对不起，我知道您很忙，不会记得我。我想要回我的名片，明天我再来。"外方经理愣住了，已经把人家的名片撕毁了，只好说："你的名片已经弄脏了，不适合再给你了。"女士回答："脏了我也要。"外方经理问："你的名片多少钱一张？""5毛钱。""给你5毛钱。"外方经理掏出了1元钱，说："1元钱买你的名片。"女士说："我那是5毛钱，不卖1元钱。再给你一张名片。请你记住，这不是一个应该进废纸篓的职业，也不是一个应该进废纸篓的名字。"说完头也不回地走了。外方经理一直看着这个女学生消失在走廊尽头。

第二天,外方经理打电话给她,要给全体员工买保险。

操之在我的一般特点

仁爱,忠厚,热情,自信,独立,乐天,勇敢;
负责,积极,广交朋友;
开放,接受变化,上进,追求发展;
热爱生命,相信自己,不服从命运;
接受他人,接受现实,理解事物和他人,寻求和谐,推动变化;
面对未知认真思考,适应变化;
承认相对真理。

受制于人的一般特点

偏见,嫉妒,孤独,冷漠,自卑,胆怯;
依赖,懒惰,少交朋友,封闭,抵制变化,固守信条;
宿命论,忽视个体价值;
拒绝他人,敌对现实,"绝对真理"理念;
拒绝变化中的真理。

人因思而变,水因时而变,山因势而变。有了操之在我的思维,你就会变得积极、乐观、向上、开朗、愉快。

操之在我调控情绪

连锁反应

> 一位经理向全体职工宣布,从明天起谁也不许迟到,自己带头。第二天,经理睡过头,一起床就晚了。他十分沮丧,开车拼命奔向公司,连闯两次红灯,执照被扣。他气喘吁吁坐在自己的办公室。营销经理来了,他问:"昨天那批货物是否发出去了?"营销经理说还没来得及,今天马上发。他一拍桌子,严厉训斥了营销经理。营销经理满肚子不愉快回到了自己的办公室,此时秘书进来了,他问昨天那份文件是否打印完了,秘书说没来得及,今天马上打。营销经理找到了出气的接口,严厉责骂了秘书。秘书忍气吞声一直到下班,回到家里,发现孩子躺在沙发上看电视,大骂孩子为什么不看书写作业。孩子带着极大的不高兴来到自己的房间,发现猫竟然爬在自己的地毯上,他把猫狠狠地踢了一脚。

这就是愤怒的链条,我们自己恐怕都有过类似的经历,叫做"迁怒于人"。在单位被领导训斥了,工作遇到了不顺利,回家对着家人出气。在家同家人发生了不愉快,把家里的东西砸了,又把这种不愉快带到了工作单位,影响工作的正常进行。甚至可能路上碰到了陌生人,自行车剐蹭了一下,就同别人发生了口角。更严重的是,发生不愉快之后开车发泄,其后果就更不堪设想了。

这个案例引发我们以下思考:

到底是谁的错误?如何才能够避免愤怒的链条不至于连接起来?

学会制怒

发生争执时的调整措施有：数10下再开口，转移注意力，做几次深呼吸。同时，谅解的心是最佳灭火器，学会宽容和谅解。高情商的重要标志是：学会制怒，不轻易受到伤害。人必须适当宣泄自己的情感来使自己达到平衡，但是君子不会无辜伤害别人的感情，换句话说，君子伤害别人的感情必须是有意识的。这里的君子就是受过很好的情商训练、理性思维很强的人。苏轼就有"天下有大勇者，猝然临之而不惊，无故加之而不怒"的诗句。马卡连柯曾经说："伟大的意志不仅善于期待并获得某种东西，而且善于迫使自己在必要时拒绝某种东西。没有制动就不可能有机器，没有抑制力就不可能有任何意志。"

人的情绪中有两大暴君（愤怒和欲望）与单枪匹马的理性抗衡，感性与理性对心理的影响相反，人的激情远胜于理性。不能生气的人是笨蛋，而不去生气的人才是聪明人。一个人必须学会自我调控：控制自己的感情和情绪。

岳先生在超市购物时，同别人发生了一些争执，明明是对方的不对，反而责怪他。要是在以前，他早就反击了。这次他突然想起了：不要因为敌人燃起了一把火，你就把自己烧死；不能生气的人是笨蛋，而不去生气的人才是聪明人。他攥得紧紧的拳头松开了。晚上吃饭的时候，好好犒劳了一下自己，不是因为战胜了别人，而是因为战胜了自己。

学会不受伤害

当别人投石头来伤害你的时候，你是把脸冲石头迎上去还是躲开？你一定是要躲开的。当别人向你发怒的时候，相当于把伤害你的石头投向你，你也要躲避，而不是迎上去。一些怒火不是冲你来的，只是想找一个人发泄一下。所以学会跳开，躲避别人的锋芒。"这是对我来的吗？他内心是什么样的呢？"当你这样想以后，你就不会因为对方发怒而发怒，这种技术就是换位思考。如果你能够容忍对方的发怒，因为你的容忍导致对方释放出了内心的积郁，对方会十分感激你，所以有时候需要学会容忍，不必刻意与人争风。

暴怒影响前程

1943年，第二次世界大战著名将领巴顿去战后医院探访时，发现一名士兵蹲在帐篷附近的一个箱子上，显然没有受伤，巴顿问他为什么住院？他回答说："我觉得受不了了。"医生解释说他得了"急躁型中度精神病"，这是第三次住院了，巴顿听罢大怒，多少天积累起来的火气一下子发泄出来，他痛骂了那个士兵，用手套打他的脸，并大吼道："我绝不允许这样的胆小鬼躲藏在这里，他的行为已经损害了我们的声誉！"气愤，离开……第二次来，又见一名未受伤的士兵住在医院里，顿时变脸，问："什么病？"士兵哆嗦着答道："我有精神病，能听到炮弹飞过，但听不到它爆炸。"（炸弹休克症）巴顿勃然大怒，骂道："你个胆小鬼！"接着打他耳光："你是集团军的耻辱，你要马上回去参加战斗，但这太便宜你了，你应该被枪毙，说着抽出手枪在他眼前晃动……"很快巴顿的行为传到艾森豪威尔耳中。他说："看来巴顿已经达到顶峰了……"

狂躁易怒的性格，使本有前途的巴顿无法再进一步，面对有心理障碍的士兵，不是认真了解情况，加以鼓励，而是大打出手，完全失去了一个指挥官应有的风度修养，破坏了在人们心目中的形象，因此失去了晋升的机会，"遗憾"之余，让人想起了一句话：性格决定命运。

怀有一颗平常心

我们并非生活在真空中，因而总会有阻力，如果遇到不顺心就发作，那岂不像个爆竹。制怒的方法就是"操之在我"。人生在世有兴有衰，有荣有辱，有得有失，如果早晨得到赞美，你满心欢喜；上午挨批评而难过；晚上又因失约而懊悔……你的心脏受得了吗？要做到宠辱不惊，波澜不兴，就要先练习"操之在我"。别人赞美时享受一会儿，想想是否礼下于人，有求于你，还是真情流露真实的表白。指责你时，难受一会儿，再想想是我的错，很高兴他能及早让我知道我的缺点，还庆幸没犯更大的错。如果是领导的宣泄，那么就让它随风而去！有点阿Q精神，时间会冲淡一切。

"不以物喜，不以己悲"，要做到处顺势不倒，处逆境不躁，心静若止水，才能明察以秋毫。静如水还要守住一份寂寞，忍耐一份孤独。不要随波逐流，别人做成的事，你不要羡慕，因为你不一定能做。守住自己擅长的领域，保持一个平和的心态，不被外界纷扰打乱自己的心情。

我们传统的应试体制塑造了我们性格上的争斗欲望，而竞争本身是好的，但如果将竞争带入生活中的方方面面，与身边的人时时争个高低，表现为无目的地"出国考试""涉猎不相干的领域""追逐流行""体验刺激"……何必呢，术业有专攻，只要能坚守并拥有属于自己的一个位置，将其做大做精，那就是胜利，就会引来羡慕的目光，只和自己比，以满意为标准就可以了。总统只有一个，船长只有一名，保留一颗平常心，操之在我，不得意忘形、失意颓废，积蓄力量，厚积薄发，不鸣则已，一鸣惊人。

情绪具有感染性

当看到别人微笑或发怒的表情，自己面部肌肉会产生轻微的动作反应，因而会出现同样的特征。肉眼看不到，仪器可以测到。所以，在进入自己的家门时，调整一下情绪，把烦恼留在门外，把愉快带入家门。操之在我可以运用在任何场合，使得自己处于超级主动的地位。

学会不在家和单位之间传递不良情绪，除非对自己、家人和同事有利。如果有把烦恼往家庭传递的习惯，记住下面的打油诗：回到家门，抖抖精神，把烦恼留在门外，把愉快带入家门。

一位女士告诉我，昨天上完课后要与女儿沟通，学会管理情绪，不传递不良情绪。女儿跟妈妈说："妈妈，你别把烦恼带到床上来。"我的分析是：女儿正在淘气阶段，不把精力发泄完毕就不会上床睡觉。这时候她是幸福和放松的，结果母亲训斥她"你今天有八大罪状"，她会产生恐惧，童年的幸福感就会减少。

日本学者江本胜的著作《水知道答案》，用丰富的照片解释了情绪是可以传递的，人把情绪传给了水，水的结晶会以花纹的形式表现出来。赞美水，结晶图案美丽和谐；诅咒水，结晶图案丑陋凌乱。

这说明情绪可以传递，人传给水，也可以传给动植物。给奶牛听音乐其产奶也多，给植物听音乐其结果也大。证明了老子的智慧"有无相生：天下万物生于有，有生于无。"人真应该对情绪负责，释放积极良好的情绪给同类,也给他物。我认为人基本的责任感应该是对情绪负责。

甚至经济学家也在开始关注情绪的力量,认为经济模型测不准人性,经济数据多如牛毛,但只是故事。格林斯潘说:"经济模型再完美,也无法量化以及准确预测市场的主要驱动力——投资者信心。只要投资者是人,不是机器,他们在市场环境骤变时的情绪以及行为就是不可预期的。而且恐惧心理永远比乐观情绪扩散得快,股市真要是大跌起来总比涨得快。"

操之在我管理情绪

"操之在我"属于情商范畴的一个自我情绪管理技巧。它是指一个人要能够控制自己的情绪,不受制于人,不为环境因素所左右。其理论基础在于外因通过内因起作用。环境事件、他人言语等外部刺激构成外因,自己的观点、看法是内因,而自己的情绪、行为表象则是作用的对象。

人的情绪表现受众多因素的影响,例如他人言语、先发事件、个人成败、环境氛围、天气情况、身体状况,等等。但这些因素都可以按照来源分为外部因素(或刺激)和内部因素(看法、认识)。两种因素共同决定了人的情绪表现和行为特征,其中人的观点、看法和认识等内部因素直接决定人的情绪表现,而个人成败、恶言恶语等外部因素则通过影响情绪内因而间接决定人的情绪表现。尽管在现实生活中,人们总是会因为不顺心的事情而大发脾气或低落消沉:丢东西时惊慌、谩骂,受指责时愤愤不平,遭到侮辱时挥拳相向,失恋时借酒消愁,屡遭失败时灰心丧气,遇到难题时捶胸顿足,被人冤枉时火冒三丈,身体不适时心烦气躁……这些似乎让人感觉,个人的情绪表现是由这些不顺心的事情直接决定的。但事实并非如此,只是因为人在成长的过程中形成了太多固定的思维模式,当受到"不顺心"的环境事件的刺激时,人们总是本能地认为那是不好的事情,并进而将思维延伸到事件对未来的影响。而这种影响也往往是坏的,也就是说,人们总是会往坏的方面想,而无视事情积极的方面。所以,正是因为个人的看法、认识等内因对外部刺激形成的固定的反应,才使外因更多地直接决定了个人情绪。

操之在我的情绪管理技巧则要求人们能够灵活地调整内因对外因的固定反应,当外部刺激可能导致个人情绪、行为的恶性变化时,人的看法、认识要能够能动地自我调整,逆向思维,发掘积极的因素,阻碍外部刺激对情绪、行为的不良作用,保证情绪的稳定、乐观和行为的积极、正常。操之在我的方法能够变悲为喜、缓解矛盾、抑制愤怒,使一个人心胸豁达、轻松愉快、处事冷静。

操之在我的关键在于从多角度去思考问题,善于发现积极的成分,而不是困死在思维的独木舟上。善用操之在我的人不断激励自己使用积极的思维,始终保持轻松、愉悦的心情和健康、开放的心态。

医生用冷漠来保护自己

医生与患者的情绪运用是反向的:病人需要感性、温暖,而医生需要理性、冷静。医生的这个做法是由于受不了经年的情感冲击,于是自我保护,把自己安置于一个安全的情感地带。

一名哈佛医生叙述:我不停地告诫自己体贴、同情,但是做法总是保持距离。这样他的故事才不至于太打动我,从情绪上压倒我。

国外的研究结果显示:医生自己是痛苦的。他们在巨大的压力下步履维艰,不堪重负。他们比任何人更需要心理咨询,更容易酗酒和吸毒。一些内心细腻、敏感的人，最终选择了离开医生这个岗位。

黄河医院卫礼堂院长快乐的理由有两个：看到医生和护士脸上有微笑，年终薪酬在增加。他解脱烦恼的路径有：一是不上班，去散步；二是对痛苦习惯了就不痛苦了；三是不想也不碰这个事情。

操之在我的应用原则

缘何"操之在我"失灵

朱华和李远是北京某名牌大学的大一新生，住在同一间宿舍。他们互相尊重，常常一起讨论学习，生活上也相互帮助。两人都把对方当做自己的铁哥们。然而，这种要好的关系在三个月后却开始出现危机。

李远是一个爱开玩笑的人，尤其喜欢拿熟人来逗乐，时常讽刺和取笑别人，但这些都是无意的。他的这个特点在他们两人认识的初期并没有表现出来，但是随着关系的加强，相互了解的程度加深，李远也常常拿朱华开玩笑。起初朱也并不在意，因为他知道李远是没有恶意的，相互讽刺逗乐、有说有笑是相互熟识、关系较好的表现，偶尔他也拿李远逗逗乐。但是，朱华事实上并不喜欢这种非恶意的相互指责、逗乐和挖苦，久而久之，他开始不适应。有一次朱华上课迟到了，李远帮他占了座位，当他到达教室后，李远说刚刚发下作业了，但没见朱华的本子，问是不是他没交作业，朱华一听十分着急，因为他确实是交过作业的,于是课后去找课代表询问,怀疑是课代表在上交作业的途中弄丢了,课代表说记不清楚了,朱华十分生气,愤愤而归。但他回到宿舍,发现他的作业本在书桌上,其中夹着一张纸条,上面写着:"猪,你的作业本我帮你拿回来了,课上老师下发的,刚才都是逗你的……"朱华见状既惊喜又气愤,李远何苦要做出这样的事呢?朱华难以接受,但事后他并没有对李远发火,因为他十分珍惜他们之间的友谊,他懂得忍耐,明白"操之在我"的道理,"如果你自己不伤害自己,别人不可能伤害你"。于是,他每次都面带微笑地应对李远的玩笑。

可是,在期中考试之后的一天,发生了一件小事,那天李远回到宿舍发现自己书桌上的水杯倒了,水浸湿了书本,就问朱华是不是他把水杯碰倒了,朱华听后深感冤枉,不客气地和李远吵翻了……

朱华利用"操之在我"的方法,控制了自己的情绪,维系了他和李远的关系,但好景不长,最终因为一件小事仍旧导致关系破裂,缘何朱华"操之在我"失灵了呢?

学习之道在于悟,关键在于理解理论的精华、本质,而不只是流于阐述理论的言辞。应用是巩固理论认知,将理论内化为自身素质的手段,同时也是学习理论的最终目的,即运用理论来指导自身的活动,包括行为活动和情感活动。学习是应用的基础,应用是学习的目的,理论的应用存在条件约束,不能抛开其他因素的影响而千篇一律地应用。理论应用的最终效果与理论学习的领悟深度有关,领悟得越深,理解得越透,应用也就越顺,学习不仅仅在于领悟本质,还要在领悟本质的基础上联系应用环境,发散思维,活学活用。

对任何思想的把握都可分为学习和应用两个层次，对操之在我的把握除原理学习之外，还必须联系实际应用环境，灵活变通，加深理解和认识；否则，就容易偏激，最终得不到好的效果。案例中朱华"操之在我"失效，最终因为一件小事而导致两人感情决裂，其中一个重要的原因，正是在于对"操之在我"的认识不深，生搬硬套而导致的。

单纯忍耐不是操之在我

在所有不愉快的情绪中，愤怒是最难摆脱、最不容易控制的，愤怒是最具诱惑性的负面情绪。因为人在发怒时，易失去理智，让人觉得不可理解，从而容易破坏良好的人际关系。案例中朱华因为一件小事而勃然大怒，自然会让李远感觉到莫名其妙，深有委屈之感，自然决裂也在所难免。对于领导者而言，盛怒之下还容易造成决策的失误。孔子说："小不忍则乱大谋"，三国时期，蜀国大将关羽被东吴杀害，刘备悲愤交加，不听诸葛亮的劝阻，怒而兴兵伐吴，为关羽报仇，结果被吴将陆逊以火攻之，火烧连营40里，惨遭失败。同时，发怒尤其是暴怒，有损自身的身心健康，诸葛亮"三气周瑜"，最后置周瑜于死地，即说明了这个道理。

然而，控制愤怒并非易事，需要有很强的忍耐力和乐观的心态。操之在我为控制愤怒情绪提供了很好的方法。当遇到烦恼和不顺心的事情时，积极调整固定的思维反应，改变看法与认识，逆向思维，就能以积极的、愉悦的心态去面对，从而避免发怒。非常值得关注的是，控制愤怒可以采用忍耐和调整心态两种方式来实现。操之在我提倡的是积极调整心态，能动地、主观地适应环境的改变；而忍耐则是压抑住自己的情绪，使之不以发怒的形式爆发出来，亦即"心怒而色悦"。

所以，操之在我并非压抑感情，相反是释放感情。压抑感情是通过由外而内的强制性作用，使得内心情感的恶性变化不显露出来，而操之在我则是通过由内而外的建设性作用，使得内心情感发生良性变化而非恶性改变。

案例中李远的指责、好开玩笑导致朱华在情绪上产生了抵触和反感，但朱华顾忌二人的关系没有显露出来，这并非真正意义上的操之在我，而仅仅是懂得容忍和压抑，没有从认识上适应对方、接受对方，因而导致了内心情感的长期不适应、焦躁、痛苦，这种痛苦在短期内可以通过忍耐来加以控制，但每个人的忍耐力都是存在极限的，当内心的痛苦累积到一定程度，就会通过其言行表现释放出来，这正是导致朱华与李远决裂的直接原因。

适当宣泄等于操之在我

尽管操之在我是控制情绪的最佳方式，但在实际生活中，始终以积极、乐观的心态去面对不顺心的外部刺激，是非常难以做到的。所以人们在控制情绪时常常综合应用忍耐和操之在我的方法，而且往往为了顾忌全局而采取暂时忍耐的方法。所以，尽管在面对不愉快时，要努力做到操之在我，但往往并非能做到真正的洒脱，一部分情绪还需要通过个人的忍耐力来加以控制。然而每个人的忍耐力都存在极限，当情绪上的烦躁、内心的痛苦累积到一定程度，最终会非理性地爆发出来。所以，在实际生活中，不能一味地操之在我，还要懂得适当地宣泄，将内心的痛苦有意识地释放出来，而非不可控制地爆发。

对于情绪的宣泄，可采用两种方法：直接发怒和借物出气。

宣泄方法之一是直接对刺激源发怒。如果发怒有利于澄清问题，具有积极性、有益性和合理性，就要当怒而怒。这不但可以释放自己的情绪，而且是一个人坚持原则、提倡正义的集中体现。何时应当发怒，主要从对方能否理解和是否坚持原则这两个方面来分析。对待朋友，主要考虑对方能否理解；对于敌人，主要考虑原则和正义的坚持。"横眉冷对千夫指，俯首甘为孺子牛"。周总理温文尔雅、平易近人，但在重庆谈判时怒斥国民党的暗杀活动，坚持了原则，伸张了正义。

宣泄情绪的方法之二是借助他物出气，把心中的悲痛、忧伤、郁闷和遗憾，痛快淋漓地发泄出来，这不但能够充分地释放情绪，而且可以避免误解和冲突。日本的大企业、公司近几年专门设立"出气室"，让职员在里面宣泄自己对公司的不满。

而且，宣泄还必须在法律和道德允许的范围内进行，违反道德的宣泄，如辱骂、诽谤也是错误的。

不正确的宣泄：借助他人出气，将工作中的不顺心带回家中，让自己的不得意牵连朋友，都是不对的。

解除不良刺激源

如果一个人对其周围的环境感到不适，对于短期而言，可以通过忍耐、适度宣泄得以平衡，而对于长期而言，通常会出现三种结果。其一，改变自己，适应环境。采取操之在我的做法，主动改变自己的看法、认识，以接受环境，适应环境。其二，改造环境，使之与自己相适应。当自己难以适应环境，而环境有可能改变时，这种结果更可能出现。其三，离开环境。当自己不能适应环境，又不能主动改造环境时,离开环境是不可避免的。

案例中朱华与李远最终决裂正是这种结果的集中体现。朱华应该明确向李远表示他喜欢什么不喜欢什么,相信人人需要朋友,为朋友愿意改变自己。当我们不能调整自己去适应对方时,就应该设法与对方主动沟通,使对方知道自己的不适,并做出积极的改变,这样才能真正维系相互的关系。案例中朱华对李远的指责、逗乐和好开玩笑始终感到不适、痛苦,而只是因为顾忌而忍耐,实际上并没有做到操之在我,真正地接受对方,而且没有与对方主动沟通,使了解自己的痛苦,让自己痛苦的不良刺激源没有得以解除,从而导致长时间的不适应,终会不可避免地走向决裂。

沟通要讲方法,讲技巧。积极的沟通能增进交流、解决问题、缓解冲突。一般来说,应该做到以下几点:要心平气和,沟通是要解决问题,而不是宣泄愤怒,只有心平气和,对方才能接受;不要指责对方,让对方意识到他给你带来的不适,而不是咄咄逼人地指责,强加改变,主动提出自己的不当之处,建立友好的沟通氛围,让对方感到平等,不必过分自责;提出建设性解决办法,强调共同努力,共同改变,相互适应。

案例的结果并非"操之在我"失灵所致,而是朱华生搬硬套操之在我,不灵活运用所导致的。操之在我强调的是主动改变自己的观点、看法和认识,阻碍外部刺激对人的情绪、行为的直接作用,积极适应环境,保持愉悦和乐观的心态。

然而,在实际生活中,始终操之在我是难以做到的,死抱着操之在我常常会出问题。因此,要灵活应用多种技巧,配合操之在我发挥作用。首先,要运用忍耐和操之在我的方法学会制怒,保持理智,以避免冲突。其次,要懂得适当宣泄自己的情绪,不要越积越多,最终不可控制地爆发出来。最后,要主动沟通,解除不良刺激源,当自己没法适应对方时,试着与对方沟通,使之改变做法,使彼此间的关系得以维系。

不因小失大

张力和李仁两人是好朋友,因为一点小事,两个人出言不逊,最后都生气了,当时他们都十分愤怒,想的都是对方的不是,把小事扩大,结果更加生气。冷静之后,张力从对方的角度来看这件事情,发现其实自己很多地方做得也不对,说话过于尖锐。没有从对方的角度着想,不够大度也不够宽容,结果导致了矛盾的激化。因为人是很容易钻牛角尖的,当你生气时,对别人的不满就会加大,就会联想别人的所有缺点而不是优点,换句话说,容易上纲上线。这么想之后,他开始反思自己的错误,怨气也就烟消云散了。这就是移情换位的作用。尽管朋友的言语很刻薄,但是想到那是心情激动的时候说出来的,心里也就渐渐释怀了,这就是操之在我的作用。

想通了这些,如何化解矛盾呢?这个时候张力想到了真诚的力量。他很诚恳地道歉,结果当然很好。

情商中很重要的因素是要忍耐,唯有忍耐,才会宽容,才会去赞美别人,去发现生活中的美。否则,今天你收获了一个苹果,明天或许丢失的是整座果园。

从这个角度来看,所谓操之在我,就不仅仅是一种阿Q精神的引申了,操之在我同样可以帮助我们忍耐痛苦、愤怒等。因为操之在我的一个重要条件就是要有足够的宽容。如果你的心里能放下整个大海,那么一只小船的冲击又算得了什么?如果你想的不只是自己,那么很多事情就微不足道了。大部分时间,人们悲伤、沮丧、愤怒,就是因为自己的利益受到了侵害,而且执着于这点利益。

灵活运用操之在我

"操之在我"是自我修炼的一项重要内容,是管理自己情感的一种有效的思维方式,仔细体会,其中蕴藏着极其丰富而深刻的人生哲理。运用到日常的生活、工作中,我们将受益无穷。

不被别人的语言激怒

诸葛亮"三气周瑜"即是利用了周瑜性格上的弱点来达到消灭敌人的目的。

如果周瑜不是心胸狭窄,不为诸葛亮的言行左右自己的心情,那么他不但不会气伤了自己的身体,反而可以从诸葛亮那里学到很多东西,这一来一去,相差何止千里。

不被别人的行为伤害:用理智战胜情感

1998年世界杯上,年轻的贝克汉姆是英格兰队一颗耀眼的新星。他的右脚弧线传球精准且颇具创造性,对对方的威胁非常大。他的直接任意球更是一绝,被媒体评价为"与点球一样有威胁"。在关键的八进四的比赛中,英格兰队遭遇到强大的阿根廷队。阿队虽也是人才济济,实力不俗,但比赛中贝克汉姆仍然表现神勇,制造了多次进攻良机。眼看着拿他没有办法,阿根廷队中场球星西蒙尼打起了别的主意。他屡次故意对贝克汉姆犯规,并说些挑衅性的语言,试图激怒他,削减他的战斗力,甚至诱使他犯规被罚下场。贝克汉姆毕竟太年轻了,他很快就上了对手的圈套，竟然在裁判的眼皮底下对西蒙尼进行恶意报复，结果被红牌逐出场外，英格兰队最终落败。贝克汉姆因此成为世界杯失利的罪人，被狂热的英格兰球迷声讨了近一年，他本人也后悔不已。

与之形成鲜明对比的是，"球王"马拉多纳一向以脾气暴躁闻名于世，球场闹事、攻击记者、殴打球迷等劣迹屡见不鲜。但1994年世界杯上，他的表现却让人刮目相看。小组赛中，几个对手都派人对他进行专门盯防，更有人有意向他挑衅试图激怒他，但他却一直不为所动。被拉扯衣襟，他任由裁判去判；被铲倒爬起来接着投入比赛。全身心的投入，使他场上灵魂的作用发挥得淋漓尽致，带领全队接连取得比赛的胜利，若不是后来的兴奋剂事件，1994年的世界杯很难说就是巴西人的。

实际上在足球场上，屡屡被侵犯说明球员的竞技水平高，对对方的威胁大，球员应该感到自豪。贝克汉姆如果能从这个角度去思考问题，保持操之在我的心态，就不会犯那样的错误，世界杯之后在英格兰球迷心中也就不会是罪人，而应该是英雄了。

如果人人都能这样想和这样做，那么世间将少了许多无谓的摩擦与纷争，我们也很难在情绪上为他人所利用。

把握机会让心乐观

具备操之在我的心态，才可能把握机会，在逆境中崛起。

小学时一篇课文的插图给我留下了非常深刻的印象。红军长征途中一位老红军坐在石头上吹着笛子，一个小红军依偎在他的身旁，文章的主题是革命乐观主义精神。的确，在翻雪山、过草地那样缺吃少穿的艰苦岁月里，如果不能把眼光放得更长远，不能以乐观的心态对待困难，再好的身体，恐怕也坚持不到长征胜利就垮掉了。

有两位年近70岁的老太太，一位认为到了这个年纪可算是人生的尽头，于是便开始料理后事；另一位却认为一个人能做什么事不在于年龄的大小，而在于怎么个想法。于是，她在70岁高龄之际开始学习登山，其中几座还是世界名山，而且还以95岁高龄登上了日本的富士山，打破攀登此山年龄最高的纪录。她就是著名的胡达·克鲁斯老太太。

70岁开始学习登山，这乃是一大奇迹。但奇迹是人创造出来的。成功人士的首要标志，是他思考问题的方法。一个人如果是个积极思维者，实行积极思维、喜欢接受挑战和应付麻烦事，那他就成功了一半。胡达·克鲁斯老太太的壮举恰好验证了这一点。

一个人能否成功取决于他的态度！

成功人士与失败者之间的差别是：

成功人士始终用积极的思考、乐观的精神与辉煌的经验支配和控制自己的人生；

失败者则刚好相反，他们的人生是受过去的种种失败与疑虑所引导支配的。

有些人总喜欢说，他们现在的境况是别人造成的。这些人常说他们的想法无法改变。实际上，我们的境况不是周围环境造成的。说到底，如何看待人生、把握人生由我们自己决定。

日常生活中的操之在我

要做到操之在我，是需要很高的境界的。做到一两次的操之在我没什么稀奇，但是一个人要做到每次都能操之在我，那实在是太难了，因为每个人都是有感情的，人的本能反应是很感性的，只有通过思维才能让你达到理性，所以说要时时刻刻都做到操之在我是需要养成习惯的。

操之在我应分为如下几种情况：

一、对于不相关的人。我们没有必要跟他生气，应该做到操之在我，这样才能保持好心情，以便提高自己的工作效率。

二、对于那些重要人物。比如做某个项目必不可少的人，那么无论他的态度怎么样，我们都应该做到操之在我，不能因为他没给你好脸色看，所以你也不给他好脸色看，这样的话，肯定办不成事。

三、朋友之间。有时候朋友可能无意间伤害了你，只要不是原则性的问题，那么我们也应该做到操之在我，不要因此而疏远朋友，我们可以直截了当地跟他谈，相互探讨各自的不足之处，坦诚相见，这样才能维持良好的友谊。

对于不相关的人，我们没有必要去跟他斤斤计较。我们经常可以看到，在菜市场或者公共汽车上，为了一件小事，双方吵得不可开交。最后的结果肯定是两败俱伤，不管是什么样的结果，都是没有什么实际意义的，就算你吵赢了，那又怎么样呢？倒不如任对方一个人吵好了，保持一份好心情。

对于所要争取过来帮你做事的人，即使他不太愿意帮你做事，仗着你有事求他，对你态度恶劣，你也没有必要跟他生气，要做到操之在我，在这种情况下，要做到这一点，真的很难。但是，让我们从理性的角度分析一下，如果跟他闹翻了，你是不会得到任何实际利益的，如果你没有跟他翻脸，而是不断争取，可能他会被你的诚意所感动，最后接受你的请求，即使没有得到任何结果，你也可以等待下一次机会。

对于朋友，也要做到操之在我。不要认为真心朋友无话不谈，就可以在朋友面前毫无顾忌。朋友之间说话也要注意方式方法，合理的方式方法才能更容易被朋友接受。如果朋友在气头上，你去安慰他，这个时候朋友无意间伤到了你，不要对他发火，这样的话，很可能原本的好意全泡汤了，反而令双方的关系僵化，甚至从此绝交。在这种情况下，我们应当做到操之在我，管理好自己的情绪，并在事后跟那位朋友好好谈一下，说出各自的想法，双方坦诚相见，这样才能让双方的友谊长久保持下去，并且越来越好。

逆境中的操之在我

"操之在我"这四个简单的字中蕴涵了很丰富的内容，它包括了情商培养中的认识自身情绪的能力，妥善管理自身情绪的能力，内省能力和自我激励的能力；还包括了情商开发中的信念、自信力、意志力、容挫力和乐观性。

美国前总统尼克松在"水门事件"被迫辞职之后，久久沉浸在突然面临的失落与忧愤、媒体的穷追猛打、熟人朋友的避之则吉之中。还时常沉浸在自己两次当选的辉煌与现在穷途末路境地的强烈反差中。这一切使62岁的尼克松患上了内分泌失调和血栓性静脉炎，几乎是在苟延残喘地度日。幸而尼克松及时地调整了自己的心态，他告诫自己："批评我的人不断地提醒我，说我做得不够完美，没错，可是我尽力了。"他不畏惧失败，因为他知道还有未来。他始终相信"勇往直前者能够一身创伤地回来"，也就是能重新调整心态来迎接新的挑战和争取新的胜利，鼓舞自己从挫折中走出来。在这之后，尼克松连续撰写并出版了《尼克松回忆录》《真正的战争》《领导者》《不再有越战》《超越和平》等巨著，以自己独特的方式继续为国家服务，也实现了人生应有的价值。

操之在我获得美好人生

生命的过程重于结果

有位孤独者倚靠着一棵树晒太阳，他衣衫褴褛，神情萎靡，不时有气无力地打着哈欠。一位智者从此经过，好奇地问道："年轻人，如此好的阳光，如此好的季节，你不去做你该做的事，懒懒散散地晒太阳，岂不辜负了大好时光？""唉！"孤独者叹了一口气说，"在这个世界上，除了我自己的躯壳外，我一无所有。我又何必去费心费力地做什么事呢？每天晒晒我的躯壳，就是我做的所有事了。""你没有家？""没有。与其承担家庭的负累，不如干脆没有。"孤独者说。"你没有你的所爱？""没有，与其爱过之后便是恨，不如干脆不去爱。""没有朋友？""没有。与其得到还会失去，不如干脆没有朋友。""你不想去赚钱？""不想。千金得来还复去，何必劳心费神动躯体？""噢，"智者若有所思，"看来我得赶快帮你找根绳子。""找绳子？干嘛？"孤独者好奇地问。"帮你自缢！""自缢？你叫我死？"孤独者惊诧了。"对。人有生就有死，与其生了还会死去，不如干脆就不出生。你的存在，本身就是多余的，自缢而死，不是正合你的逻辑吗？"孤独者无言以对。

所有的生命最终都要结束，如同流星划过夜空。花开必有花落，没有不散的筵席。生命如同旅行，记忆如同摄像。如果在你的一次旅行过程中，你注意欣赏过程中的美好景象，并把它们摄录，当你回顾这次旅行过程时，你会发现这个过程是十分美好的。如果你在过程中摄录的是肮脏颓败，你不仅过程很痛苦，你的回忆也将沉重。生命是一种过程而不是结果，如果不能享受过程，即使达成了目标也不会有持久的快乐与满足。所以请享受生命的过程。

我第一次去青海省会西宁讲学，主人热情好客，请我去青海湖游览。汽车在路上单程要花4小时。出发不久我向同伴们提出：好风光在路上，不一定在终点，所以，把欣赏路上的风景作为重点，同伴们听从了我的建议。一路上我们欣赏到了辽阔的草原，星星点点的羊群，到藏族人的毡房去做客，吃馕，喝奶茶，跟远处的雪山照相，与变化的云朵为伴，同金黄的油菜花共舞，骑健壮的牦牛眺望草原。在轻松愉快中我们根本没有感到任何高原反应，4个小时左右我们来到了高原第一湖泊青海湖。但是我们在那里只停留了不到30分钟，而且在可以拍照的地方聚集了很多人，所以我们拍了一些照片就返回了。回来的时候，已经接近黄昏，远近的景色已经掩映在黄昏和多云中看不清楚了。

我们庆幸的是，没有失掉去时路上的机会，更感到旅行好风光在路上。

对自己的当前满意

对自己的当前满意，是你走向未来的支点，它可以使你以好的心境获得更好的未来。虽然背水一战也可以使你奋起，但是心境是悲壮的，是绝望的时候迸发出的超常潜力，由于非生即死而产生出的惊人力量。

热爱自己的生命,相信你的生命正在以最好的方式展开。每一时刻发生在你身上的事情都是最好的。即使是负面的事情,那也是自己定义和解释的结果。你只要对自己能够把握的事情尽最大努力就可以了,你的生命历程正按照它自己的顺序展开。

相信你已经拥有了许多人还没有的东西。不要抱怨这个世界对你不公平,那是因为你还不知道什么事情对你来说是好事。

你看到别人有时间搓麻将、侃大山,你抱怨为什么自己没有这样的机会,可是你哪里知道竞争正在剥夺他们的心情。有人死去了,你会为他哀伤,可是这也许对于他还不是最坏的事情。你为被心上人抛弃而苦恼,哪知有更适合你的人在等待你。你也许没有找到任何意中人而独居,但这也许远远胜过每天充满烦恼抱怨的枯燥的夫妻生活。

你为在春天丢掉了一粒种子而苦恼,哪知道秋天你有意外的收获。我们很少想到我们已经拥有的,而总是想到我们所没有的。算算你的得意事,不要理会你的烦恼,就会获得好心情。你已经比很多人强很多了。

把握自己

在印度,一个砌砖工人在四层楼的工地工作,有一天他的老板让他把四楼的砖运到地面。他认真地设计了一个滑轮工具,他在绳子的一端系好篮子,跑到地面把另一端系在地上,这样当篮子满的时候滑轮可以把砖放下来。当他把篮子装满以后,跑到地上,解开了绳子。在他解开绳子的瞬间,篮子快速地从四楼降落下来。他不想破坏篮子和砖,所以死命抓住绳子。由于这一篮子砖的重量超过了他本人的重量,所以篮子下降时他在上升,结果篮子撞到了他的肩膀,打断了他的锁骨。在向上升的过程中,他的手指夹在了滑轮里,手指又被卡断了。此时他几乎不能握住绳子了,但他还是坚持抓住它。与此同时,篮子落到地面,碎了,砖飞了出去。此时篮子又比他本人轻了,所以这个人又飞速下降而篮子在上升,他仍然抓住绳子,上升的篮子撞断了他的肋骨,当他落下来时,重重地摔在石灰地面上。

此时他已经筋疲力尽了,他又犯了一个致命的错误,他放开了紧握的绳子,结果那个篮子又落了下来,砸在了他的头上。这个人最后住进了医院。

当你不如意的时候,想一想这个不幸的印度人的故事。

活在当下

一人为逃离猛虎而坠入悬崖。他抓住了一根藤条,而下面则是万丈深渊。在藤条断裂他即将掉下去的时候,他发现藤条上还有一颗鲜美的草莓,就吃下了临终最后一个美味。

博士的生活是单调的,一个博士在写论文时想的是:要是能够同朋友娱乐一下那该是多么惬意,遗憾的是良辰美景只能用心苦读。当他真的有机会同朋友娱乐时,又担心论文的写作。结果他什么都没有享受到。

生命由一系列现在构成,对生命所赋予你的一切要利用而不是忍耐。发掘一切可以利用的价值,学会简单生活,构筑美好的现在。

> 一位青年画家把自己的作品拿给大画家柯罗,向他请教。柯罗指出了几处他不满意的地方。"谢谢您!"青年画家说,"明天我全部修改。"柯罗激动地问:"为什么要明天?您想明天才改吗?要是您今晚就死了呢?"

低效率的人把大量的时间花在别处而不是现在,他们想过去,对过去感到后悔;他们看未来,对未来充满疑虑和担心。长期生活在过去使人消沉,一直生活在未来会产生焦虑。生活在过去和将来都不是对当前生活的面对。

回顾过去,不快乐的事情掠夺了你当前的快乐,而当前的时光再也不会回来了。如果过去有人引起了你的痛苦,并且你在花时间思考和抱怨他们,你就是在向你自己掠夺。所以活在现在,体会当前。过去不等于现在和将来,如果你发现你的生活不很完美,那就意味着你没有生活在现在。这就是"活地狱"。如何跳出"活地狱"?你必须发现现实生活中完美的方面。

人类有6大恐惧:恐惧贫穷、恐惧被批评、恐惧疾病、恐惧失去爱、恐惧年老、恐惧死亡。如果你不能学会活在当下,那么你每天都将活在这样的恐惧之中,你将在恐惧之中完成生命历程。

活在当下就是在当前、在这里,意味着把你的全部精力投放在当前这一刻。如果你工作你就努力工作,这样你就可以在玩的时候尽情地玩。你能够生活在当前、在这里,就会有高效率和好心情,就会注意到其他人注意不到的东西,似乎你有更多的时间,其实是你更珍惜当前这一时刻。过去没有办法改变，也没有谁能够处理未来，直到未来变成现在。所以，要学会在当前、在这里。

观察你的小孩，他是快乐的，在带孩子外出旅游的时候，他会注意到小虫、小草和小花，并且在细心观察与玩耍中享受快乐，这些是成人难以体会到的。因为孩子不考虑过去也不担心未来，他是活在当下的。

以未来为导向的活在当下

当你在空旷的原野开车飞奔享受回归自然时，你必须知道前方是不是山涧悬崖。活在当下不是不考虑未来，当你用心走路的时候，你必须知道这条路指向何方。但是这同活在未来有本质的不同，你只是关照未来，除了影响你的路线，你不会让未来对现在产生影响，你的情绪同未来没有任何联系。不是"今朝有酒今朝醉，明日有忧明日愁"。而是"今朝有酒不大醉，不使明日有忧愁"。前者是被动无奈，不负责任，不顾未来，甚至因为未来的不确定而破坏了此刻的心情。后者是主动控制，负责任，关照未来，由于努力寻求创造好的未来而获得此刻的好心情。

有糖尿病的人，不会为了一时的兴致而吃大量的甜点；有肝炎的人，不会为了一时的兴致而大量饮烈酒；一个病人不会为了一时的冲动不遵医嘱而破坏自己的健康；理性的人不会为了一时的快乐而触犯法律。活在当下不是愚笨莽撞，而是聪明灵活，调整自我。

活在当下仍然要关照未来，以未来为导向。但是这种关照未来在短时间内就要完成，而不是长时间持续地考虑未来。决策完对错以后立即放下，这叫迅速纠正偏差。发射登月飞船时，需要一直监视跟踪其轨迹并进行调整，确保飞船到达目的地。没有人因为出现偏差而愤怒，大家都知道再好的设计都会出现偏差，所以修正是非情绪化地、独立地、认真地完成的。生命航程也是这样，你也会不时偏离航向，但是要迅速判断这条路是否能引导你走向你喜欢的未来。

心态缔造天堂

> 日本一个好斗的武士，一次他问一个老禅师天堂与地狱的区别。禅师轻蔑地说："你不过是一个粗鄙之人，我没有时间跟这种人论道。"武士大怒，拔剑大吼："老汉无礼，看我一剑杀死你。"禅师缓缓地说："这就是地狱。"武士恍然大悟，心平气和纳剑入鞘，鞠躬感谢禅师指点。禅师道："这就是天堂。"

如果你保证此时拥有好心情，你就能够保证今天有好心情。如果你能够保证每天有好心情，你每年都有好心情。如果你每年有好心情，你就能保证一生幸福。你决定选择幸福，就会寻找使你幸福的理由。如果你寻找快乐，就会寻找快乐的地方。如果你寻找痛苦，你就会寻找痛苦的理由。对于一个消极的人，会从好事情中寻找不快乐，有什么样的态度，决定了你有什么样的人生。

一个裤腿沾满泥土、扛着铁锹、手里拿着二锅头和花生米下班的民工，可能怀着很好的心情。一个坐在高档饭店包房、吃着鲍鱼、喝着五粮液的人可能心情很糟糕。幸福的感觉同物质拥有程度没有关系，关键在于心态。

学会利用而不是忍耐

利用生命中一切出现的机会与条件，而不是忍耐和诅咒，敞开心扉拥抱这个世界。尽可能利用环境中的各种条件，向自己提出问题："现在发生的事情对我有什么好处？如何利用它使得我获得更多？"

不要为打翻的牛奶哭泣，它给予你的比失去的更多，而且还给予了别人很多。利用世界所提供的任何机会，相信当前的事情是更大计划的一部分。

与别人约会，别人迟到了，不要抱怨。利用这个机会观察一下周围环境，研究一下这里的人的行为方式。不要告诉伙伴你在焦急地等待，告诉他你在考察这里的环境。

我在读大学、硕士、博士的时候多次上舞台演出节目。当时是作为一种任务，带着无可奈何的心态，为浪费了时间而惋惜。可是无意间锻炼了表演能力和面对公众不紧张的心理力量。现在我做了老师，正是利用了过去学生时代锻炼出来的能力。如果我早知道学生时代的事情具有这样大的作用，我会更认真地投入。如果我想把这样的经验告诉现在学习的年轻人，估计很难有大的作用，因为经验是难以直接传递的。

一个已经爬上山顶的人告诉正在爬山的人说："这条路不好走，换那边的路。"正在爬山的人怀疑山上人的动机，凭什么我要相信你？结果当他发现路不好走的时候已经积重难返了。

由于经验不能直接传递，因此所有的磨难都要重新来一次。

要相信我们现在每天的工作，也许是正在为更大的计划做积累。

学会弯曲

加拿大魁北克一条南北向的山谷,西坡长满松树、女贞和柏树,而东坡只有雪松。为什么会这样?因为东坡雪很大,雪松比较柔软,当雪在树上积累到一定重量时它就弯曲了,令雪滑落下来。而女贞、柏树却不能弯曲,它们被雪压断了。一对情侣在决定分手前的最后一次旅行中发现了这个秘密,然后他们重归于好了。

即使再锐利,如果轻易就断掉,那也是毫无用处的。人固然需要刀片般的锋利,也需要柳条一样的柔韧。在这个世界上,要柔中带刚,刚里带柔,方里见圆,圆中显方,才会活得自由自在。

无论何时何事都要敞开自己的胸怀,积极向上地努力。无论发生什么事,都要用排除万难的坚定态度去面对人生。绝对不能对自己丧失信心。

目标远大信心坚定的人能够曲线救国,如同卧薪尝胆,善于妥协和适当让步,不会因小失大,"小不忍则乱大谋"。不论谁是谁非,花时间去争论只是于事无补。如果对方顽固坚持他的意见,不妨先屈从于他,按照他的路径行事,如果你发现这个路径完全不是你原来所设想的,也可以在以后改变主意。你越早上路,就越早知道如何采取行动。

1513年,《君主论》的作者马基亚维利在经历罢官和牢狱之灾后,以一介村夫的身份在乡下过着贫困的劳动生活。但是他位卑未敢忘国忧,发愤写作,白天在农民当中劳动和生活,夜晚在艰苦的环境中探索治国之道,他曾说:"我脱下了沾满尘土的白天的工作服,换上了朝服,在古人的巨著中我忘记了一切烦恼,我不怕穷,不怕死。"正是这种直面困难、积极调整自己心态的能力激励马基亚维利成了近代西方政治学的奠基人。

内　省

　　大多数人通过别人对自己的印象和看法来看自己,为获得别人对自己的良好反应而苦心迎合。但是,仅凭别人的一面之词,把自己的个人形象建立在别人身上,就会面临严重束缚自己的危险。因此,只把这些溢美之词当做自己生活中的点缀。人生的棋局该由自己来摆,不要从别人身上找寻自己,应该经常自省并塑造自我。

　　被誉为"网络英雄"的搜狐公司总裁张朝阳描述自己的心路历程,就是一种不断克服心理误区、不断严格自省的过程。他说自己在美国时是在完全不受重视的异国他乡,强大的学习、考试竞争压力,以及创业后强大的市场竞争压力很容易使自己原本健康的心态走向误区。因此,他学会了通过自省在第一时间发现内心的一片片乌云,即不良的情绪和心态,尽快将其围剿,让自己的心情永远保持明朗的晴空。这也正是我们所说的"操之在我",不受外界干扰的心态。

　　自我意识是自我观察,就是跳出自己看自己,作为自己的旁观者站在自己的旁边来观察自己,也叫做"临在",在观察自己时保持中立客观,就如同自己看别人。

　　对自己情绪有了自我意识后,有两种应对的办法:一是被情绪吞没,被动处理。二是接受该情绪,主动处理,自己管理自己的情绪。

　　情绪是心灵的语言。情绪反应是个连续体,左端是没有任何情绪感受，右端是过度的情绪感受。情绪有两个层次：有意识的和无意识的。莫名其妙无缘无故的发火是情绪的无意识反应。一旦变成了有意识，就能够管理情绪了。情商培训可以加强自我意识，提升心理领悟性。

管理情绪的目的是实现平衡，节制，不做激情的奴隶。没有激情的人是枯燥乏味的，而情绪失控又是病态。关键是减少负面情绪，增加幸福情绪，不是只维持一种情绪。

情绪高涨和情绪低落都能够给人生增添乐趣。消极和积极情绪的比例决定了人的幸福指数，所以情商高的人努力做的事情是延长积极情绪，缩短消极情绪。我们的很多活动都是在管理情绪，如休闲、娱乐、旅游、酒席。

操之在我是管理自我情绪的最好办法，让自己的情绪感受在受控的状态。

"临在"是自己拯救自己的最后一根稻草，会发现既然能够发生在别人身上的事情，也会发生在自己身上。这样就会使自己对事情的看法发生改变，而不会把所有的烦恼都自己扛。

学会放弃和原谅

老和尚和小和尚化斋回山路过小河，一个漂亮女子不敢过河。小和尚有心去背但是不敢，老和尚把女子背过了河，两个和尚一路无语。快到寺庙的时候小和尚说："出家人不近女色，你不应该背那个女子。"老和尚说："我已经把她放到了河边，你怎么还在背着她呀！"

放弃就是原谅过去，原谅了他人等于放弃了负能量，而这些负能量会阻碍你获得幸福。许多人背负着太重的情感包袱，以至于他们没有能力再肩负今天的责任。一旦释放了情感包袱，你的情感就会成长，不除掉这些杂草，庄稼就不会生长。

过去是用来学习的，不是作为包袱来扛的。

如果有人故意伤害你，你不原谅他们，等于给了他们一次又一次伤害你的机会。如果你不喜欢伤害你的人，那就不要给他伤害你的能量。

请你列出过去自己曾感羞愧、负疚、缺憾和悔恨的事情，想办法弥补缺憾，向别人真诚道歉，采取行动来纠正自己的过失。不论冲突纠纷多么严重，摒弃前嫌，化解宿怨，亡羊补牢，为时都不算晚。弥补一次缺憾，就如同搬开压在心头的一块巨石，会让我们的心灵日益轻松。

别总是把对别人的好处挂在嘴上。人类的天性就是容易忘记感激别人，所以我们施一点恩惠就希望别人感激的话，那一定会使我们活得很累。如果你想要快乐、被爱，就不要去要求，不要希望得到任何回报，只是默默地付出。这个世界上唯一能够被爱的办法，就是不再去要求，而是开始付出，并且不希望回报。

总是指望别人对自己的恩惠给以回报难以获得轻松。第一，使人感到压力大，不敢领受你的恩惠；第二，自己背上了沉重的包袱，总在考虑他怎么还不报答我。

服务他人

学会了操之在我，你就会在许多领域里变得无限富有。因为你一直想着为别人，所以大家都在帮你实现庞大的计划。因为你学会了活在当下，也知道你的未来之路，你又放弃了所有过去的包袱，你将开始创造生命中的激情、财富和权力。你的心将因为向别人开放而平安，热爱他人是你能够同这个世界分享的最伟大的礼物。

当你学会了利用生命所能够提供的一切的时候，无限成功就会像打开闸门的水一样尽情地沐浴着你，那些与你同行的人也一样如鱼得水。你的生意做得越大，为你工作的人越多，你就会对越多的人充满爱心，你就越乐于给予，人们也就更乐于追随你和帮助你。如此形成良性循环。

激励自己操之在我

事业上的成功者，大都是能够掌握自己心态并且善于自我激励的人。一旦掌握自我激励，自我塑造的过程也就随即开始。我们成长和成熟的过程，就是不断塑造自己的过程，选择乐观的还是悲观的态度，这一点非常重要。这也正是"操之在我"的心态发挥决定性作用的地方。这种心态的选择可能给我们带来激励，也可能阻碍我们进步。"操之在我"中的自我激励是一种乐观向上的自我塑造的方法，塑造自我的关键是甘做小事，但必须即刻就做。塑造自我不能一蹴而就，而是一个循序渐进的过程。这儿做一点，那儿改一下，将使你的一天乃至你的一生有滋有味。今天是你整个生命的一个小原子，是你一生的缩影。大多数人希望自己的生活有意义，但是生活不在未来。我们越是认为自己将来有充分的时间去做自己想做的事，就越会在这种沉醉中让人生中的绝妙机会悄然流逝。只有重视今天，自我激励的力量才能汩汩不绝，要学会"活在当下"。

清晰地了解自己、把握自己的心态和规划自己的目标——领导自己——是走向人生成功的第一步。但塑造自我却不仅仅限于规划目标。莎士比亚说得好："行动胜过雄辩。"要真正塑造自我和自己想要的生活，我们必须奋起行动。我们每个人就好比是一幅正在描绘中的杰作，而今天就是这幅杰作的一个色块。在"操之在我"这块坚挺、厚重的调色板下，调好自己的每一笔浓墨淡彩，描绘出自己人生的杰作！

做到操之在我，你将拥有更多的激情、财富、力量和内心的平安！

表 4-1 对比了操之在我与受制于人的思考方式的差别。

表 4-1　操之在我与受制于人的思考方式对比

受制于人	操之在我
我看见了具体	我看见了抽象
我看见了危机	我看见了机会
我看见了失败	我看见了教训
我看见了行为	我看见了观念
我活在后悔里	我活在盼望里
我活在过去的失败里	我活在现在的努力里
我害怕我可能失败	我害怕我未曾尝试，去开发潜能
我害怕我可能受伤	我害怕我可能未曾经历成长的阵痛
我害怕我屡试屡败	我害怕我未曾给予希望第二次机会
我是浩瀚银河中微不足道的无名小辈	我是独一无二的存在
我的存在只是偶然巧合	我命运早为我的一生做了个美丽计划
我苦难令我沮丧愤慨	我苦难是化装的祝福，把我的心灵雕塑得更加美丽
我被动因循	我主动投入
我向来就是这么做的	我还有更好的办法
我设法扳倒比我优秀的人	我设法学习比我优秀的人
我被困难吞吃	我吞吃了困难
我诅咒敌人	我祝福敌人

提升情感强度

学者的研究结果是：高权力、高责任感、适度情谊动机及成就动机驱动的人握有重权。高权力动机指凭借集体力量达成远大目标；高责任感指运用权力时的道德考虑与慎重选择；适度情谊动机指以工作为重，不掺入个人感情；成就动机指投入个人努力。

操之在我不是懦弱窝囊，不是受气包。操之在我轻易不伤人，也不轻易被人伤。操之在我者有足够的情感强度，可以蝮蛇蛰手壮士断腕，信奉慈不掌兵。智慧没有慈悲将成为邪恶，慈悲失去智慧将成为懦弱。

一位女董事长兼总经理提出问题："我又慈还要掌兵如何应对？"解决的第一路径是提升手下人的情商，别把宽容当纵容，别把真诚当天真，别把善良当软弱；宽容值得宽容的，真诚值得真诚的，善良值得善良的；第二是制定明晰的制度，心软制度硬；第三是把掌兵的权力分出去，交给总经理，自己只做董事长。

情感强度不够的人看不得身边的人情感受伤，由于过于照顾身边的少数人而失去外围的大多数人。站得高看得远，这是自然规律，就是顺天，将得到天助。站得高看不远，就是违反了自然规律，逆天，将得到天谴。胸怀有多大事业有多大，事业大了胸怀变大，顺天，将得到天助；事业大了胸怀不大，逆天，将遭到天谴。

提升情感强度，人变得理性。可以站在未来看现在，站在高空看全局，会明晰自己的现状和定位，引导自己安全稳健地走向未来。

容溶熔融

一个人首先要宽容，才有包容，然后能够把自己溶入在这个群体里，提升这个群体的热度，然后能够熔化新加入这个群体的任何人,最后才有整个群体和个人的其乐融融。

用情商缔造情感反馈环,你让别人感觉好,别人会将这种感觉反馈给你。例如听众情绪不佳时容易多疑,情绪高涨时容易相信。让他们感到温暖、舒适和安全,人们就会喜欢你。人们喜欢你时便会对你产生偏爱,一旦人们喜欢你,也就喜欢你的信息来源,便会愿意相信他们所得到的信息,会场氛围就会变得其乐融融。

用情商提升个人魅力,增加熔化别人的能量。天天有魅力,孤独远离你。有魅力的人离婚或独居的可能性小,学生对魅力得分高的老师讲座内容理解得最好。对别人的情感积极回应,言行让人觉得可靠信赖,令人愉快、充满魅力的人处处给人带来欢乐与幸福。

情商的作用有三个:(1)把发牢骚转化为有效的批评;(2)营造和谐与合作的氛围;(3)建立良好的人际关系。

第 5 章

影 响 力

基于情商缔造影响力,可以更游刃有余地影响身边人,成就自我。

影响力的本质

一个能够影响上级、下级、同级以及周围人的人，拥有很强的影响力。有高情商和操之在我能力的人，通过缔造影响力，向下扎根，向上生长，横向影响，从而也就有了领导力和权力。

一个具有较高情商的人，他的影响力往往可以得到充分的发挥和施展，从而取得更大的成功。在今天这个凡事都离不开分工合作的时代里，情商直接决定了一个人的影响力，情商高的人能够游刃有余地影响自己的下级、同事、上级、周围的人，成就自我。

智商高，情商也高的人，春风得意。

智商不高，情商高的人，贵人相助。

智商高，情商不高的人，怀才不遇。

智商不高，情商也不高的人，一事无成。

高情商的人知己知彼，具有了解别人的能力，包括别人行事的动机与方法，以及如何与别人合作。能够认知他人的情绪、性情、动机、欲望，并能做出适度的反应，具有对自己有准确的认知并能据此认知来解决人生问题的能力。而影响力的本质在于自如调动对方的情绪，使得千万人跟随他的情绪共舞。可见，高情商是影响力的前提。

每个人都渴望成功，并且我们的老祖宗在几千年前就知道成功的真谛——得人心者，得天下。尽管受过初中教育的人都能熟练背诵"天时不如地利，地利不如人和"，可是如何得人和？情商使你得"人和"。在此让我们先对"人和"有一个具体化的认识。"人和"就是你管理好了你的上级、同级、下级、周围的人。换句话说，就是你能利用他们来有效地做成事，达到目标。一定要注意的是，管理的含义是指"自己处于主动地位，一切操之在我"。只有这个意义上的"人和"才是真正的"人和",才对自己举事有助。其他意义上的,都只是作秀,没有什么用处。

情商理论的提出解决了长期困惑人们的一个问题:为什么许多在学校时成绩优秀的学生走到社会上并不一定能取得理想的成就?而有些智商并不高的人,却能够卓越非凡?其原因就在于情商高的人,有许多非智力的优秀因素和能力,有效地建立和使用良好的人际关系是他们的诸多能力之一。

善于沟通的人,左右逢源、上下通达、处处遇贵人、时时有资源。沟通是一个人在工作生活中最重要的技能之一,工作需要与同事沟通,推销需要与客户沟通,婚姻需要与伴侣沟通,任何一种信息的传递都是沟通,而人与人之间总是无时无刻不在传递着彼此的信息。因为人是社会的人,人处于一个错综复杂的人际网络之中,需要交流、需要理解、需要帮助,这一切都需要沟通。有效的沟通可以帮助我们建立良好的人际关系,可以帮助我们成功。有效的沟通必须基于高情商。

成功的领导者或表演者便是能够使千万人随着他的情绪共舞,高明的演说家擅长带动观众的情绪。

情商高低的一个显著表现就是对别人的影响力。情商高的人可以很轻易地影响别人的观点和情绪。

影响上级

人人有上级

我们每个人都有上级,作为一个学生,老师就是你的上级;作为一名员工，部门经理就是你的上级；即使是总裁，也要受到董事会的制约，董事会也可算做他的上级。但每个人都希望管好自己的下属，而不知道如何去管理自己的上级。也许有人认为"管理"一词对上级不合适。但如果把同一个人有关的所有人、财、物都看做此人的"资源"，而一个人的成功与否与他管理其资源的能力和水平有关，那么他的上级也就可被看做资源的一部分或一种，这样说管理就顺理成章了。

一般说来，你的上级所能支配的资源比你多，对内外事务的处理经验也比你丰富。因此，管理上级需要更高的技巧，必须用你的情商去影响上级。对上级的进步和积极的改变要及时加以赞美和奖励，在上级做出错误决定时要用移情换位的方法加以说服，以获得上级对你的信任和支持。

彼得·德鲁克说过："你不必去喜欢和尊敬你的上司，你也不必恨他，然而你确实必须去管理他，这样他才会成为你达到目标、成就个人成功的资源。"

一个人有一只猫。在小猫九个月的时候，有一天晚上，他因重感冒独自一个人在床上看书，小猫走进来，而且屈下身似乎要朝什么东西扑去。突然，它凌空跳起，用爪子把电灯开关按掉，房间暗了下来。大概三个星期后，小猫又把灯熄灭了。他想可以训练小猫熄灯，他把猫食放在开关上，小猫会跳上去拿食物，同时也会碰到开关。它很快就学会把电灯开关和食物联系在一起。当他要它表演时，他就拿出食物，指着电灯开关，小猫就会来个大跳。

在小猫想吃点心的时候，它会关掉电灯。他会搁下手边的工作，拿出食物来喂它，因为他希望它继续表演。有很多次，当他在读书、写作或是在翻箱倒柜的时候，它就会溜到房间里把灯关掉，让他在黑暗中摸索，但是他总会压抑咆哮的举动，反而拿出食物来奖励它。

是谁在管理谁呢？

小猫尚且会管理上级，何况人乎！

了解你的上司

要影响上司，关键是要了解上司。只有对上司的各个方面有全面的了解，你才能有效地影响你的上司。因此，古代的君王都要与大臣们保持一种距离，塑造神秘感，使臣下们摸不透自己的情绪。这样就可以不轻易地被自己的臣下所影响。所以要在以下方面了解上级：

（1）花时间去了解上司的目标、压力和优缺点。上司在公司里的工作目标是什么？个人目标是什么？他有些什么压力，尤其是来自他的上司和同级经理的压力？他的长处、短处在哪里？他的工作方式是什么？他希望别人的工作方式是什么？

（2）上司的长处和弱点。哪些事情他处理起来得心应手、游刃有余？哪些方面他又希望得到下属的支持和协助？关键是要做到扬其所长，抑其所短，这一点与管理下属是相同的道理。举例来说，你的上司精通市场业务，而对财会工作却不甚了解，那么影响上司就意味着事先做好细致的财会分析，以帮助他做出正确的决策。

（3）了解上司的领导风格。上司是希望扼要地汇报还是属于事无巨细都应该向他汇报？汇报工作时，他是希望下属提交一份数据和图表极为详尽的书面报告，还是做口头陈述，甚至有时还应考虑在什么时间向上司汇报更合适？

上司可以分为"听者"和"读者"两大类。

如果你向喜欢听取口头汇报的上司提交一份长篇报告的话，那只能是浪费时间，因为他只有在听取口头汇报时才能抓住要点。

对喜欢当读者的上司，你谈得再多也只是浪费时间。他只有在读过材料之后，才能听取你所提出的问题。如果领导需要详细，那你无论如何要准备详细。如果领导需要的是建议或者是解决问题的方法，那你做简单的报告就可以了。就像美国总统布什比较中意赖斯，因为赖斯知道布什不喜欢长篇大论，所有的报告只要一页，赖斯就会把资源整合一下再向布什叙述。

（4）了解上司的性格特点和脾气秉性。上司固然是领导，但他首先是一个人。作为一个人，他有他的性格、爱好，也有他的语言习惯等。如有些领导性格爽快、干脆，有些领导则沉默寡言，事事多加思考。你必须了解清楚，然后适当地利用领导的性格特点。

宰相赵普向宋太祖赵匡胤奏荐某人任要职，屡遭太祖拒绝，但赵普硬是凭软缠硬磨之功，最终说服了太祖。

赵普之所以能够最终成功影响太祖，达到自己的目的，是因为他对太祖的个性有充分的了解。赵普总是使用磨的功夫，因为他知道这是太祖能够接受的方式。试想，如果赵普不了解太祖的性格特点和脾气秉性，他哪敢冒这种砍头的危险呢。

（5）要让领导真正地了解你。只有这样，他才能掌握哪些目标和任务是你力所能及的？哪些是你的强项，哪些又是你所不擅长的？因为毕竟你的上司也要为自己下属的工作负责。只有充分地了解你，他才能放心地授权给你，在某些关键的时候，他才能有把握地说："我知道某人能做好这项工作。"

维护上级声誉

冯韬刚到单位时就有几个校友告诉他某领导是如何的老奸巨猾，是如何的自私自利，让冯韬小心提防。那个领导刚好和冯韬在同一个办公室，并且是分厂的技术骨干。结果发生了什么呢？那个人帮助冯韬在工作的第一个半年就领到了5000元奖金。校友们都觉得吃惊，冯韬也不知道为什么。在听到情商与影响力课程以后，冯韬终于知道为什么了，就是因为冯韬对他表示出了友善和关心。因为当时冯韬想：反正我与所有的人都没有利益冲突，应对大伙儿都友好。冯韬对那个人表示了特别的关心，从不在别人面前说他不是，当别人说他不是时，冯韬反而找机会替他辩解。如此两个月后，领导让冯韬和他一起开发一个新产品。就这样冯韬不仅学到了新东西，得到全厂表扬，而且还领到了额外的奖金。

作为下级，对于上级所交代的工作应该尽职尽责，遇到问题要勇于承担责任，遇到重大问题要请示汇报，并提出可行性建议，以供上级参考。不能背后议论上级的缺点和过失，背后传播有关上级的小道消息，破坏领导的形象。在和上级领导的意见发生冲突时，可以坚持己见，但是要尽量用平和、谦逊、商量和探讨的口吻阐述自己的观点和意见，不能语言行为过激，以免因小失大，后果不堪设想。

莫传隐私，保守秘密。不要介入上司的私人空间。如果一旦知道上司的秘密，要保守，不能四处散播。

让镜头对准你的上司

> 甲、乙两人都是某领导的秘书，才能不相上下，都写得一手好文章。但是两个人的做法不同。秘书甲很善于领会领导的意思，写出的稿子往往是一锤定音，领导挑不出什么毛病来。而秘书乙则显得似乎有些笨拙低效，每次初稿总是有些不尽如人意的地方，但经领导一点拨，立刻就能改得漂漂亮亮，做到二稿通过。
>
> 几年后，人们发现，这个秘书甲仍在那个秘书的位置上，而秘书乙早已另有重用，高升一步了。于是，便有人问秘书乙其中的奥妙。早已不再是秘书的乙微笑作答："如果你的水平能与领导一样高，甚至比领导还高明，那要领导干什么？"

秘书乙正是通过以退为进之法，主动贬抑自己来突出领导的高明，把写好文章之功推给领导，从而使领导获得了某种心理上的满足感和成功感，而这使秘书乙获得了自己的成功和晋升。

2002年2月26日，"邪恶轴心说"的创作者——加拿大著名专栏作家戴维·弗洛姆被白宫开除。原因是当布什总统向全世界提出"邪恶轴心说"的时候，弗洛姆的妻子当天就向朋友发电子邮件，告诉别人说是她的先生创造了总统演说中的这一词汇。白宫不允许任何作者把总统演讲中的某些段落归功于自己。

在工作中，人人都应有推功揽过的精神，在出现问题时，首先要维护上司的形象和领导权威，勇于承担责任；在有成绩时，要首先肯定领导有方，同志工作努力，不能反其道而行之。一定要注意给领导留有面子。这不仅让领导感觉你是善意的，是尊重他的，依旧服从于他的权威，同时也为自己留下充分的余地，让领导仍保有最终决断的权威。

向上表达思想，避免矛盾

要注意传递你的思想给上级，要使你的上级领会、同意并支持你的行为和思想。要使你的建议在领导那里有影响力。所有你认为正确的和对你部门有利的想法都应该以你认为合适的方式让上级知道。记住，所有这些想法可能最后变成你上级的决定并且多数以他的名义发出，这是最好的，你的目的已经达到，千万不要到处宣扬这是你的主意，更不要因此而愤愤不平。

如果你和上级产生了矛盾，一定要想办法尽快弥补。如果是误会，要尽快解释清楚。如果是分歧，应尽可能达成一致。事实证明，如果硬顶，最终倒霉的多半是你而不是你的上级。

为了保持你和上级的关系，你必须经常向上级汇报你的工作。最重要的有四点：

（1）汇报什么。要掌握什么事情需要汇报，什么事情不需要汇报，即什么事情需要你来决定，什么事情你不能决定。选择那些你认为有必要让上级知道的和对你的工作最有帮助的事汇报。

（2）如何汇报。汇报的形式也非常重要，你必须仔细斟酌采用哪种报告的形式，口头还是书面，电话还是面谈。

（3）何时汇报。你还要注意汇报的时间，如果你的上级晚上心情好，就不要早上向他提出要求。

（4）观察上级对你的报告的回复，从回复中了解更多的内容。

善于批评上级

你和上级之间的交流是相互的，不要对你的上级什么事都唯命是从，因为你对上级的态度直接决定着他对你的看法。换句话说，如果你把上级看成无所不能的父亲，他就会把你当做孩子来看待。因此，在必要的时候，该反对的就要反对，该批评的就要批评。有时，不同意见的讨论是相互了解的很好方式。

但批评上级要讲究方式方法：

第一，你要站在他的角度去说服他，要让他感觉到你在为他着想，也就是移情换位。

第二，批评上级要注意场合，不要在公共场所或第三者在场时批评你的上级，这样会损伤他的面子。你让上级下不了台，你的命运也就可想而知了。批评或规劝领导需要一定的技巧。直来直去、不分场合的批评，效果会适得其反。有时一个故事或比喻更能说明问题。如果你过分严厉地直面批评你的领导，即使当时好说好散，也少有不耿耿于怀者。

第三，理解上级的压力。你的上级每天都面临着不同工作目标的压力，处理繁杂的人际关系。这些都极易引起他机体和情绪的高度紧张，从而处于焦虑不安的心理状态。并且他有时会不注意控制和调节自己的情绪，任由焦虑、抑郁、悲痛的不良情绪在工作中表现出来，对你会莫名其妙地痛斥一番。这时你千万不要顶撞，一定要暂时忍受，并能理解他此时的心情。但暂时忍受不等于将就，等他心情好时，你一定要对他进行批评指正。

奖励你的上级

当上级有任何积极改变的迹象时，要及时地进行嘉奖。以正的强化促使他把这种行为延续下去，并在以后的工作中不断强化，进而逐步把领导"塑造"成你所期望的"目标"上级。

当然，由于你对资源掌握得有限，决定了你给予上司的"奖品"是有一定范围的。你无法给你的上级晋升、红利或将企业的一部分给他。但是，你确实可以给你的上级很多别的东西。

根据美国心理学家马斯洛的层次需求理论，人的基本需求由低到高分为生存需求、安全需求、社交需求、自尊需求、自我实现需求五个层次，对同一个人来说，这五种需求往往同时存在，但各自的强度不同。随着物质文明和精神文明的发展和提高，你的上级在满足物质需要的同时，需求层次越来越偏重于自尊和自我发展的需要。因此，在对你的上级奖励时，必须根据他的主要需求而给予适当的"奖品"。

比如，当你的上级领导团队在完成某一项目取得成功，或他个人在领导行为的某一方面取得积极改进时，即使这个成功或改变微不足道，你也应该对他及时进行夸奖，满足他自尊和自我实现的需求，这就是你给上级的最好奖励。这种奖励会使你的上级朝着你所期望的目标前进，达到你管理上级的目的。

移情换位

如果历史能够倒退，能让历史上的那些刚正不阿的死谏之臣来学习移情和换位，他们也许就不会有身首异地的悲剧，我们的历史进程也会加快了。战国时期"触龙说赵太后"的故事就是一例绝好的移情换位的典范之作。

当时赵国危在旦夕,求救于齐国。但齐国出兵的条件是赵太后把赵长安君送去做人质。当时的赵国上下都知道应该把长安君送往齐国做人质。可就是没想到,赵太后又怎么能把自己深爱的儿子送去当人质呢?因此,大臣们的进谏除了遭到唾骂外,什么也没有得到,赵国依然濒临亡国。这时候,改变历史的触龙出场了,而他之所以能改变历史就是因为他能进行移情换位思考。

下面我们就共同欣赏触龙是如何利用移情换位思考拯救了赵国,进而改变历史的。

触龙小跑着觐见太后,说:"老臣的腿不灵便,很久没有来拜望太后了,又担心太后的身体有什么不舒服,所以还是希望能见到太后。"

太后说:"老婆子我只能靠人推车来往了。"

触龙又问:"饭量减少了吗?"

"只是喝粥而已。"

(一下让太后感受到了被人关心。要知道,当时谁见了太后都是劝她把长安君送去做人质。现在听到有人这样问候她,不可能不动情的。这大概也是触龙经过移情换位思考后,明白了太后当时的处境,因此才如此开场。)

于是太后不悦之色稍退去了些。接着触龙又以自己行将入土为理由,为其小儿子请职。(这下让太后觉得,原来你也爱自己的小儿子。他们因而有了共同的心理基础,为下面的顺利展开谈话奠定了基础。)

太后笑着说:"大丈夫也知道疼爱自己的儿子。"

"那当然。比妇人还疼爱呢!"

"还是妇人疼爱。"

(这看是在争执,实质是双方已完全敞开了心扉的信号。)

接着触龙说:"我觉得您爱您的女儿燕后胜过爱您的儿子长安君。"太后说:"你错了,我爱燕后远不如爱长安君。"

(在不知不觉中让太后进入了谈话的主题。既然你是如此爱长安君,那下面的话你就不可能不听了,是该滔滔不绝的时候了。)

触龙说:"父母疼爱自己的女儿,就应为他们做长远考虑。您当初送燕后出嫁时,抓住她的脚后跟直掉眼泪,想到她嫁那么远的燕国,心情十分悲伤。燕后离去后,您不是不想她,但祭祀时祷告说:'千万别让人送回来!'这难道不是为她做长远考虑,希望她的子孙能在燕国相继为王吗?"

(既给你讲大道理,同时又不忘对你表示赞赏:其实你本来就能为子女做长远考虑,你真了不起。谁能拒绝这种"润物细无声"的赞扬呢?同时,发问的方式使双方互动,而避免了说教的形式。)

太后说:"是的。"

触龙又道:"从现在上推到三代以前,赵王的子孙被封侯的,还有没有继承人在位的?"

太后回答说:"没有了。"

触龙说:"这就是说,近的,灾祸殃及自身;远的就殃及子孙了。难道是说君王那些封侯的儿子都不成材?只是因为他们地位尊贵而没有军功,俸禄丰厚而又没有劳苦,还享有国家的

> 许多宝器。如今,您提高长安君的地位,封给他良田美地,又赐给他很多宝器,却不让他趁现在为国家立功,一旦您不在世上了,长安君靠什么在赵国立足呢?"
>
> (字字都是肺腑之言,忠心日月可鉴。试想,如果触龙没有进行移情换位思考,他的忠心能表日月吗?也许他也只能被太后吐一脸口水,或者被杀头,成为死谏之臣。)
>
> 太后醒悟道:"随你去安排吧。"于是,长安君到齐国作为人质,齐国出兵,秦军撤退了。

这真是令人叹为观服的"移情换位"的经典之作。

现实和历史都展示了"移情换位"的神奇魅力。光有尊重和认可别人,关心别人,并不一定能让别人懂得你在尊重他认可他和关心他。只有进行了移情换位思考后的尊重、认可和关心,才一定让人领情,进而你才有可能影响别人,达到自我的目的。

不要让上级感到你是一个威胁

如果让上司觉得,你总是在给予他,他离不开你,那么你可以猜想,自己和上级的关系是不可能密切的,因为上级没有了自己的尊严,上级没有了安全感,长此以往必遭"杀身之祸"。因此,这种情况并不是真正意义的管理好了上级,得到了上级方向的"人和"。此时,唯有高情商才能使自己改变这种局面,就是有控制地犯一些低级错误,同时让上级感觉到,你能优秀是因为他的存在。

之所以说这需要高情商,是因为:被别人说不行,本来就不舒服,更何况是自己表现得不行,让别人说不行。这不是聪明就能这样做的，必须是具有高情商的人才做得到。最明显的例子就是朱可夫、华西里耶夫斯基和斯大林三人间的故事。

在整个第二次世界大战期间，斯大林在军事上最倚重的人有两个，一个是军事天才朱可夫，一个则是苏军大本营的总参谋长华西里耶夫斯基。

斯大林在晚年逐渐变得专横，"唯我独尊"的个性使他不允许有人比他高明，更难以接受下属的不同意见。在第二次世界大战期间，斯大林这种过分的"自我尊严"曾使红军大吃苦头，遭到了巨大损失和重创。总是提出正确建议的朱可夫曾被斯大林一怒之下赶出了大本营。

但有一人例外，他就是华西里耶夫斯基，他往往能使斯大林不知不觉中采纳他正确的作战计划，从而发挥着杰出的作用。

华西里耶夫斯基的进言妙招之一，便是潜移默化地在休息中施加影响。

在斯大林的办公室里，华西里耶夫斯基喜欢同斯大林谈天说地地"闲聊"，并且往往还会"不经意"地"随便"说说军事问题，既非郑重其事地大谈特谈，也不是讲得头头是道。由于受了启发，等华西里耶夫斯基走后，斯大林往往会想到一个好计划。过不多久，斯大林就会在军事会议上宣布这一计划。

华西里耶夫斯基在和斯大林交谈时有时会有意识地犯一些错误，给斯大林充分的机会去纠正错误，表现其英明，然后把自己最有价值的想法含混地讲给斯大林，由斯大林形成完整的战略计划公开"发表"。斯大林的许多重要决策就是这样产生的。

华西里耶夫斯基的成功，就是靠那种与领导之间的随意交流，逐步启发、诱导着斯大林，使自己的种种想法得以实现，以至于连斯大林本人也认为这些好主意是他自己想出来的。同时，也使自己成为斯大林不可或缺的"宠幸"之人，发挥着巨大的甚至是无可替代的影响力。其手段不可谓不高。实质上，华西里耶夫斯基成功管理好了他的上级斯大林，因为他想干的事情，通过斯大林做成了，同时又保全了自己，继续做自己想做的事。

成功管理好上级的标准就是看是否和上级形成了"鱼水"情。鱼因水而存活，水因鱼而显得灵气。当自己是"水"时，不要认为"鱼"离不开你，由此而居功自傲。当你是"鱼"时，不要觉得"水"需要自己才能显出灵气。达到这个境界，就可以组织上级有效完成自己想做的事了。如此，才是真正意义上的得到上级方向的"人和"。

同时应该注意以下几点。首先，要深浅相宜。说话做事要注意分寸，既要帮助上司解决困扰，也要注意不要使上司对你产生危机感，不要了解上司的秘密，也不要混淆上下级之间的界限。记住上司始终是你的上级，即使他表现得你们是朋友，也要在适当的时候遵守适当的规则。

适当时候要适当糊涂。郑板桥说过难得糊涂，隐藏自己的才能，不要过于锋芒毕露，不能让上司感到被威胁，尤其是面对多疑、善妒的上司的时候。

杨修就是死于锋芒太露。公元219年，曹操与刘备争夺汉中，屡遭失利，曹军不知道是进还是退。曹操便以鸡肋二字为夜间口令，将士们不解其意，唯有杨修（他曾多次准确解释曹操的心意。例如，有一次别人给曹操一盒奶酪，曹操吃了一口，便写了一个"合"字，然后递给一位文臣，文臣不解其意，传到别人手里，别人也不知道，当杯子传到杨修手里，他便吃了一口，然后说，丞相是叫我们一人一口啊！）明白他的心情，说：鸡肋鸡肋，食之无味，弃之可惜！于是私自叫大家收拾行李，准备归程。果然不久，曹操下令撤兵，但却以泄密罪名将杨修斩首。杨修的悲剧就在于他不懂得隐藏锋芒，同时泄露了上司尴尬的心事，虽然他智商很高，但是情商无疑太低了，终于激怒上司，死于非命。

绝不要低估上级的能力

要影响上司，最基本的一点就是不能够轻视上司。要学会从心底尊重他，这样也就能赢得他对你的尊重。只有相互尊重，相互信任，下属才有影响上司的资本。

作为下属，永远也不要觉得自己比上司高明。如果你轻视上司，以为他才疏学浅，你的上司也会觉得你没有教养，或是因此而厌恶你。因为感觉是相互的。如果你觉得你的上司是个笨蛋，没能力、没水平，你糊弄他、控制他、指责他，甚至在背后诋毁他，那你注定会失败，因为任何人都不会容忍部下对自己不敬，上司能成为上司肯定有其理由。不要忘记你的上司所能够支配的公司内部和外部的资源比你多，一般来说，他对本公司内事务的处理经验也会比你多。

永远不要低估上司的能力（或实力）。或许你的上司看上去有些文墨不通，有些愚蠢，甚至有时不那么诚实，但是必须牢记：无论在什么情况下，高估上司都没错。只要把握分寸，注意不要让他感觉自己是在被吹捧。如果你对自己的上司不以为然，结果必然是既被他看穿了你的"小把戏"，又使他对你产生憎恶感，甚至他会认为你很浅薄、无知，进而将工作中的一些问题归咎于你。

作为下属，要尊重自己的上司，并协助上司取得成功。一般情况下，下属不太可能从职位或声望上超过其上司，假如上司没有得到提升，那么下属往往也只能被埋没在他的下面。相反，如果上司工作很成功，并迅速得到提升，其下属也就比较容易取得成功。

正确认识自己

要清醒地认清自己的地位，什么事情是自己的权力和责任，什么事情不应过问。同时，作为一个好下属，应该在领导需要帮助的时候及时伸出援助之手，力争为上级排忧解难。在领导面前，不卑不亢，行为举止适度得体。作为明智的下级，面对升职等问题，不应奢望过度，要认识到自己的水平和能力，兢兢业业，争取早日得到赏识。

高情商的人影响上级。他们设法了解上司的目标，他承受的压力，他的长处和特点以及他的风格，同时清楚自己的需要、目标、长处、弱点和自己的风格。他们善于和上司建立一种双向期待的、符合双方需要、与双方风格吻合的关系，并且想方设法保持这种关系。

经常主动与上司沟通

作为一名下属，必须经常与自己的上司有效地沟通，诸如，"我和我部门的工作在哪些方面对您是大有帮助的，又在哪些方面做的与整个组织的工作并不协调，甚至使您的工作难以顺利开展？而我对您或整个组织的工作的看法是什么等。"

下属对待上级的态度不外乎积极主动和消极被动两种。有人认为，是金子总会发光，但这在很大程度上取决于你的上级是否知人善任。如果你的运气好，遇到了这样的领导，只要你能够把工作做好，那么即使你的态度消极一些也没有关系，他会主动来找你沟通。不过即使这样，他也不可能面面俱到，及时觉察到你的问题。所以，大多数领导会更喜欢下属主动与他沟通。

在一些单位有这样一种现象，在能力相差不多的人中，主动与领导保持亲密接触的人，往往升得快，同时也往往被大家鄙视。现在想想这样做也没什么不对，因为一个人要想有番成就必须与上级保持好关系。你不主动想方设法与上级保持好关系，上级绝不会理所当然赏识你、信任你、支持你。而没有上级的支持一个人根本不可能管理好与各方的关系，不千方百计施展自己的才华，也无法获得继续上升的机会。总之，要想实现个人的目标，就一定要学会运用情商来正确处理与上级的关系。

注意沟通技巧

与上司进行沟通的时候，要善于把握时机。下属应及时向上司汇报情况，不要让上司感到意外。沟通时要先将内容事先整理一遍，尽量在最短的时间内说出最关键的问题。

不要只给上司坏消息，也要给他好消息，不要总等到发生问题了才和领导沟通。确保他不至于经常从别人那里获得信息。因为对于一名领导者而言，对组织中的发展变化如果缺乏了解是很丢脸的事。有时因为下属羞于启齿或认为不相关，而没有向上司汇报重要信息，但其他人可能在你之前就这么做了，上司会说"你为什么不告诉我……"这时你不仅需要为自己辩解，还需要纠正错误信息。

下属在与上司沟通时，还应该掌握交谈的一些基本技巧。下属对上司说话，要避免采用过分胆小、拘谨、谦恭、服从，甚至唯唯诺诺的态度。要改变诚惶诚恐的心理状态，使自己活泼、大胆和自信。跟上司说话，要尊重，要慎重，但不能一味附和。"抬轿子""吹喇叭"等，只能有损自己的人格，得不到重视与尊敬，倒很可能引起上级的反感和轻视。在保持独立人格的前提下，你应采取不卑不亢的态度，善于、敢于说"不"。

在与上司意见有分歧时千万不要争执，更不要动怒或很不情愿地服从，而要以积极的态度，依靠有说服力的事实或数据诚恳地进行解释。当然，在必要的场合，你也不必害怕表示自己的不同观点，只要你从工作出发，摆事实，讲道理，领导一般是予以考虑的。

在沟通过程中要注意方式。要注意紧扣所汇报内容的主题，使领导很快领会你的意图。同时，汇报时要表现得信心十足，给领导留下干练的印象。汇报时要选择好的时机，不能找领导心情不好的时候进行，稍有不慎，就可能使计划失败。

不善沟通，处于被动

一个女大学生工作不久后新调到一个部门。这位女同学比较内向、胆小和敏感，平时很少与人聊天说话，并且很在乎大家对她的言行举止的反应。久而久之，大家都了解了她的性格特点，有时就开导她，找机会和她多说说话，但是她也很少说话。慢慢地大家也就见怪不怪了。办公室工作不太繁忙，所以没事时大家都愿意上网看新闻、聊聊天，做些跟工作无关的事情。由于这位女士非常内向、敏感、在乎其他人的一举一动，所以她上网时经常频频地突然回头看别人是否在注意她，如果有人经过或靠近计算机时,她就会手忙脚乱地把屏幕最小化。有一回,总工到她们办公室,看到她在用计算机,就随便上前看看。结果,这位女士发现后拼命地关闭界面,引起了领导的注意,造成了很不好的影响。事后,这位女士老认为领导对她有意见,也没有进行及时、积极的沟通,以至于影响到了日常工作。

从这个小事例中可以看到,这位女士平时和周围同事缺乏经常的沟通了解,出现问题后,又不能和领导进行积极有效的沟通,从而使问题积累放大,以至于影响了事业的发展。

"沟通"不仅对于个人处理人际关系是如此重要,对于一个组织更是具有重大作用,甚至关系其生死存亡。企业组织的畅捷沟通关键在于其领导者、管理者的沟通艺术。现在关于管理沟通研究的发展已经深入到了以"情商"为本的沟通,高深的沟通艺术要求管理者具有较高的情商。

企业管理者为何应该具备较高的情商?这是因为企业运营中的一切,实质上都是人与人的相互关系在推动,现在有一种观点认为,人际关系是生产力,在企业经营中也是如此。企业中顺捷流畅的人际关系能够大大加强企业的凝聚力,提高管理效率,否则,即使拥有优秀的人才也不能保证企业的顺利发展。情商有助于缔造管理者的个人影响力,让管理者更加有效地推动企业发展。

人可以执掌万物,但是难以控制自己的情绪,人只有战胜自己的情感,先管理好自己,才有可能做别人的领导者,才能成为优秀的管理者。

整合资源影响上级

  一位产品管理经理在工作中遇上了一个厂长对他工作的强硬抵制。按公司的正常程序要求，所有新产品的计划必须要有相关人员，包括厂长的"签名"同意方可上马。这位产品管理经理对一项新产品计划发生了极大兴趣，并得到了除厂长以外其他所有人的签名支持。他坚信这个计划的实施将使大家受益无穷。但在他与厂长讨论过几次后，他发现根本无法说服对方使其认识到这些好处，至少在规定的时间内他无法做到。

  主要问题是该厂长曾在一家也生产过类似产品的工厂干过，当时就遇上了很大困难，结果现在一提到这个建议他就本能地反对。

  怎么办？

  为了打消该厂长在感情上对这个计划的抵触，产品管理经理想出了一套办法，然后照法行事：

  （1）他找了一个该厂长极尊重的人给他送去两份市场研究报告。这两份报告都是讲这个计划的好处，同时还附上一张条子，写着这样的话："你看了报告吗？我觉得它们令人吃惊，我不知道该不该相信它们，不过……"

  （2）产品管理经理又从公司的最大客户中挑了一个作为代表，让他给厂长打电话，装着很随意的样子向厂长说他听到一个关于有新产品计划的谣传，表示"像平时一样我想见见准备搞新产品的伙计们"。

  （3）接着在一次会前，他安排两名工程师故意站在离厂长很近的地方大谈新产品的试验结果很好。

（4）紧接着他就召开会议讨论新产品，会议只邀请了他认为厂长喜欢或尊重的人和赞成新产品计划的人参加。

那次会后过了一天，他去请厂长在新产品计划书上签名，他居然签了。

影响下级

尊重下属产生影响力

一个人要成为领导者，要成为一个成功的领导者，首先就应让下属亲附于你，即与你有共同的情感基础。而要做到让下属亲附，就应在移情换位的基础上尊重、认可和关心人。也只有在移情换位的基础上，你给予别人的尊重、认可和关心才满足"元素短缺"理论，你的行为才是最有效率的。

真正的领导者不仅懂得移情换位的艺术，而且能够做到超脱于凡夫俗子，做到一切操之在我，有意识地影响别人，而又有意识地不受别人影响，不批评、指责别人，而又能坦然面对别人的批评和指责。

情商能创造影响力，情商能帮助你更好地发挥领导力。不妨先考虑一下情商和影响力的关系。情商可以创造影响力，而具有影响力将使你成为一个好的领导、同事、下属，而这些将极大地促进你的成功。

在中国历史上，凡是成就大事业的人都是通过情商来扩大自己影响力的，三国时期的刘备就是一个情商很高的人。他善于笼络人心，三顾茅庐访孔明，马前摔阿斗，使得人们盛赞其贤德，创造了自己的影响力，终于从一个卖草鞋的落魄王孙成为刘皇叔，成为三国的一代霸主。与之相反，枭雄吕布则是只有匹夫之勇，因为没有情商，刚愎自用，不能影响别人追随他，终于落得自杀的下场。

士为尊己者死

人往往因为自己优于别人而骄傲自大，看不起卑微者。而成功的人则善于对待下级对待卑微者。

16世纪20年代的一天，神圣罗马皇帝领着一批随从走过提香画室时，忽然提香的一支笔脱手落地。皇帝弯腰拾起画笔递到了提香手里。笑着说，世界上最伟大的皇帝给最伟大的画家拾起一支笔。

这个故事一直传颂至今。也在当时给皇帝创造了良好的形象。这个皇帝无疑善于利用情商制造影响力。首先他使下级感到被尊重，同时赞美了他是最伟大的画家，创造了自己平易近人、善待臣民的形象，树立了威望。

唐太宗李世民可算是一个善于对待下级的人。第一，他自己勤勤勉勉，以身作则，使臣子以其为表率；第二；赏罚分明，让下级感到受到了公平对待；第三，尊重下级，虚心听取意见，让下级感到受到了重视。因为善于利用情商缔造影响力，终于使下属忠贞不二，鞠躬尽瘁，创造了大唐盛世。

水能载舟，亦能覆舟

影响上级需要情商，领导下级同样需要情商。没有知己知彼，操之在我的能力，你就不能发现部属的长处和短处，在工作中教导他们，并且充分发挥部属的工作能力。

> 上海某旅游区一家大酒店以 15 万元年薪招聘一位部门经理，要求年龄 40 岁以下，学历大学本科以上，有两年以上的酒店餐饮业工作经验。35 岁的张女士不但符合以上条件，而且外语流利，有一大堆专业的考核证书，于是在众多的应聘者中脱颖而出。在她走马上任后，出手果然不凡，雷厉风行地推出了一系列改革措施。3 个月不到，原先一直不太景气的酒店就焕发了生机，而此时张女士在诸多的压力之下，却不得不提交了一份辞呈。
>
> 原来，在推行新方案的过程中，素来直来直去、我行我素的张女士与酒店的其他人显得格格不入，她与老板的想法不能统一，与员工的关系不能协调，几次折腾下来，自己也变得心灰意冷。很多人对张女士的离去都感到惋惜。一位知情者说："我对张总的性格和做事的方式不敢恭维，但论实力和能力，她是我见过的最好的经理。如果她随和一点，善于了解他人，善于倾听和沟通，自己也不至于做得那么不开心。"

与此形成鲜明对比的是在《财富》杂志评选的"美国商界最具影响力的 50 位女强人"中，eBay 总裁兼首席执行官梅格·惠特曼在谈到自己的领导经验时说："许多高级经理人来到一家新公司，总是急于找出它的毛病并将其改正。这种方法并不一定奏效，因为人们总是对他们创建的东西感到骄傲，这样做会挫伤公司原班人马的自尊。我的做法是找到公司的长处并进一步发挥，在此过程中修正它的错误。"

信任下属

领导者要能够了解下属在想什么，了解他们的心态，这就是所谓的移情换位思考。用人不疑，疑人不用，有利于有效地调动部属。三国时，刘备有一次被曹操追至当阳长阪，忙乱之间，有人来报说赵云已投奔曹操，刘备当即说："赵云乃忠义之士，知交故友，此患难之际，必会忠贞不二。"果然不久，赵云救回后主而归，流言被攻破。刘备知人善用，这里体现的就是一种信任部属、团结部属的精神。部下为什么要为你鞠躬尽瘁？正是因为你衷心欣赏他的才华，肯定他的努力奉献。"士为知己者死"就是这个道理。因此信任是网罗人心、推进上下关系的一大法宝。

> 一个大公司的总裁，从客户管理部门起家，当他做到了公司总裁的时候，他对自己原来的业务领域仍然十分重视，他在安排工作的时候，把自己原来部门的业务安排得很细腻，以至于新的部门经理只有执行和请示，他甚至不能修正总裁的思想。这个新任的部门经理是一个很有才华和抱负的人，总裁的这种工作方式使他感到实在是英雄无用武之地，他设法跳槽了。

构造生态环境

对下级或地位比自己低的人，要表示出一致的关心，并且此时的关心更具有效应。任何人都渴望得到关心和尊重，特别是在一个人地位低下、很少有人去关注他们时，自己一个非常简单的关心和没有成本的微笑，对他们而言就是雪中送炭，他们会感激不已的。

在冯涛刚工作时,他对车间里的所有工人都笑脸相迎,都热情称呼他们。千万别小看了这一点,当他做试制品时,无论找到谁,他们都会丢下手中的工作兢兢业业替他做的。而别的技术员找他们时,他们总会磨蹭半天,并且经常达不到技术要求。因此,领导夸他能干,因为刚从学校出来就能顺利开发新产品,并且还不出错。其实并非不出错,而是他犯的错误,工人师傅们都替他纠正了。由此也可见向下扎根的重要意义。

高情商使自己发自内心地去关心别人,特别是让自己能适时地关心别人的内在需求,维护别人的自尊,使自己得"人和",使自己向下扎根,同时又向上结果,从而铺就了成功的阶梯。

有一天,狮子抓住一只小老鼠,老鼠央求狮子放掉它,因为可能有一天它也会帮助狮子,但狮子嘲笑它。终于有一天,狮子不慎被一张网套住,小老鼠咬破了困住狮子的网,狮子终于获得了自由。

这个故事给我们的启示是:不要轻视那些看似不重要的人,应该向每个人学习优点,发现和利用每个人的长处。其实你在辅导一个人的不足的时候,也是一个学习的过程,也是在帮助别人。信任往往也是建立在帮助别人的基础上。你的每一个行为,都会影响下属,都会成为下属模仿的对象。

驾驭情绪，培养亲和力

在处理与下属的关系时，领导者一定要控制好自己的情绪。慎用发怒，如果经常对下属发怒，就会失去领导的威力。可以对自己比较亲近的下属发怒，因为这可以使其更好地理解自己，而不至于破坏与下属的感情。不要把事情做绝，留有可以挽回的余地，并注意事后一定要有所补救。

用一种亲切感来对待下属，往往可以取得成功。盛田昭夫曾经总结索尼公司成功的重要因素：力图和工人亲近。公司经常举行各种户外活动以增进相互之间的关系。在公司里，从总裁到普通员工一律穿蓝色工作服，以示在公司内没有等级观念。为了培植"索尼家庭观念"，盛田主张把每个工人都当人来看待，不把他们看做出钱买来的劳动力。

有人对自己的评价是"刀子嘴，豆腐心"。虽然经常发火训人，但是心地善良。遗憾的是你的刀子嘴下属领教了，却没有机会体验到你的豆腐心。下属对你只有敬而远之。

有一个女经理对我说她自己知道发脾气不好，也想控制，可就是做不到。我问她都跟谁发火，跟市长敢发火吗？她说不敢。跟顶头上司敢发火吗？她说也不敢。我说那你都跟谁发火？她说主要是跟下级发火。

你看，她的自制力相当强，该发火时发火，该不发火时就不发火。跟上级不敢发火，因为有两大动力：恐惧和诱因。跟下级敢发火，是因为两大动力一个都没有。如果改变思维模式，她一定能够改变脾气性格。

下属在压力下变得愚蠢

> 麦布伦是个非常跋扈的上司。1978年他驾驶的飞机正在俄勒冈州的波特兰飞行时,突然发现起落装置有问题,于是他让飞机在空中盘旋。这时,副驾驶发现油料正在下降接近零,但是他不敢说话。结果飞机堕落,10人死亡。

上级要有同理心,对下级设身处地。一个情绪低落的员工,记忆力、注意力、学习力以及清晰决策的能力都会减弱。领导不是压制,而是说服别人共同为一个目标努力的艺术。

美国的调查发现,经常挨父母打的孩子,其智商分数往往不佳。研究人员说,许多人也许会认为,"棍棒教育"会对孩子产生激励作用,但是实际情况并非如此。因为父母打孩子会给孩子造成身心创伤,会使孩子在遇到困难时产生心理压力,从而造成孩子表现欠佳,认知能力难以得到发挥。

人在压力下变得愚蠢,如果下属发傻基本是被领导者吓傻的。

一个人缺乏同理心,就不会感受到别人的情绪状态。如果与对方生理水平同步,同理心的准确度最高。情绪强烈时很难或者不会产生同理心,同理心要求个体保持足够的冷静,才能接受他人微妙的情绪信号。这个原理也揭示了为什么人在冷静后会后悔。

利用对比原则产生影响力

影响力就是自如地调动别人情绪的能力。人们总是感觉日出或日落的太阳要比正午的太阳大,实际上太阳是一样大的,这就是对比原则在起作用。有一个小实验很生动地使人明白对比原理：在屋里有三桶水——一桶冷水、一桶室温的水和一桶热水。被实验者把一只手放在冷水中，一只手放在热水中，稍后把两只手都深入室温的水中。这时实验者感到很迷惑，虽然在同一个水桶里，但他觉得一只手热，一只手冷。可见同样的事物由于对比原则的作用给我们的感觉是不同的。

利用对比原则来影响别人，通常十分灵验，而且不易被人察觉。房地产商在培训售楼人员时，要求售楼人员先带购房者去看与顾客心中理想的户型有一定差距的房子，让购房者心中稍有一些遗憾，然后再带购房者去看理想户型的房子。最后，顾客通常会对房子感到非常满意，迅速成交。

对于一个管理者，即使不拥有实现目标所需要的足够的权力和资源，如果能巧妙利用对比原则，也可以很好地影响别人，实现自己的目标。

> 一家公司虽然受到行业不景气的影响，但经过全体员工的努力依然提前完成了全年的销售指标，公司上下士气大振。按照公司承诺，应在元旦多发给员工一个月的工资作为奖励。但公司流动资金比较紧张，最多发给员工半个月的工资作为奖励。总经理害怕因此影响员工士气，而左右为难。最后总经理想了一个办法来解决这个问题。离元旦还剩三天时，总经理上午突然召集所有部门经理开会，会议一直到下午一点才结束。会议主要内容是：公司可能裁员，要求各部门经理准备提交自己部门人员的评估报告，并对会议内容严格保密。很快，裁员的消息就传遍了公司上下，每个人忧心忡忡。在元旦的公

司全体员工大会上,总经理先讲了当前的严峻形势,然后话锋一转,宣布今年公司不裁员,并且发给每个员工半个月的工资作为奖励。员工不仅安了心,而且士气大振,对公司充满感激之情。

如果能了解并灵活应用人的固定行为模式,并掌握对比原则,不仅可以有效地去影响别人,而且可以避免别人对自己恶意的影响。

建立与下级关系时的注意事项

在建立与下属的关系中,应注意以下几点:

(1)下属不是单个的人,而是一张由人组成的关系网,不仅要了解网上的个体,也要了解全体间的关系。

(2)注重建立个人信誉,树立好名声并赢得尊重。

(3)利用权力合理安排部下工作,并适当进行干预,使部下的分歧与相互依赖符合你的总体任务需要,同时均衡各方势力,创造相对和谐的工作环境。

(4)在管理工作中引入更多权力源,注重发展个人势力,包括:展示自己的工作能力与技巧,掌握大量信息与有形资源,建立关系。用辅助权力弥补权力空隙。

(5)调整个人管理风格适应具体环境。

(6)作为领导还要善于使用批评与赞美两种工具来笼络人心激励下属。

影响身边的人

人际智能四大要素

组织能力

这是缔造影响力必备的技巧,包括群体的动员和协调能力。影视剧导演、制作人、军队指挥官与任何组织的领导者多具备这种能力。

协调能力

这种人善于仲裁与排解纷争,适于发展外交、仲裁、事业购并等事业。

人际联系能力

这种人深谙人际关系的艺术,容易认识人而且善解人意,适于团体合作,更是忠实的伴侣、朋友与事业伙伴,事业上是称职的销售员、管理者或教师。如果是小孩几乎和任何人都可相处愉快,容易与其他小朋友玩在一起,自己也乐在其中。

分析能力

敏于察知他人的情感动机与想法,易与他人建立深刻的亲密关系,心理治疗师与咨询人员是这种能力发挥到极致的例子。

这些技巧是人际关系的润滑油,是构成个人魅力与领袖风范的根本条件。具备这种社交智能的人易与人建立关系,长于察言观色,领导与组织能力俱强。也因为与其共处是如此愉悦自在,这种人总是广受欢迎。

情商与团队

想想看团体中有一个人总是无法克制火爆的脾气或是毫不顾及他人的感受，对整个团队会有什么样的影响？低落的情绪有碍思考，在工作中当然也不例外。一个情绪低落的员工，无论是记忆力、注意力、学习力及清晰决策的能力都会减弱。所以要学会优待身边的人，学会很好地对待亲近的朋友和配偶。有数据统计说明，在能够一下子数出5个亲密朋友的人中，有60%的人比不能数出任何朋友的人更感到幸福。

良好的情商帮助我们掌握同事或客户的情绪，发生争议时能妥善处理，避免恶化，工作时容易进入松弛状态。领导不等于压制，而是说服别人共同为了一个目标努力的艺术。在谈到个人事业的管理或企业时，最为重要的是认清自己目前工作的真实感受，以及如何让自己对工作更满意。

领导者是一个团队的指挥协调的最高脑神经系统。不管是企业或是组织，任何具有合作关系的团体可以说都有一个团体智商（IQ），亦即所有成员才华与技术的总和，IQ的高低决定团体表现的良好。但影响团体IQ高低的主要因素并不是成员的平均智力，而是其情商（EQ），亦即成员的人际关系和谐程度。领导者要从很多方面来控制自己的行为，以便营造和谐的团队氛围。

提升影响力

善于影响别人的人通常有这样的特点：

（1）有思想、有主见。在任何事情面前，这些人往往有自己的观点和看法，而不是盲从。思想、主见是影响力之源。

（2）能表达、善沟通。这些人往往善于以自己的方式表达自己的观点和主张，善于与他人沟通。正是他们合理的表达方式、高超的沟通技巧促使他们成功地影响了别人。

（3）有选择地影响别人。任何人都很难在任何时候影响所有的人。所以，影响力是有选择性的。影响力高的人往往能很好地把握选择性，在合适的场合影响合适的人。

（4）环境敏感性。影响力高的人对环境比较敏感，善于发现环境的变化，懂得在什么情况下发挥自己的影响力。

（5）用法定权力维护自己的影响力。影响重要人物从而获得法定权力，继而用法定权力去扩大自己的影响力。

（6）有影响他人的欲望。影响力高的人往往为对他人产生了强烈的影响而感到高兴、激动。正因为他们有强烈的影响欲望，才不自觉地调动自己的全部热情去影响别人。这种欲望可能是天生的。有的人生来就喜欢被别人注意，希望对别人产生影响。而有的人就喜欢低调，不希望被别人关注，不希望影响他人。也正是因为人们的性格偏好，才有影响别人的人和被影响的人，才有了领导者和被领导者。

基于情商的沟通

沟通时知道自己的感情

知己知彼，百战不殆，良好的沟通必须从了解自我开始。了解自己，才能把自己的位置摆正，在沟通过程中才能扬长避短。有个朋友，自觉才高八斗，总认为自己比别人厉害，待人接物中难免透露出傲气，在一次冲突中因为认为领导做事有欠妥当，就跟领导拍桌子叫板，结果当场被老板炒鱿鱼。

另一方面，了解自己的感情才能更好地了解别人的感情。也就是说，人应该学会换位思考，工作中因为某件事发生了冲突，设想如果自己坐那个位置是什么样的感觉，先了解自己的感受才能更好地了解别人的感受。古人云：已所不欲，勿施于人。先做好自己的主人，才能做好别人的主人。

沟通时知道别人的感情

良好的沟通要去经历对方的感情世界，对别人的心理需求有正确的反应，感受到他人的愤怒、恐惧、悲哀或喜悦、兴奋、渴望，就好像是自己的感觉。

比如说，我们自己渴求公正，但公正的标准往往只是自我的感受。我如果是上级，我是否能感受下属对公平的期望？我如果是下级，我是否懂得对领导也需要理解？对他也应公正？我希望个性能够随时张扬，但是否考虑过我在张扬自己的脾气时，恰好在压抑他人的个性？我很在乎别人对我的态度，而我自己对别人的感受是否有责任感？我总希望能有说话的机会，但我是否总能心平气和地倾听？沟通的主体是双方，如果仅仅基于自身的情感去沟通，毫无疑问会失败。

在一家公司的年终总结大会上，先有八位部门经理做了报告，最后总经理上台，说好只讲15分钟，不料思维活跃的老总因刚刚听了几位部门经理的讲话触发了许多联想，话如泉涌，一发而不可收，完全不顾员工的反应。而台下的员工已坐了3小时，肚子开始祈祷，只想着开会后老板能犒劳大家一顿。尽管老总讲的都是对未来一年工作极有指导意义的重要指示，可惜不能进入听众的耳中、心中。

张毅考取 MBA 后来到了北京，去看一个要好的高中同学，同学目前在一家软件公司任副经理。当谈到考 MBA 时，张毅的精神头大增，侃侃而谈，谈自己如何如何辛苦，如何如何投入，谈清华 MBA 的前景，谈自己的就业志向，并鼓励他也报考清华 MBA。同学说："考上 MBA 的也不只是你一个，你神气什么！"当时同学是笑着说的，张毅也没感觉有什么不对。吃完饭道别时，张毅感觉该同学没有刚见面时热情了。后来，张毅主动给该同学家里打过电话，请他爱人转达问候，但这位同学一直没有主动和张毅联系。后来张毅在反省时突然想到这件事，悟出了道理，原来是自己过分的激情影响了自己的理性，在沟通的过程中，过分注重己方信息的传输，根本没有注意观察对方的表情，没有接收对方发出的不愉快信息。因为当时他比张毅大 2 岁，为了事业一直没要孩子，奋斗到现在，还不算是事业有成，自我感觉不是很好。张毅当时过分张扬的神情和语言可能刺伤了他的自尊，使他感觉不舒服。

沟通时尊重别人的感情

人都需要尊重，只有尊重对方才能获得其信任感。尊重对方要有体察对方心情的能力，不带成见，不带评判态度，沟通时要细心倾听对方的言谈，体会其含义。例如，领导批评下属的时候，要尽量避免公众场合。个别谈话使人更觉私人化，也能照顾对方的面子和感受，使对方易于接受，收到事半功倍之效。

尊重他人还表现在开诚布公地沟通。在惠普公司，总裁的办公室从来没有门，员工受到顶头上司的不公正待遇或看到公司发生问题时，可以直接提出，还可越级反映。这种企业文化使得人与人之间相处时，彼此之间都能做到互相尊重，消除了对抗和内讧。

尊重他人还表现在：谈话时坦诚有礼，精神要集中，要看着对方，态度诚恳而积极，不要打断对方讲话，要用商量的口吻有针对性地表示自己的看法，如"这样做行吗？"

沟通时控制自己的感情

人的感情往往使人看问题不能客观，带有情绪，而一带有情绪就会使你忽略了对方的想法，导致沟通的失败。

人与人因为立场、地位、信息、看问题的角度等不同，因此在沟通过程中，难免会出现双方的误会或者观点差异，甚至迥异的情况。要能控制自己的情绪，即使对方有些蛮不讲理，也不可大动干戈，气恼不止。而应冷静应付，必要时以不变应万变。

例如，领导因为误会而严厉地批评下属，致使下属也很窝火。通常在事情发生时，领导正在气头上，一般听不进解释，下属的解释只会让领导觉得他在推卸责任，反倒留下不好的印象。那么解决的办法最好是等领导冷静下来，找个合适的机会，单独找领导进行沟通。要善于应变环境的变化，多培养自己的应急能力，自己及时调整对策，善于在变化中把握自己。

以己度人与换位思考

有一位心理学家找来两个七岁的孩子进行了一项心理测验。

汤姆是来自一个贫穷人家的孩子，家里有六个兄弟，安迪则是家境富裕的医生的独子。

> 心理学家叫两个孩子看一幅图画,画里是一个小兔子坐在餐桌旁边哭,兔子妈妈则板着面孔,站在一旁,于是心理学家叫他们把画中的意思说出来。汤姆立刻说:"小兔子为什么在哭,是因为它没吃饱,还想要东西吃,但是家里的东西已经没有了,而兔妈妈也觉得很难过。""不是这样的,"安迪接着说,"它不是没吃饱在哭,而是因为它已经不想再吃东西了,但它妈妈强迫它非吃不可。"

同样的一幅图画,在两个家庭背景、生活经历完全不同的孩子眼睛里,居然产生了如此之大的差异,初想起来令人惊讶,但仔细思考却在情理之中。人们的思维定式是,处在什么样的环境,就习惯用什么样的角度看事情。而每一件事情从不同的角度来看时,总会有不同的体验和不同的结果。所谓"仁者见仁,智者见智",有些事情并不一定是对或错,而是因为眼光不同,看法也就不一样。在沟通中出现分歧,如果只是站在自己的立场上,拼命钻牛角尖,认为自己一直甚至永远都是对的。到头来,非但没有解决问题,反而激化了矛盾。

体谅与忍让

学会换位思考,学习以宽容的态度接纳不同的人、不同的事和不同的物,才能彼此尊重和体谅。下面的一个例子很好地说明了这一点。

> 有个上海的女孩小王,嫁给了湖南男子小丁,两人感情尚可,但总是因"吃菜问题"闹矛盾。小王做菜要放糖,因为上

海人爱吃甜食；小丁做菜喜欢放辣椒，因为湖南人嗜辣如命。吵来吵去，婚姻出现裂痕，最终导致离异。第二年，另一个白马王子被小王相中。婚后小王犯难了：这第二任丈夫小马，祖籍四川，也是个"吃辣大王"。第一次失败婚姻记忆犹新，经过深思熟虑，小王终于想出一招妙计。婚后第一餐饭，她就抢着买菜烧菜，每样菜里都放了辣椒，四川丈夫小马吃得津津有味。可是，小马偶尔一看妻子，只见她被辣得满头大汗，惊问："你既然不爱吃辣椒，菜里面放这么多辣椒干啥？"小王听罢，心中甜丝丝的，笑道："因为你爱吃辣椒啊！"小马好感动。第二天，小马抢着买菜做菜，他在每样菜里都加了糖，小王一吃，挺对胃口的，就问丈夫："你不爱吃甜的，为什么每样菜都放糖呢？"小马诡秘地一笑："我是向你学习，处处替对方着想啊！"小王听了，止不住泪水刷刷而下。她暗想，要是当年和小丁在一起生活时也能像如今这样"换位思考"，也不至于和小丁分道扬镳！

在这里，我们看到了同样的情况在两种不同处理方法下截然不同的结果，能不能换位思考起到了关键作用。

换位思考在人与人之间的沟通和交往中占有非常重要的地位，因为不了解对方的立场、感受及想法，我们就无法正确地思考与回应，沟通便被阻断。

换位思考到底是什么呢？其实就是"移情"，去"理解"别人的想法、感受，从对方的立场来看事情，以别人的心境来思考问题。换位思考不但需要转换思维模式，还需要一点好奇心来探求他人的内心世界。

真正的换位思考必然是一个"移情"的过程，要从内心深处站到他人的立场上去，要像感受自己一样去感受他人。但不幸的是，许多人的换位思考却缺少了"移情"这一个根本要素。他们或是站在自己的位置上去"猜想"别人的想法及感受，或是站在"一般人"的立场上去想别人"应该"有什么想法和感受，或是想当然地假设一种别人所谓的感受。这样的换位思考，其实仍然局限于自己设定的小圈子之中，绝对无法体验他人真正的感受和思想。

人们常说，良好的沟通是心与心的沟通，其实移情换位又何尝不是心与心的交流、心与心的沟通呢？生活中那些"善解人意"的人往往受到大家的喜爱和尊敬，原因就是他们能够做到移情换位，用别人的眼光来想问题、看世界，以别人的心境来体会生活，这样便拉近了人与人之间的距离。

沟通中引起冲突的原因

外贸公司老李的办公室里发生了这样一幕：

> 小王对小章说："你把我的登记单放哪去了？"小章不满地说："我什么时候拿你登记单了？"小王也不满地说："我看见你拿的，快给我！"小章说："凭什么说看见了，证据呢？"
>
> 两人你一言我一语，争论不休，最后几乎吵了起来，要不是老李出面调停，恐怕会很不愉快。原来登记单是在老李那里。

这样的例子在生活中经常可以遇到，往往会有人一句话不投机就争论得不可开交。本来人们沟通的目的是为了解决问题，但往往由于沟通不当反而使问题复杂化了。所以沟通本身是一个非常值得关注的问题。为了更清楚地看到沟通的要点，让我们对小章和小王的沟通方式做一个分析。

首先是小王，他武断地认为登记单在小章那里，也许小章经常会拿，登记单经常在小章那里，但不能就以此认为这一次也在他那里。然后是小章，小章平时就对小王专横跋扈有些不满，这次听到小王埋怨的话顿时生气了，所以声音不由自主高了几度。小王听到小章的语调，更加不耐烦，认为小章又在装糊涂，所以更生气了。继而小章觉得小王这个人真是不可理喻。这样你来我往几句话就闹得很不愉快。

就上面的事例我们发现，人们在沟通方面常犯一些毛病：

（1）先入为主，在沟通前已经有了结论，沟通的过程是在寻求证明自己的结论。

（2）在语气和语调上流露出焦虑、不满或冷漠等负面情绪。

（3）对于敏感的人，和别人敏感的话题不加注意。

（4）在话语间未给对方留余地，把对方逼到死角，使对话僵持。

（5）是生气的人自己决定要生气，而不是别人激怒了他，他才生气。

如果我们让上述两个人的沟通重新进行，也许效果就会不同。

小王对小章说："我的登记单不见了，你知道有谁拿过吗？"

小章没有马上回答，他沉吟片刻，认真想了想，说："登记单不见了？我没有看到，你最好问问别人。"

小王听到小章的回答很认真，想也许他真没有拿，他说："我以为在你那里，要不然你再看看。"

> 小章打开抽屉找了找,说:"你还是问问别人吧,我这里,你看,的确没有。"
>
> 小王觉得在问别人之前,最好不要认定小章了,于是他转向其他人。

所以情商高的人懂得控制自己的情绪和自己的说话方式,懂得抓住说话的机会和明确说话的目的。我们在与人沟通的过程中,不仅要明确说话的内容,更要注意说话的方式。因为如果内容不充分可以弥补,而由于方式不正确造成的结果往往是不能弥补的。完全没有内容的对话造成不了什么严重后果,完全不讲方式的对话却可能引发恶劣后果。

沟通中换位的注意点

换位思考道理简单、通俗易懂,但是做起来却不是那么容易,使用中有不少技巧,运用得当,会事半功倍,反之则会事倍功半。正确地进行换位思考,应注意以下几点:

(1)"换位思考"要严于律己、宽以待人。尤其是对于领导者,在和别人交往和沟通中,必须时刻要求自己自觉做到换位思考,处处为下属着想,处处从他人的利益和角度出发,而不能要求下属为自己着想。因为如果领导者将"移情换位"作为对下属的要求,那么从另一个角度也往往会放松对自己的要求和约束。"严于律己,宽以待人"是领导者在换位思考中最基本的要求,也是和下属沟通的必要条件。当然,如果下属善于换位思考,能够设身处地为领导着想,则是领导者可遇而不可求的,也是领导者的荣幸。

（2）要提倡领导者对下属的"换位思考"。在生活中，不但上级对下级、下级对上级，而且平级的同事之间也存在换位思考。但是作为领导者，尤其应当提倡由上至下的换位思考。领导者对下级的换位思考有利于广泛听取和采纳下属意见，实行民主管理，特别是下级提出一些较尖锐的问题和批评意见时，采取换位思考的方式，可能就听得进去，有利于提高领导者的管理水平，反之则不然。因此，尤其要提倡领导者对下属的换位思考。

（3）"换位思考"需要行动为先。移情、换位思考在管理中强调重视人情、以人为本。对于领导者，在日常工作中默默做到的效果，要远远强于先讲出来再付诸行动的效果。首先，换位思考是行动而不是口号，只有领导者真正做到了，才具有说服力；其次，换位思考具有双向性，领导者需要以自身的换位思考为下属起到表率作用，从而带动下属主动进行换位思考。

（4）应当使"换位思考"成为一种企业文化。"换位思考"应当形成一种氛围、一种文化，深入人心而不能只有少数人换位思考。

换位思考实质上是人本管理的表现，更强调满足人的心理需求，通过潜移默化而非规章制度，来树立"人人为我，我为人人"的观念。因此，应当形成一种深入人心的氛围，只有把换位思考作为企业文化的一个组成部分，融入每个员工的灵魂深处，落实到每个员工的日常行为中，才能从根本上增强员工的责任心，形成管理上的良性循环，促进企业的发展。

（5）"换位思考"也要有度。换位思考作为一种思维方式和沟通、解决问题的办法，有它的特定内涵，也有一定的局限性。任何事物都有其使用范围，也就是要有度，换位思考也是一样，离开了应有的度，不分时间、对象与场合，一味地"换位"，就会变成"错位"。对于领导者，这个度简单地说就是应当坚持的原则。换位思考的目的是更好地了解别人的心理、设身处地体会其思考问题的出发点，从而达到良好沟通的目的。可是如果借换位思考之名来为别人也为自己找借口，那么就完完全全违背了换位思考的初衷和目的。正确的换位思考是以讲原则为基础的。无原则的胡乱"换位"，不仅于解决问题无益，还会使工作陷入被动。

要教练而不要批评

有很多人研究如何批评人，更多的人把批评当做艺术分成批评前、批评过程中、批评后来研究。

其实所有的批评都是破坏性的，根本没有建设性的批评。如果你要纠正某个人，绝不能在事后进行。如果需要纠正，那么就咬紧舌头直到下次这个人再做同样的事情时，向他提出更高的要求。

什么是批评？就是把责备和难堪送给一个人。批评是很难奏效的，批评涉及对这个人正确或错误的判断。当你指出一个人不对或是犯了错误后，有四种情况会发生：（1）他们变得自卫，并为自己的行为辩护，或者为自己的行为找借口；（2）他们根本不听所谓的建设性的反馈；（3）他们很难堪，并对自己感觉很坏，或者把自己当成了失败者；（4）他们开始不喜欢这个任务或工作，也不喜欢这个批评。一个人受到的批评越多，他们的自卫意识越强，他们听进去的就越少，最后走到极端。而教练却相反，具有鼓励和积极的效果。教练的出发点是建立良好的关系，帮助对方进步。

一些人倡导三明治式的批评，即两个表扬中间夹个批评。其实人们能够记住的还是中间那个批评，记不住表扬，所以还是批评。

批评过多使人消极。经常被批评的人会试图通过做最少的事情来减少被批评的机会，他不会冒险，目标是不出错，如果出错就千方百计掩盖，讨厌见到领导者，遇到领导者就紧张，会在心里嘀咕：又不知道哪里出错了？

批评几乎是无效的，有时会导致事情更糟糕。对不会重复出现的错误，批评没有价值。本人意识到的错误，再批评属于多余。对于可能重复出现的错误，光批评而不指明解决问题的更好办法是没有意义的。

解决的途径是多用教练少用批评，但前提条件是：人是有自尊心和有头脑的，不满足这个条件的人必须自我进步，否则他不是你的同路人。

教练是给出鼓励性的反馈，以维持和改进绩效，教练的目的是扩大优点缩小不足，帮助人们获得美好人生。

教练的规则是：

- 建立一种相互支持的关系。
- 给出赞美和认同。
- 避免责备和难堪。
- 对事不对人批评。
- 让他们自己评价行为。
- 给出具体和描述性的反馈。
- 给出教练性的反馈。
- 提供榜样和训练。
- 及时和灵活地反馈。
- 不要批评。

教练的目的是增加别人的知识、能力、技能，所以不能让对方有不好的感觉。当对方已经意识到自己错误的时候，你就不要再提及此事了。

教练的目的是获得理想的行为，而不是贬低这个人，对人施加抱怨、使他难堪、令他丢脸。

什么是对事不对人？

情境1：有人在会议上垄断了讨论。

对人的做法：你说得太多了，给别人一个机会。

对事的做法：听听其他人的意见怎么样？

情境2：有人开会来晚了。

对人的做法：你又晚了，你能不能像别人一样准时？

对事的做法：我们的会议希望在一开始就能够得到你的贡献。

批评可能让人产生防卫行为、不听、感觉很坏、不喜欢这份工作、甚至不喜欢你这个人，而自我评价则能收到好的效果。

情境3：有人犯了很多错误。

对人的做法：你最近表现很差，你要小心了。

对事的做法：最近你做得怎么样？

案例：新官上任如何影响下级

绿叶制衣公司当初是由李老板带领几名老员工一手创立的。经过近十年的经营，由一个名不见经传的小服装车间发展成为当地很有名气的服装加工企业。但近一两年来，由于内部管理的问题，导致公司基本处于维持状态。

为扭转这种不良局面，李老板决定首先进行人事调整，并重点从产品质量抓起，因此新招聘了一名分管生产的副经理，是一位刚从纺织工业大学毕业的女高才生。她气质高雅，看起来冷若冰霜，叫杜雨希，直接分管裁剪、码边、成衣、熨烫、刺绣等6个车间。而原副经理为第二副经理兼调度，协助杜雨希工作。如此安排，引起老员工刘德力的极度不满，而且经常与一些老员工及几位创业时期的主管谈论起此事，大家都不明白老板为什么选她做车间主任，心里总感觉不舒服。

杜雨希急于干出一点儿成绩，虽说没有新官上任三把火的力度，但她到任之后大致了解了一下公司的情况，就在短短的几天内拟定了新的管理方案，连夜送到老板手中。李老板说："不用再看了，我相信你的能力和水平，一定会搞好的，此事由你全权办理。"而后她就着手对所有车间进行全面整顿：制定新的规章制度、制定岗位责任制工作计划以及奖惩考核办法，整个车间搞得沸沸扬扬。

上任后的第二个星期日，销售部送来了一个订单，而且销售经理告诉她，这个订单要求10天后交货，并且特别强调这是上海市一个相当具有影响力和销售量的大商场，做成这笔生意难得，尤其这是第一次与他们合作，所以一定要保证质量，按期供货，使客户满意。由于数量较大，而且要求做工精细，所以杜雨希就通知各车间人员从明天开始全部加班，这时候有人问："加班能发多少钱，这一两年我们从来就不加班，怎么你一来就加班？"还有人说："我们家里还有孩子，这个班怎么加，不来。"杜雨希和有关人员争论起来了。最后还是没能做通大多数员工的工作，不得不放到第二天再讨论决定。晚上回到家后，她自己想，为什么管理起来这么难，难道我做得有问题吗？

第二天一上班，杜雨希正在考虑如何安排加班时，裁剪车间主任王树平就过来汇报，有两台裁剪机坏了，维修车间无法修理，即使能修，也要两天的时间。杜雨希只好亲自安排维修工，可是找了几个人不是说自己修不了就是说刘经理已安排了任务，手中有活儿，不能去。眼看一上午的时间就这样耗过去了，怎么办呢？她沮丧地走回了办公室。

　　后来她去找维修部张主任，张主任在公司已经工作多年了，他是一位经验丰富、性情古怪的人，但对工作尽忠职守。她说："现在两台机器已经坏了，全公司有一半人停产了，交货期又是催得很紧，张主任，你组织几个人去修理一下吧，要抓紧时间，争取一天把它修好，这是维修报告。"张主任看完维修报告漫不经心地说："现在已经快下班了，明天再修吧。"这时她急了，大声说："你给我听好了，我命令你马上去，如果不去，发生一切后果由你负责，你看着办。"最后，只好安排车间近一半的人提前下班，而且宣布当日的工资照发。

　　次日一上班，她就立即召开班组长以上人员会议，此时虽说自己心里很着急，她还是打起了精神，会上简单地总结了前一段的工作，并对刘德力等人的工作进行了表扬，对他们的工作能力做了一番称赞，对自己的过激言行也做了一番检讨；之后对这次能否完成生产任务向大家进行了利害分析，并且希望得到大家的理解和支持，最后非常柔和地说："为了确保任务的完成，凡是加班有困难的可以提出来，公司全力帮助解决，如孩子无人照看的一律送到幼儿园，由公司派人负责一切等。至于加班工资可以按双倍日工资计算。"会后，她又与刘德力、王树平、维修主任进行了意见交换，而且说："有些工作我还是要靠大家，我今天所取得的一点成绩那是大家的功劳，制衣公司没有我可以，可离了大家是绝对不行的。况且这次生产任务是我们近一年多来最大的一个订单，且利润也比较可观，在这时候，机器坏了，作为我们这些老员工不能看着不管，我们的境界绝对比普通员工高，不会去计较一些小事，何况老板又在住院，我们怎能再让他操心呢？你们说是吧……我建议我们进行一下分工，刘经理和张主任负责维修，我和王主任负责生产，看大家还有什么意见。"过了几分钟，刘德力说："杜经理，既然你这样说，那我们就试一试，尽量修好。"

回到车间，她感觉到各车间的工作已比昨日大有改观，此时的她心里有了一点宽慰，信心又增强了。

车间生产很重要，但更令她牵挂的是裁剪机的修理，因此，她看完了其他车间后，直接来到了维修现场，看到刘经理和大家都在忙碌，很真诚地说了一句：大家辛苦了！谢谢你们。这时候，自己也加入到其中，虽帮不上手，但不时地给他们递维修工具。

正在这时，办公室的小王跑来："杜经理，你家打来电话说你父亲生病住院了，让你抓紧时间回家。"经小王一说，大家都不自觉地放慢了手中的工作，抬头看了一下杜经理。杜经理犹豫了一下，但马上说："小王，你先替我问一下我父亲的病情，告诉他们过几天就回去，要是有事再电话联系。"此时她仍然站在机器旁边，并示意大家累了可休息一会儿。过了一段时间，刘德力说："杜经理，你还是先回去看看吧，这里有我，我们尽力修好这两台机器。"她说："估计我父亲的病情不会很严重，可能是老毛病又犯了，家里有哥嫂照顾，没关系的，这批订单完成后再说吧。"而后她又和大家一起干起活儿来。如此一来，大家似乎都有一种说不出的感觉，维修工作也在紧张进行着。

最后，经过7个小时的维修，机器修好了，大家都会心地笑了。经过各车间员工的努力，本批订单的生产任务也提前半天完成了，而且质量比以前所有订单产品都好。

案例给予的启示

（1）培养亲和力。一个领导者亲和力的大小是判断其领导能力的重要指标。真心付出获得真诚回报。领导与下属的关系并不是一朝一夕的，它有一个感情积累的过程，又通过平时不断交往增进彼此的了解，才会使关系天长地久，良好完善。

然而，要建立良好的上下级关系，要从哪方面入手呢？能够增加感情关系的是礼貌、诚实、信用与仁慈，这样大家对领导更加信赖，才会发生作用，甚至出现了错误也可用之来弥补，有了信赖即使拙于言辞，也不致开罪于人，因为对方不会曲解你的意思。反之，轻视、威逼与失信则会导致下级对领导的行为不满，最终对上级失望，甚至产生逆反心理，得不偿失。

例如案例中杜雨希让张主任去修理机器时，张主任漫不经心地说"已经下班了"，要求明天修理，这时的杜雨希不应该用命令的口气，况且张主任是一位工作上的老前辈，同时也是一位性情古怪的人，如果杜雨希换一种方法效果也许也不一样。

管理者并不意味着要压抑人、管束人，而是要去引导人、激发人。一个企业成功的关键是爱护你们的员工，并帮助他们，否则他们就不会帮助你的企业，对待你的员工要诚实，要有一致性，不能朝令夕改，一定要把你的心拿出来给他们看，要心心相印，只有在这种情况下他们才会跟你走，所以作为领导者你不能去命令他们，你一定要让他们愿意为你做事。主管扮演员工朋友而非上司的角色，更能赢得人心，与你的下属共创业绩，一起分享成功的喜悦及失败的痛苦，亲和力高的主管一定会受到下属的爱戴。

（2）完善沟通。我们沟通得有多好，不在于我们对事物诉说得有多好，而是取决于我们被了解得有多好，达成的效应有多好。作为领导者首先要认真了解你的员工，因为了解别人是你关心别人的明证，是你信任别人的基石，是你工作的桥梁。因为只有你了解了别人才能对症下药，才能合理地利用别人的最大能量，为自己赚取更多的利润。

案例中总经理安排刘经理协助杜雨希工作，这时已引起刘经理的不满，如果这时杜雨希在忙于制定制度的同时与刘经理好好沟通一下，也许不会出现那种人心不齐的现象，还有杜雨希亲自安排他们维修时，也许不会出现推脱找借口的现象。从沟通中了解到刘经理的想法，可以从中找出排除他的心理障碍的方法。了解每个员工的性格，吸取一些对员工管理的经验和管理方法。

当然了解别人并不是一件容易的事，就像你在钓鱼，就必须先根据各种鱼的习性，做不同的鱼饵，只有做了适合鱼口味的饵食才能钓到你想钓的鱼。

上级去了解下属，也要精心酝酿一番，人如其面，各有所好。同一种做法不一定适用于多个人，对这个人或许能增进，但对另外一个人也许效果完全相反。因此，唯有了解并真心接纳对方，才能增进感情，有些事看起来微不足道，但实际上却起到了意想不到的作用。

诚然，作为上级不能一味让下属去工作，而不去关心爱护他们，应该真诚地关心下属。

案例中，杜雨希要求大家加班，大家提出加班面临的各种难题时，若杜雨希说一些令大家温暖的话，理解的话，再加上一定想办法帮助解决，也许就不用第二天的会议了。无论你有什么本领、特长，受教育程度有多高，都不如真心实意的关怀更给下属深刻的印象。事实上，作为上级，如果你不首先让下属知道你关心他，是不可能对他有正面影响力的。

作为管理人员应把对员工的关心同对利润的关心看得同样重要,如果你想建立良好的人际关系,首先要关心你与之打交道的人。

如果你让下属做事情,在开口之前,先停下来问自己:"我如何使他心甘情愿地做这件事呢?"

有一位先生的儿子对棒球近于痴迷,而这位先生却丝毫不感兴趣。有一年暑假,他居然带孩子看遍主要球队的比赛,总共花去6星期的时间与不少的金钱,但对增进亲情的助益却无法估量,有人问他:"你真的那么爱棒球吗?"他说:"不,我只是那么爱我的孩子。"

一般人总习惯于以己之心,度他人之腹。以为自己的需要与好恶,别人也会有同感,待人处事若以此为出发点,一旦得不到良好的回应,便武断地认为对方不知好歹,要根据不同人的特点,找不同的方法去接纳他、开导他、关心他、爱护他,只有这样,你才能得到下属的认可,才能在下属的心目中真正确立你的领导威信和领导气度。

要想得到别人的了解、信赖,首先你必须先去了解别人、信赖别人。俗语说:"己所不欲,勿施于人。"从表面上看,似乎说:己所欲,便施于人。但作为一个上层领导者,这句话的真谛是:若欲人所了解,就先了解别人,若欲人信赖,就先信赖别人。

(3)与时俱进。永续经营,推动变革,要重视员工,营造员工的归属感。要重教育,让人成为最重要的资产;要重视品质,有好品质顾客跑不掉;要重视研究发展,你有我有,你有我新,自会赢得市场;要重视顾客,要把外部顾客延伸到内部顾客。

新上任的杜雨希制定的规章制度对老员工来说是一种改革,而他们却认为是纸上谈兵,加班时则说以前没有,这说明员工不希望改变,只希望按照老程序,但在这竞争性的世界里不改变是不能生存的,世界在变,企业在变,所以人必须也要变,只有这样才能使你的企业永续经营。

（4）学会赞美，善于激励。一个优秀的管理人员，不会不了解赞美别人可以使人成功的道理。赞美是一种有效而且不可思议的力量，就像沙漠里的甘泉一般沁人心脾，往往比金钱更激发人的潜能。

例如，台下观众热烈的欢呼是对演员精湛演技的赞美；散发着油墨香的铅字是对笔耕不辍的作家度过不眠之夜的赞美。赞美使他们甘于付出，而他们追求的也不仅仅是金钱。

杜雨希在第二天的组长会上，把这段时间的成绩归功于大家，并指明企业离了她可以，但离不了大家，并跟各位主管协商，把他们放在首要位置，第二天就有了明显的改观。所以说，赞美是鼓励部属的最佳方式，使员工振奋起来是我们拥有的最大财产，而使一个人发挥最大能力的方法是赞美。找出别人的优点真诚地赞美鼓励他们，要"诚于嘉许，宽于称道"。别人会咀嚼你的话语并将其视为珍宝。

赞美与激励成正比，赞美能激励员工挖掘自身的潜力，促使他们去创新，可以调动他们的积极性，使他们保持愉快的心情，心甘情愿地为你的企业服务，从而创造可观的效益。

（5）坚持以人为本。高薪水买不来忠诚的雇员，用人之道，以心术为本，员工在任何时候都是企业的财富，企业的心和脑合一，是企业成功的前提。用你的领导特质，以及时时刻刻的言行举止，来影响各层次的人。

当小王告诉杜经理他父亲生病要她回家时，她却只是让小王问一下病情并继续在车间里穿梭，示意让大家休息一会儿，这给大家做到了一个很好的榜样，她的举动给大家也造成了很大的影响，从而激起了大家的积极性。杜经理跟随大家一起工作，拉近了彼此的距离，同时产生了她的领导魅力，为以后的工作打下了基础。

（6）海纳百川，有容乃大。领导者要有恢宏的气度，要有利用他人优点包容他人缺点的胸怀和智慧。案例中的张主任是一位性情古怪，但对工作尽忠职守的人。这时杜雨希应该充分利用他的优点，把他漫不经心的态度视为一种友好，这样不仅排除了自己心理上的不适，而且在张主任面前形成了一种魅力，从而也会影响他，使他心甘情愿地为公司服务。

（7）团队之美。一朵樱花并不美丽，一树樱花、满山遍野的樱花才会美丽。21世纪的企业竞争，个人英雄主义已不再盛行，取而代之的将是团队的整合战斗力，经过全体人员的共同努力，机器7个小时就修好了，订单的生产任务也提前半天完成，且比以前的订单质量都好，这是大家共同努力的结果，这就是所谓的团队之美。只有企业内部形成相互支援的系统，具有团队精神，才能使企业稳步前进。

说 服 力

说服前要搞清的内容

说服就是说服他人认同自己的观点和想法，并且激励他们给出你想要的东西。说服力不是天生的，一些最强有力的说服者甚至是说话温和，并且看上去很柔弱的人。我们每天都在利用说服：讨价还价、让小孩清理自己的玩具、让雇员认真工作、在走俏的饭店订好的座位等。

说服的前提是搞清楚你想要知道什么和做什么：

（1）你想要得到什么，知道他人的要求，在你和对方的需要之间搞好平衡。知道你能够放弃什么和不能放弃什么。如果你不知道你想要什么结果，而对方清楚自己的最终结果，你将被对方所影响。

（2）不要掺入情绪。在任何场合下的发怒、过于激动、过于高兴、伤感都会削弱你的力量。把具有影响力和说服力作为一种博弈经常练习，练习得越多你就越有收获。在任何博弈中如果发怒，不论是打球、下棋还是娱乐，都会让你不能有效地思考。

（3）没有失败，只有反馈。即使地球上最伟大的说服家也有得不到想要的东西的时候。由于是一个博弈，所以他们把每一次遭遇都看作是一次学习。"下一次我怎么做才能够得到我所需要的东西？"他们根据结果做出相应的调整。

（4）改变战略直到你得到你想要的。说服是鼓动而不是操纵。影响是一个优美的过程，如果你把自己想象成一个艺术家，你会有意外的收获。最好的说服是使对方认为这就是他们的想法。如果一个方式不行，就换另外一个方式。一个人不行，就换另外一个人。

（5）怀有强烈的说服愿望并且享受过程。鼓动和操纵的区别在于意愿，如果你的意愿是好的，你实际上是在通过说服而给对方恩惠。

富有的人总在说他们在做什么，因为他们对自己的作为感到自豪，所以他们喜欢让别人知道。把自己的意向说出来，相当于向其他人打开了共享你的热情的大门，就可能获得他们的支持。

同他人一样

说服他人的第一关是让对方接受自己，技巧是：同其他人一致可以赢得认同。

人们倾向于喜欢同自己一样的人，而不喜欢同自己不一样的人。

你可能同意那些你喜欢和信任的人的要求，而没有共同基础或你不喜欢的人，你可能会拒绝。所以说服别人的关键是要像他们，这样他们就可能同意你的要求，因为你像他们。

同他人一致就会产生信任，减少拒绝的可能，包括：新思想、新概念、产品、服务，以及任何你想要说服对方接受、相信、支持或投资的内容。

同他人一致的能力是发现共同之处，方式很多：包括上过同一个学校、去过同一个地方、看过同样的书籍或电影、听过同一个人的课、大家拥有共同的习惯等。

如果没有共同点，需要创造共同点。

最快地同他人一致的过程是反射和匹配。

在沟通过程中，我们基本上是在三个层面上进行：词汇、语调、体态。我们的沟通大致上 40% 由词汇和语调完成，60% 由体态完成。有很多方面你可以模仿对方，从而激励起对方的认同。

第一，你可以用他们的词汇，例如"伙计""大哥""老哥"。

第二，模仿他们的语调，声音的高低，声音的柔和度。如果他们说话声音很高，而你说话声音很低，他们会对你疏远，因为他们感到压抑。

第三，用他们的语言速度。如果他们说话速度很快，而你很慢，将会使他们不舒服。因此，为获得认同，你需要用同对方一样的声调和速度说出对方的词汇。

第四，引起他们谈论自己。向他们询问有关他们自己的问题，然后你就只是作为一个听者。

第五，发现什么是对方最重要的事情。他们关注的重点是什么，从对方最关心的重点入手进行沟通。

关于体态的反射，有以下四点：

第一，是他们身体的姿势。比如双手交叉、两腿重叠、倚靠栏杆、背手而立，完全去模仿他们。不论在什么方面，在沟通过程中完全进行反射和匹配。

第二，反射和匹配他们的姿势。他们是否频频用手势？他们是否经常伸手拍你的肩膀？如果他们频频做手势并且经常拍你的肩膀，你也要频频使用手势和拍他们的肩膀，使他们知道你和他们是同样的人，带有同样的期望和关心。

第三，反射和匹配他们的眼神接触。他们直视你的眼睛的频繁程度？他们是长时间注视还是移开？一些人认为，注视对方的时间越长，你就越诚实，但是其准确性有待考证。一些地方认为直视对方是无礼，眼光向下是尊重对方。重要的是模仿对方的做法可以获得认同。

第四，注意反射和匹配不是模仿。模仿的特点是对方知道你在做什么。如果对方知道你在反射和匹配他们，那么你就要立刻停止，否则会引起反感而不是认同。

说服需要揣摩

理解他人模式的途径是沟通，在他们的世界里认识他们。人际关系成功的人，一般都是善于揣摩他人心理的人。

沟通要让对方觉得自己被接受，被了解，让人觉得你将心比心，善解人意。人的内心情感可以在他的举止、言谈中流露出来，但正如浮在水面之上的冰山只占其总体积的10%一样，人的情绪的90%是我们的肉眼看不到的。这就要求我们去深入了解对方的内心世界，加以观察体会，细心揣摩，并采取适当的行动来满足对方的需要，建立信任感，从而使沟通更有成果更有效率。只有在满足别人需要的同时，才能达到自己的目的，获得双赢。

沟通的目的有：使对方听到、使对方听懂、使对方接受、使对方行动。因此，要研究说话的方法。鬼谷子的说服原理，简明扼要直指要害：跟智慧的人说话，要靠渊博；跟高贵的人说话，要靠气势；跟笨拙的人说话，要靠详辩；跟善辩的人说话，要靠扼要；跟富有的人说话，要靠高雅；跟贫贱的人说话，要靠谦敬；跟勇敢的人说话，要靠勇敢；跟有过失的人说话，要靠鼓励。

简要把鬼谷子的思想浓缩为以下内容：

智者给博，拙者给辩，辩者给要；

贵者给势，富者给雅，贫者给利；

贱者给谦，勇者给敢，过者给锐。

第6章

情商缔造和谐及领导力

情商的高低影响着我们的生活态度,从而影响着我们的生活质量。无论情商理论用在什么地方,都有利于创建和谐,而和谐到哪,快乐、成功、幸福就会到哪。

摩擦与事故的情商角度分析

情商作为社会商的一种,在很大程度上影响着我们日常生活的进行。情商的好坏对我们的生活质量也起着至关重要的作用。例如:在我们的日常出行中,许多事故和摩擦的产生都与当事人的情绪变化有着密切的联系,所以如何通过控制自己的情绪来提高我们的生活质量和生活态度也就更为人们所关注。良好的情商能够让一个人了解自身感受、控制冲动和恼怒、理智处事、面对各种考验时保持平静和乐观的心态,可以在感知自我情绪的同时也了解他人的情绪,并在评估和分析的基础上,对情绪进行成熟的调节,以使自身不断适应外界环境变化。

情商的水平不像智力水平那样可用测验分数较准确地表示出来,它只能根据个人的综合表现进行判断,我们将用系列案例来分析情商。

射出去的箭也会伤到自己

山东某建筑集团是全国前20强企业,大年三十下午发工资,在大规模发工资的日子通往财务部的安全门要打开,但是这次门却没有打开,员工聚集在安全门口大闹。总裁发现后把保卫部长臭骂一顿,保卫部长又把保卫科长臭骂一顿,保卫科长又把具体负责开门的保安臭骂一顿,然后科长把保安开除了。

大年三十晚上,总裁正在家里喜洋洋地过年,门外有人敲门,总裁以为是来贺喜的人,开门发现是被开除的保安,哭哭啼啼地说太太不允许他过年,下岗后家里没法生活了。总裁大怒，训斥说："啥时候来哭不可以，干嘛三十晚上来，快给我滚出去，明天你就可以立刻上班了。"这个保安出去后，总裁电话训斥了保卫部长，部长又训斥了科长，这个保安在初五又上班了，但是大家都没有过好年。

总裁愤怒之下心脏气出毛病，病了半年才好。

射出去的箭为何还能够伤害自己呢？是情绪管理问题。轻易发火简单粗放，人会变得粗糙，企业文化会变得不和谐，沟通会非常情绪化。当这个总裁知道情商能够帮助企业实现情绪管理的时候，通过进行情商训练提升了领导群体的情绪管理能力，这个公司最大的变化是高层领导者变得不再简单粗放。

负面情绪引发事故

张力是一名2000年开始进入出租汽车行业的司机，他每天的工作时间从早上6点到晚上6点。他十分喜欢自己的工作，每天都以饱满的热情和精力投入到工作中。同时，他很注意行车安全，在多年的驾驶经验中养成了良好的行车习惯。他的日常生活也十分规律，从不疲劳驾车。他觉得赚钱虽然重要，但是安全永远排在第一位，让一步海阔天空的良好心态使他在五年的出租司机工作中没有出现过一次大的交通事故。与张力同在一家出租汽车公司的工友李文则与张力的想法截然不同。由于急于赚钱结婚，加上买车和买房的压力使得李文不知疲倦地工作，他的交通意识十分淡薄，闯红灯、超速等违章现象在他

> 身上经常发生。在一次行车中违章占左道行驶,汽车左前部与相对驶来的公共汽车相撞,本人重伤住进了医院,车辆也严重损毁。

同样条件的两名司机却有着不同的心态,这也让他们在了解和控制自身情绪的能力和方法上产生了差异。司机在行车过程中不了解自身的情绪,不能够控制自己的情绪和感受,就出现了烦躁、焦虑、犹豫、亢奋、狂喜、紧张、惊慌等不良情绪,这种不良情绪给行车带来了安全隐患。

(1)亢奋情绪容易引发交通事故。

> 晓军酒后无证驾车,车辆驶入左侧路外撞树,造成3人死亡,1人重伤和车辆严重损毁。晓军与车主王志是好朋友,肇事当天两人由于刚刚促成一笔生意而感到十分高兴,晓军在酒后情绪十分亢奋,强烈要求王志将车辆交与他驾驶。王志出于朋友面子,明知道晓军没有驾驶证还将车交给他驾驶,结果两人双双丧命。

(2)愤怒情绪也会引发交通事故。

> 某县物资局副局长李某,与同事应酬后夜间酒后驾车违章驶入自行车道,与正在骑车的农民刘某发生争执并产生了愤怒情绪。李某一气之下加大油门向刘某撞去,由于躲闪不及刘某被撞翻在地当场死亡,李某在肇事后逃逸并于次日自首归案。

(3)焦虑情绪同样会引发交通事故。

何某是工厂司机,家庭条件十分困难,妻子重病在床,当天又刚刚得知自己即将下岗的消息,心情十分焦虑。在驾车过程中他神不守舍,注意力不集中。在通过一个十字路口时,由于没有注意到信号灯变化,闯红灯驾驶,与侧面驶来的车辆相撞,造成车辆严重损坏。

从这些不良情绪引发的交通事故中不难看出,自身情绪的控制对机动车驾驶员来说是十分重要的,了解自身的情绪并有效控制,在行驶过程中可以大大降低交通安全的隐患。试想一下,如果这些肇事驾驶员能够对自己的情绪多一点了解,那么这些交通事故可能就会避免。

压力导致思维混乱

某教授到广东河源一个上市企业做培训,在这个企业的职工宿舍里午休。正要入睡的时候,门卫敲门,让教授出去,说这个房间要保护一下。教授打电话给人力资源总监,询问为什么被赶出去。人力资源总监立刻打电话给保卫部长,部长打电话训斥这个保安:"让你保护一下那个房间你怎么把教授给赶出来了!"原来保卫部长高度重视这位教授的午睡,安排保安保护好这个房间,不要让别人来打扰,没想到这个保安理解成不允许别人入住。

问题出在哪里？保卫部长简单粗暴地对保安说："保护一下那个房间。"一是保安不敢询问这句话是什么意思，二是这个部长指令发得不清晰。如果部长知道下级同上级沟通是处于提心吊胆的状态，就不会粗暴地发指令。人在压力下变得愚蠢，员工在压力下思维不清楚。如果能够高情商地沟通，内部和谐，外部也和谐。

误解他人情绪导致冲突

> 叶东驾驶长安微型小货车在前往工厂采购的途中由于抢行与驾驶员张凤波驾驶的货车前部相撞，造成车辆严重损坏。据两人回忆：当时由于张凤波的车满载货物行驶过慢，叶东经过多次超越未果，在长时间鸣笛后张仍未做出反应，叶认为张在故意刁难自己并产生了愤怒情绪，张也在长时间鸣笛后产生了烦躁情绪，于是在叶加速与张抢行的过程中，两人互不相让，最后导致了两车相撞。
>
> 小刘凌晨驾驶出租车在行驶途中与路边骑自行车的小李发生争执，并在一怒之下驾车将小李的自行车压坏。小李当天刚下夜班身体疲劳在骑车过程中经常摇晃，由于是凌晨就放松了安全意识，当行至路口时与急速驶来的小刘所驾驶的出租车相遇，虽然没有造成事故却让小刘惊出了一身冷汗。小刘刹车后便破口大骂，小李由于疲劳未做出回应便骑车离去。小刘认为小李看不起他，不屑于与他争执，于是恼羞成怒驾车向李撞去，还好小李反应及时，跳车逃脱，只造成了自行车的损毁。事后，小刘十分后悔没能体会小李的情绪，对自己没能控制自己的情绪所做出的过激行为表示歉意。

从上面的案例我们不难看出,造成事故的起因很大程度上是由于肇事者未能及时了解他人情绪从而做出过激的行为。如果我们的驾驶员都能够从他人的角度出发去想问题,那么就可以在很大程度上避免类似的交通事故发生了。试问,有哪个驾驶员愿意自己在行车过程中出现事故呢?

情商不够将受制于人

> 2006年世界杯结果是意大利冠军,法国亚军,德国季军。法国队员齐达内是2006年世界杯最佳球员,在决赛时头顶意大利人马特拉齐,被红牌罚下,齐达内的动作是恶意犯规。
>
> 马特拉齐在齐达内的后面说了什么,当记者问他的时候,马特拉齐说他现在喝多了,不想说什么。从情商的角度判断,马特拉齐一定是用语言激怒了齐达内,到后来媒介才披露马特拉齐骂了齐达内的姐姐和母亲。齐达内不能操之在我而受控于人,结果在行为上表现出来,语言裁判是看不出来的,但是行为能够被裁判看出来。可以判断马特拉齐这里使用的是一个策略——激将法,把自己的语言变成别人的行动。
>
> 齐达内是不完美的,有精湛的球艺,同时也拥有一颗脆弱的心。顶翻了法国人八年等一回的世界杯足球梦,也顶翻了全世界热爱他的球迷的期待。

人可以被语言推动,但是不能被语言伤害,如果你被别人的语言伤害了,那是你自己的思考伤害了你自己。如果你自己不伤害你自己,别人不可能伤害你。棍子和石头也许能够打断骨头,但是人可以永远不被言语伤害。周瑜被诸葛亮三气而死，是情商不足的结果。

不会移情换位难以保证职场成功

深圳某家大型汽车电子加工企业，其生产一线工人就有近千人，公司老板丁总是一个非常能干的人，短短几年的时间，就使企业产值达到上千万元。在众多的成功因素中，丁总的个人魅力是不可或缺的，他对员工非常和蔼，经常同一线工人一起用餐，一起加班，穿着也很随便，乍一看，和普通工人没有什么两样。就是这家欣欣向荣的公司，最近却有了波折：工人罢工了！影响还很大。

情况是这样的，随着公司规模、业务的扩大，丁总越发感到精力不够，不能很好地管理公司了，于是，他请了一个海外的专业工厂管理者管理工厂。这位厂长在工厂的管理岗位上待了十来年了，对工厂流程的管理非常熟悉，他也就比较自信，照搬以前的经验不就可以了吗？他的主要指导思想就是：一切按照作业流程来工作。法制化有了，人性化就少了。工厂管理人员都按照新厂长的要求，严查考勤表，不时在生产线旁监工，哪怕迟到30秒也要扣工资。员工当然不满了，有的员工竟然在晚上向这位厂长泼硫酸，更多的员工走上街头封路、游行。当地政府出动了，各个相关单位也来了，最后的结果是厂长走了，员工也流失了，企业也损失很大。

丁总后来另请了一位国内的厂长来管理工厂，他的感慨就是：很多时候，在中国，人情比制度还要重要些。这位海外厂长了解自己的情绪,却没有了解别人的情绪,他也没有运用手段去激发别人改变情绪。丁总没有学过工商管理的课程,也可能没有听说过情商这个词,但他的的确确体会到了情商和影响力的关系。

北京某通信公司,组织结构是典型的高科技公司的哑铃式,研发和销售事业部很大,其中销售事业部有300多人,基本分为4个二级部:市场部、售前技术支持部、报价部和工程设计部,事情就发生在工程设计部门。

工程设计部主要是负责为客户设计系统方案和现场勘察等事项,它的前部门经理是公司的一名32岁的男性老员工,该人办事果断、技术过硬、为人正直,在公司有些威信,因此在他的领导下,员工都很服气,工作也很愉快,部门的各项工作也进行得有条不紊,但该经理2000年举家移民到加拿大,那么该部门就需要一名新经理来领导整个部门的工作。正在部门员工纷纷议论和猜测谁会接替部门经理一职时,公司领导突然宣布了一个出乎大家意料之外的人,张丽。此人不到30岁,女性,技术水平很一般,工作中屡次犯错误,领导能力也很差,为人处世也不好,经常假借出差到处游山玩水,在同事们的心目中没有任何威信。可就是这么一个人却从普通员工先是被提拔为三级经理,现在又要被提拔为部门经理。在被提拔为三级经理时,员工就颇有微词,现在又要被提拔为领导一个60人左右的部门经理,这一下,公司可炸了锅,说什么的都有,有人传出其舅舅和事业部总经理是同学等不一而足,尤其是很多和她一起工作过的同事更是不满意,该部门员工也是非常焦急,因为一个部门经理能力和威信的大小不但意味着该部门在公司中的地位，更多还意味着很多利益，很多能争来的利益，比如出国培训、工资涨幅、年终奖金等，谁又喜欢一个既没有能力又不会给自己带来好处的人来做自己的上司呢？于是很多人联名上书公司高层或找领导反映问题，甚至出现了 blackmail，公司闹得沸沸扬扬。

张某当上部门经理后，如果这时能够彻底反思一下自己，采用移情换位的思想，从员工的角度考虑一下为什么这么多的人反对自己，她会明白员工其实针对的不是她本人，对于员工来说，如果自己当不上，谁当都无所谓，但一定要给自己带来利益。他们需要的是一个能为他们带来地位和利益的领导，而不仅仅是一个职位头衔。如果张某当时能明白这一点，或许以后的结局就不同了。

张某当时上任后不是从员工的角度出发去反省自身，而是简单地将其归结为同事的妒忌，她的想法逐渐反映在其今后的工作中了。她手下的经理有很多比她有能力、资历又深的，本来就不服，而她上任后，不是以信任、尊重的态度去对待，平时工作中也很少去沟通，总以上司的态度、以权力去解决问题，结果可想而知，这些经理根本不听她的，工作能推就推，能不做就尽量不做，根本无工作积极性。由于她本身资历不高，在事业部管理层更没有威信可言，她考虑到个人利益，也不敢拼命去为本部门争取，于是该部门什么好处也没有，出国培训、分房没份，年终奖金比别的部门少一大截，工资涨幅也比别的部门低。可想而知，部门工作一塌糊涂，频繁出错，任务完不成，又没人愿意加班，士气低落，员工纷纷调离该部门。

结果，2003 年，事业部换了新的老总，自然她也被迫离开。

离开时,又传出其贪污公司一台崭新的笔记本电脑,领导没当好,连个人的形象也毁了。

一个领导者要善于培养情商,增加个人魅力,同时要学会移情换位,懂得如何在下属和上司中产生影响力,从而提高自己的领导力。过于自私的人属于不会移情换位,只懂得让自己开心,不顾及别人的情绪,这样的人被提拔,责任在上级。

情商不够影响校友和谐

这是发生在某名牌大学的故事。有天晚上,赵娜上课前在车里急急忙忙赶一份非常重要的报告,导师下了最后通牒,半小时内必须发给他。不巧笔记本电脑没电了,于是赶紧找了间教室(这个时间几乎没有空桌子),看到一位女同学的桌子旁有插座,觉得同样是女生会比较好说话,赵娜请求坐在她旁边,并说明只要十分钟就好,那个女生头也没抬地说:"你快点!"也算赵娜倒霉,完成了报告无线网络又出了问题,急得赵娜大冷的天一头汗。这时那位女同学冷静的声音传过来:"已经十分钟了。"赵娜急急地说抱歉,才发现人家压根儿就没把高贵的头从书本上抬起来。赵娜隐忍地说很快了啊。又五分钟过后,那位女同学终于抬起头冷冷地说:"你什么时候完呢?我这样不方便。"赵娜从没见过这阵势,委曲求全地说:"我把椅子搬开一点儿,把电脑放在膝盖上,成吗?"谁都猜不出她下一句竟说:"椅子我也用!"

相信这是一位特别聪明的女孩子,也相信她在学术上会非常有成就,她能把书本上的知识考到 100 分,但很多东西是书本上永远学不到的,读书之道在于悟。

高智商低情商会暂时达到自己的目的,但是会伤害别人的感情,获得眼前丢失未来。获得使别人哭笑不得的成功,也会使自己在以后同别人的合作中变得可怜。

再来看看研究生小杨的故事。

> 学期初,小杨刚刚搬进了新的宿舍,大家约定每天晚上绝不超过 12 点睡觉。刚开始的时候大家都很遵守约定,但是慢慢地其中一个总是很晚才睡觉。小杨因此很不开心,于是自己也开始睡得越来越晚,宁愿选择大家都不能好好休息也不愿意和她好好聊聊来解决这个问题。一周过去了,宿舍的气氛开始变得紧张,大家开始都不愿意理会对方,甚至连开口打个招呼都显得多余。每个人都觉得自己被其他人打扰了,却很少检讨自己的错误。直到一周后的一天小杨忽然意识到自己也成了自己原本很讨厌的那一种人,她开始检讨自己的错误,发现自己并没有主动地和对方沟通,因此对方或许没有意识到自己已经打扰到别人,而另一方面把自己心情不好完全归罪于对方的晚睡,这实在是太没有道理了。于是小杨主动向那个女生和宿舍另外一位同学承认近来晚上打搅大家的错误,没想到她们也都很快表示了歉意,并且大家约定如果没有特别的事情就尽量早点儿休息。现在,在宿舍大家总是有什么事情就主动说出来,一起解决,大家又开始有说有笑了。

把责任推卸给周围的环境或者是身边的人,这样是很容易的,但是牛顿定律这时起作用了,别人也会抱怨你。如果能让自己克制情绪,在开口指责之前先冷静思考三分钟,不仅会创造和谐的氛围,自己的性格也会慢慢发生改变,生活也会变得越来越轻松。

情商变低失去追随者

5年前沈先生年轻、聪明、头脑灵活、社会关系多、活动能量大,尤其是在待人处事方面豁达、热情、细心、大方、待人真诚、不计较个人得失,使很多有能力的人在他感召下,放弃了原有的优厚工作条件,到他的身边跟他创业。

时光荏苒,5年多的时间过去了。沈先生已经荣升某大型国有贸易企业的副总裁。虽然沈先生还是一贯地在工作上忘我地努力,工作的热情和执著依然如前,但是一个奇怪的现象发生了:那些开始和沈先生一起创业的人纷纷离开了公司,或者疏远了沈先生,有些甚至到了水火不相容的地步。中间的问题当然不能简单地以一个或几个表面原因解释,但是给人的感觉是随着环境条件的变化,沈先生同以前比发生了较大的变化:

——由当初的虚心聆听不同意见,到现在的固执己见。
——由当初的用人不疑,到现在的安插耳目和控制。
——由当初的礼贤下士,到现在的目空一切。
——由原来的脚踏实地,到现在的夸夸其谈。

时间可以改变人的容貌,环境可以改变人的处境,思想可以改变人的心态。一个人的情商是可以变化的,一个人的情商是可以培养和塑造的。如果没有情绪管理能力，就会把人当做没有情感的工具来使用。以人为本如果没有对情感的管理，只是认识了半个人。

保持情商需要警觉，提升情商需要做出牺牲。

高情商缔造和谐

领导者高情商提升企业亲和力

佩伟曾经在两家大公司做过兼职，接触过两种完全不同的领导，他们的言行对她产生了不同的激励作用，这两家公司为 A 公司和 B 公司。

接触 A 公司的财务总监是因为在她实习期间正好赶上他过生日。总监是个法国人名叫 Allen，当时整个财务部的同事都聚集在办公室，买了生日蛋糕给他庆祝生日。作为一个临时的兼职人员，佩伟当时在他们的 party 上很自卑，因为刚来公司，与同事之间还不是很熟，显得很尴尬，很难融入他们的欢乐氛围之中。当 Allen 注意到她后，微笑着递给她一大块生日蛋糕，并且主动与她交谈，并欢迎她加入公司。当她说自己是清华大学的一名在校学生时，Allen 高度称赞了清华，并且亲切地对她谈起他曾经拜访过清华的经历。当时尴尬紧张的她一下子倍感亲切，也很感动。她很意外地发现，这位职位与她如此悬殊的高层领导竟然会这般热情地同她交谈，特别是并不因为她是临时员工而不重视她，像尊重其他正式员工一样地尊重她。当时的她立刻对 A 公司产生了非常好的印象，并且也确信 A 公司是她个人职业发展的很好的起点。在她离开 A 公司很长一段时间以后，有一次 BBS 讨论区里看到一篇关于 A 公司的不利消息，其实事实的真相是媒体的误导造成的，她当时看到这篇文章，感觉很气愤，立刻发表文章为 A 公司辩护。尽管自己已经离开那里有一段时间了，但心里却一直存留着对 A 公司极强的归属感和荣誉感，可以说，是 Allen 让她对 A 公司产生了如此良好的印象。

B 公司的情况却恰恰相反。B 公司的老板名叫 Holy，对于下属一向很严厉。佩伟在第一天上班的时候，按照人力资源部经理的要求着装。可能是与 Holy 自己的偏好不同，见到她后，没有问清原因就把她严厉地批评了一顿。当时对于第一天上班的她来说着实像是被泼了一瓢凉水，导致她一天的心情都不好，而且做事也提不起精神来。后来，在她离开 B 公司的那天，对自己说："如果面对的是这样一位冷冰冰的领导的话，那么我宁可不再回来。"

品牌赢得客户，直接上级影响员工，工作氛围凝聚人心。

深圳一家物流公司，一个员工在用叉车装设备的时候，叉车直接从设备的中间插了进去，导致设备毁坏，这个员工两年的工资也难以弥补设备成本，员工吓破了胆。老总知道这个消息后，简直气疯了。在自己的办公室里来回踱步，痛恨这个员工怎么犯如此愚蠢的错误，恨不得马上就把这个员工骂个狗血喷头然后把他辞退。他犹豫了许久以后，终于用情商的工具使得自己进入平静状态。他让人把这个员工叫到自己的办公室,员工哆哆嗦嗦地站在那里,老总说:"请坐吧。"这个员工说:"不坐。"老总把他按在沙发上,告诉他先喝点儿水,他不敢喝。

老总说:"把你今天发生的事情经过给我讲一下,我相信你知道事情的严重性,这个责任不是你一个人能够负担得起的,损失由公司承担吧,你回去写个说明,把今天的原因找一下,看看问题到底出在哪里,回头我们仔细解决。"这个员工感恩戴德,千恩万谢离开了办公室,从此这个人十分肯干,这个案例在公司也产生了十分广泛的影响,员工之间凝聚力强,员工热爱企业。

高情商缔造团队和谐

张高工是一名技艺娴熟的热控工程师。1997年,张高工在南方某市大型电厂的基建现场担任热控专业工程师,由于工作原因,每天要同多个单位的工作人员打交道。在每天的例会上,各方都在为工程进度、质量、设备缺陷、设计缺陷、施工违规等问题争论不休,大家也都各抒己见,以维护本单位的利益。每次例会,张高工都不能很好地控制情绪,非常激动地与别人争吵而不顾忌对方的任何背景和身份,出口伤人的事情屡屡发生。2002年年底,公司在西安参加陕西某电厂建设的设计联络会,会议结束后,张高工要到合肥处理另外一些事情,就购买了到合肥的机票,而其他人则直接飞到哈尔滨。因为都是中午的航班，于是大家约定第二天上午 9:00 一起去机场。第二天早上 7:00，张高工发现天下起了大雪，非常担心机场高速路会由于大雪而封闭，于是就自行乘出租车离开酒店独自去机场。9:00，其他人准时集合出发，出发不久就接到通知，机场高速由于大雪封闭，大家不得不绕道去机场，但由于大雪路滑堵车，在飞机起飞前没能到达机场，大家只能在路上望机兴叹。那一天，公司在西安的十几名工程师中只有张高工一人赶上了飞机，而其他人只能在无奈中返回西安，从上午 9:00 出发到下午 3:00 返回西安历经 6 个小时，回来后大家开玩笑说，只有高智商的研究生赶上了飞机。

争论不是争吵，争论的目的不是为了生气，而是为了解决问题，为工作争论是对事不对人，因此必须控制情绪，争论是不得已而非故意找茬或者有成见。争论是解决问题的工具而不是目的，手段是善意的争论而不是恶意的争吵，高智商并不能弥补情商的缺陷。

小姚的领导，为人不错，办事也很认真，但可能是到了更年期的原因，经常动不动因为一点儿小事发脾气。

一开始她发脾气，小姚很生气，她也生气，而且有时候周围还有别人，小姚觉得很没面子。后来，小姚想明白了，自己并没有做错什么，是她的不对，别人看见、听见心里自会明白谁对谁错，她这样只能降低自己的威信，而且她也不是只说自己，也在说别人，大家心里都明白。想到这里，小姚心情就好多了。同时，小姚也在想，也许有些她讲的是对的。多想她的优点，原谅她的缺点，她能当领导一定有强的地方，向她学习长处。不能改变别人，就改变对别人的态度。

按照操之在我的原理，不能只是一味地听她发脾气，而是努力影响她。

小姚想了一些和她沟通的方法，而且初步试了一下，小见成效。跟她当面理论肯定不行，就选择了到她办公室里，没人的时候和她单独交流。她很敬业，经常加班到晚上七八点钟。有一天，快晚上 7:00 的时候，小姚就去找她，首先说："主任，您真辛苦，这么晚了还没回去。"她说："是呀，我的压力很大，要完成上面交的工作，我没底呀。"小姚心里突然觉得她发脾气也是有原因的，她的压力太大了。小姚就让她别太累了，注意身体，然后才讲了白天同她观点的不同。真的很奇妙，她这次很认真地听了小姚的意见，而且承认了她的态度不太好，这也是对小姚的一种鼓励，她并不是那么固执。

移情换位可以理顺沟通。情商或许可以弥补智商，但是智商无法弥补情商，有时甚至会恶化情商。

某特大型公司现任副总崔先生，曾领导公司财务部门工作多年，经历了公司重组改制，海外上市等多项重大工作，带出了一支过硬的财务队伍，影响了一批致力于公司的发展而兢兢业业、不计得失、辛勤工作的人们。

在这家大型公司里面，财务工作的工作量是较大的，特别是在月末、年末加班是很正常的事，每月要处理会计业务 2 000 余笔，还有百余张各类报表、文字材料等，那么如何带出一支过硬的财务队伍、责任心强的队伍、任劳任怨的队伍是领导面临的难题。主管副总经理崔总利用他较高的情商,在工作做得漂亮的同时,带出了一支业务能力很强、执行力很强、凝聚力很强的队伍。他是一个成功的领导,也正因为这一原因,他由最初的办事员在短短的7年内被提升为副总经理。

1999年年底,公司优良资产重组并在海外上市,新的上市公司一切都是白手起家,所有资料都要建立健全,核算方法也要符合海外监管的要求,财务人员加班加点,在建立资料的同时,还要完成日常业务的正常核算,加班是常有的事。在这期间,当时任副处长的崔处始终和财务人员在一起,随时解决困难问题,帮助大家分析问题症结所在,使员工们心里很踏实,能够做下去,尤其是在半夜,有一顿加餐,只是食堂炖的大锅菜,崔处长和员工们一起边吃边聊,带领员工完成了这一艰难的阶段任务。

崔处长很关心下属,而且不是那种只说不做的人,恰恰相反,他是那种不说却做的人,总是给人以惊喜和感动。有一次,一位员工发高烧,在家休息,只是和组长请了个假,但是令人想不到的是由崔处长带队,和副处长、工会主席等主要领导一同到员工家探望,还送去了一些养病礼品,使这名员工深受感动。在以后的工作中,这名员工处处奋勇当先,承担并完成了很多工作。

沟通是领导很重要的一门艺术,也是做好领导的一种手段,崔总在他的工作过程中很重视沟通的使用。他经常会到员工的办公室去和他们聊一些关于工作的事,有时也聊一些大家关心的事情,和员工们沟通思想,为他们排忧解难,掌握员工思想动态。此外,由于他的这种开放性工作方法和平易近人的工作态度，员工们也愿意主动找他谈自己的心里话，这样使得团队具有很高的凝聚力和执行力。

在影响下级中，尊重下级、适当利用职权、充分发挥专业技能权是首要的几个因素。

领导力不仅仅是职位权力缔造的，更重要的是基于情商的影响力铸造的。基于情商的影响力，其作用超越了职位权力，也超越了组织的范畴。

谭梓，在A化工厂工作时，由一名普通车间工人逐步升至党委书记一职，A厂倒闭后，他来了B化工公司。

他到B公司的第一个角色，是在财务部做一个普通的职员，他并不懂财务，但是他很喜欢请教别人。每天很早到公司上班，拖地、打水、擦桌子样样都干，他很幽默，总是笑眯眯的。这样过了一个月的时间他已经融入了那个小集体，财务知识他总是问别人，但别人却喊他谭老师。

一个月后他被调往总经理办公室，负责对外接洽。他在B公司是没有任何背景和关系的，唯一的可能是财务经理的推荐。在总经办的时间，他还是每天都忙忙碌碌的，脸上带着他惯有的和善的笑容。三个月后他熟悉了公司的几乎每一个人，也不知道什么原因，他的背景大家也似乎都知道了。

销售旺季公司总是供货不足，一方面罐装车间人员素质低，很难管理，另一方面需要和供应、质检、储运、营销等多个部门打交道，非常烦琐。车间主任每天忙得焦头烂额，但还是不能及时交货。业务人员意见很大，高层也非常不满。一次，几个区域经理闲聊，一个同事说，该让谭老师去做这个罐装车间主任，他应该能玩转。结果一周后一纸聘书，让他真的成了罐装车间的副主任。一次，下大雨，一位离家很远的罐装女工没有带雨具，他把自己的雨披借给女工，自己却让女儿来送伞，一直等到晚上8:00多。他在工人中的威望越来越高，工作业绩也逐渐在提升。

后来他又历经车间主任、生产管理部经理、总经办主任、营管部经理、总经理助理。2002年，即他到B公司的第四年，公司设立新的分公司，在总经理人选上公司上下又不约而同地想到了他。就这样他成为公司的副总，分公司的总经理。

他的成功有多方面的原因，但一个重要的原因就是他高超的情商。由原来的企业高管成为一个普通的小职员，还能保持平和的心态，是很不容易的，这需要很强的自控能力和高度的自信。良好的亲和力，能让人喜欢、记住并且愿意帮助他，也是高情商的表现。借雨具给女工反映了其良好的人际敏感性。另外在他平步青云的过程背后，肯定有冷静清晰的思考，他一定有清晰的目标，而现实的繁杂总让人烦躁迷失，他却始终带着迷人的微笑，是多么难能可贵。

在同事中发挥影响力，更多是源于人格魅力，人格魅力中最重要的因素是坦诚、热情、为他人着想。有一个人，他学历不高，但人比较有头脑，最重要的是他特别能替别人着想，因此许多人都把他当知心人，不管这些人互相是不是对头，也不管他们是领导还是普通员工，有事都和他说，他成了单位的信息中心，因此他的影响力也很大，许多人拿不定主意的事往往都愿意听他的，一则因为他有一定头脑，但更多的是大家认为他掌握的信息多，因而他的建议更全面。可见在同事这一级别发挥影响力，更多依赖于品德因素。

高情商缔造邻里和谐

情商不仅仅应作为塑造领导力的手段和工具，其实更是我们日常生活中为人处世、向别人施加影响的有效工具。

丘峰经历了这样的故事：

> 我的对门邻居在小区里换了更大的房子，他们把原来的房子重新装修了一下，出租给了一家外地的住户。
>
> 情商于我的故事就此开始了。
>
> 我是一个比较有公共意识的人，小区里虽然有保洁员，但我还是很自觉地把每天的垃圾自己投到楼下的垃圾箱里去，时间长了，我和太太都形成了这样的习惯。
>
> 新邻居来了以后，我发现他们总是把垃圾袋放在门口，偶尔还漏一些出来。按理说有保洁员打扫，也不算是什么问题，我虽然不太高兴，但也没有深究。有一个周末的早晨，我打开房门，忽然发现楼道里流了一大片脏乎乎的东西，原来是对门家的垃圾又扔在了楼道里，而且倒在地上。当时我一股怒火冲上来，毫不犹豫地砸开了对门的门，还没等对方说话，我劈头盖脸地质问了对方一顿，对面的女主人不但不认错，还反唇相讥大叫："我交了保洁费，凭什么不可以！"两个人越吵声音越大，直到太太出来把我拉回去，我还气鼓鼓地发着脾气。
>
> 对面的邻居会自己扔垃圾到楼下吗？当然不会。那以后，对面照样把垃圾扔到楼道里，我每次看见也绝不客气地把垃圾

一脚踢到他家门口。我们就这样相处了好几个月,情况没有丝毫改变。

有一天,我偶尔从电视上看到一个节目,说是某位先生家楼上的空调漏水,滴在他家的阳台上实在烦人。后来,他终于忍无可忍打算上楼理论,正当他打算上楼的时候,忽然有人敲门,门外是一位有点儿眼熟的先生,手里拿着一节塑料管,"我是您家楼下一楼的。"那人说,"您在家休息吧!不知道有没有时间?"主人一听,想起来他就是一楼的主人。

"我不忙,不知道有什么事情。"主人说。

"是这样,"一楼的先生说道,"我家有个遮阳棚,这几天,您家的空调漏水,滴到遮阳棚上声音挺大。我找来一节塑料管,如果今天您有时间,我帮您把空调的水管延长一节儿,这不就没事儿了吗?"

主人忙说:"真不好意思,我还是自己来吧!"

后来两个人一起把空调的水管改好。主人想到:"原来不光楼上的影响我,原来我家空调还影响楼下啊!"于是他打消了和楼上理论的想法,也买了一节塑料管,去敲楼上的门……

看了这个节目,我恍然大悟!原来事情还可以换一种方式来处理啊!当天,我买了一些去污剂,自己动手把楼道清洗了一遍,而且用旧报纸把水擦干净,然后去敲对面的门。

对面的男主人一出来,看到了满地的旧报纸,忙说:"这些报纸可不是我们扔的。"

我笑着回答:"别误会!我刚才把楼道清扫了一遍,报纸是我清理用的,这样咱们的楼道就干净多了。我希望咱们以后能一块儿注意,我们门前干干净净的该有多好啊!"那人点了点头,我随后谢过了他,把清扫用的报纸收拾干净,丢到楼下的垃圾桶里。

那天晚上,我出去散步,居然发现对面的垃圾不再丢到楼道中间了,而是扎好了,放在他家门前楼梯的第二级上。后来的日子里,对面的垃圾就一直放在那里等清洁员清走。

之后的某一天,我在楼道里遇见了对面的男主人。我笑着向他问好,他的表情有些复杂,估计是感觉有些突然吧。

管理自己情绪和管理别人情绪的艺术,与其把别人放在自己的对立面,不如"移情换位",站在别人的角度上考虑。"赞美自己的敌人,敌人于是成为朋友。"对门是敌人吗?当然不是,既然连敌人都可以赞美,又何必将邻居拒之千里呢?

由于顾及面子和自尊,邻里不能指责别人的过失,只是在心里诅咒对方。如果能够站到对方的角度去思考,就不会让自己的行为伤害邻里关系,也就会实现和谐。小区里如果有一个专栏,报道邻里之间的美德故事,美德就会增加,小区委员会的任务是在大环境下解决自己区内的事情。

沟通沟通,不沟不通,一沟就通,良好的沟通来自移情。

高情商缔造家庭和谐

一位叫志峰的朋友给我们讲述了他的经历:

我的儿子在2005年1月7日出生了,虽然他的出生时间和预产期完全吻合,事先我做了大量的准备工作,但他的到来还是让我忙得不可开交，其中所未预料的是我与我父母之间的沟通问题。妻子怀孕后我们就商定由我父母过来照顾，为了让他们熟悉深圳的环境，安排他们提前一个月来这里。从那时起，我就变成了家庭中的"领导"。值得庆幸的是，我完成了MBA的最后一门课程领导学的学习，其中一个重点就是"情商与影响力"，它讲述了如何认识与管理自身情绪，同时认识和管理别人的情绪，我尝试着运用它处理我的家庭内部沟通问题。

这次的家庭冲突主要是因为一些生活习惯，尤其是饮食问题引起的，下面是一些背景说明。

我的老家在山西的一个小城市，父母是当地一所大学的教师，我从上大学离开家至今已超过了15年。我是一个不太善于表达自己的人，还比较挑剔，我妻子是山东人，性格非常开朗，与谁都可以处得很好。我们的生活习惯基本差不多，不过在深圳生活这么多年，已渐渐"广东化了"。

这个"领导"我开始当得并不成功，最初一段时间我不断"纠正"他们的各种行为，还一再强调不能到小商店买食品，即使那里的东西比大超市便宜。我父母尤其我母亲是属于个性很强的人，没那么容易"入乡随俗"，反而要求我们改变原有的一些"坏习惯"。他们来到这里后还对我的家里进行整改，尤其对认定是自己领域的厨房，把我们原来收在橱柜里的锅碗瓢盆都摆了出来，每次做饭都用得满满当当，说这样顺手。

这段时间正是学习"情商与影响力"的阶段，我逐渐意识到我的"纠正行动"存在很多问题。他们虽然是来到了儿子家里，但可以说这是一个非常陌生的环境。如果一味地纠正他们多年的习惯，不但达不到我的预期效果，反而会使他们觉得无法融入这个环境，我们之间也会产生疏远感。我意识到自己一直缺乏对他们的赞美。我开始控制自己尽量从他们的角度看问题，称赞他们批量购买的东西便宜实惠，又节省了时间。我们教母亲煲广东汤，说她一出手就有大家风范。母亲不会做鱼类、海鲜，妻子就自己动手让他们尝鲜。于是父母感觉很轻闲，每天都出去晨练，在附近逛超市买特价，晚上看电视聊天，家里气氛很是融洽。

儿子出生后，一切都变得紧张起来，冲突还是不可避免地发生了。由于不放心外卖的食物，妻子的一日三餐都需要在家里做好送到医院来。关系到儿子的"口粮"问题不能马虎，我在网上搜索了很多有关产妇恢复、母乳分泌的饮食宜、忌，用交叉过滤的方法制定了食物清单，当然最重要的就是要煲汤。我的食谱没有得到母亲的完全认同，她认为我只是照搬书本，无法与她的经验相比，在准备饭菜时不时做一些自由发挥。前两天早上的小米稀饭中加入了南瓜，中午的面条里煮了西红柿，我在饮食禁忌里发现南瓜与西红柿都是不利于产妇恢复的，就予以纠正。我那两天是最忙碌的，基本没有睡过觉，精神也变得紧张，有意无意的话语中又是埋怨又是责备，母亲愣了一下，坚持说这样吃没问题，我姐在月子里时也是这么吃的，然后扭头就出了门到了走廊。我意识到自己的话刺伤了母亲，走出门发现母亲的眼眶红红的，马上给她赔不是，事后我又趁我出去买东西的时间让妻子替我向父母道歉，母亲也渐渐松了口，说她以后会注意什么可以吃，什么不可以吃。在医院的五天中，我们每天的中心话题就是吃什么，喝什么催乳的汤，怎么做，父母每天做饭送饭，忙得像打仗一样，儿子很快就有了充足的母乳，不哭也不闹。

很快小孩就要满月了，这中间又经历了掉脐带，退黄疸等让我们紧张的事情，其中还不乏我与父母的多次争执，但都顺利化解了。我感觉随着小孩的长大，我也不断得到新的锻炼，变得更加成熟。

在家庭内部同样涉及沟通艺术，解决冲突的经验及教训可以同样适用于自己的工作环境中。父母与儿女之间的关系是世间最亲密的关系，即使儿女顶撞了自己，父母都可以原谅。然而在工作环境中，一个人的情商与逆境商会对事情的发展起到非常重要的作用。与智商不同，情商与逆境商是可以培养提高的。首先要意识到它们的存在与重要性，然后逐渐学习控制自己的情绪，通过移情，理解他人的想法并最终控制他人的情绪。这样即使不是职务上的管理者，一个人也可以成为事实上的领导者。对诸事的挑剔，就是从自己的出发点看问题，没有考虑别人的想法，只会让人疏远。只有调整自己的心态，学会宽容，必要时用委婉的方法向他人提出改进意见，才可以做到双赢和多赢。

有情商就有和谐

情商理论用在任何地方，都有利于创建和谐。

某开发区办公室王主任，情商提高以后，对家人增加了鼓励与宽容。父亲70多岁，竟然对电脑有兴趣，王主任不但没有打击他，还鼓励和赞美，并且给父亲买了高档扫描仪，老人把家里的历史照片扫描到电脑里,竟然可以通过动画显示家庭的历史,参加市里的展览还获得了夕阳红奖励。原来老人精神不振气色不佳,现在心情舒畅满面红光。

他家里放有关情商的光碟,他上中学的儿子看了以后到班级吹牛,同学也好奇,到他家观看,他家几乎成了小电影院。儿子竟然在同学中产生了影响力,被选为班长,自主能力增强,学习成绩上升,目标要考上清华大学,还对父亲说我的目标是清华大学,你做个样子先考上。父亲加足马力,目标是考上清华大学MBA。

在清华大学MBA考试期间,王主任用移情换位的原理知道考生都紧张,"人人有自卑情结,人人感到自信心不足"。他稍微表现出自信一点儿,就成为别人的主心骨了,考生们都愿意围绕他,结果他成了MBA考生的中心,一起准备应对MBA面试。如果他能够考取MBA,他一定会被选为班长。

以前春节他的亲属聚会,互相攀比和打压较多,抱怨别人不够意思、能力不足。今年他对别人赏识,结果亲属们特别开心,他在亲戚当中树立了威望。过去春节走亲戚要带重礼,今年礼物简单,但是送去赏识,对人家的装饰、爱好、为人、氛围等加以赞美,结果亲戚们比往年收到大礼更高兴。

王主任在单位也采用高情商的方式沟通,结果他的团队很和谐,大家工作主动,互相帮忙,其乐融融,业绩良好。

情商改变的是人的心态,提升的是一个人的素质。良好的心态和素质与一个人同在,人在哪里,心态与素质就带到哪里。高情商可以缔造内心的和谐,更可以缔造家庭、亲戚、朋友、团队的和谐,所以多方位的和谐都可以通过高情商缔造出来。

高情商缔造领导力

提高情商的路径

四种情绪的有效把握

可以这样推理：所有与人有关的事故都与情绪有关，生产事故、安全事故、交通事故、人际冲突等，摩擦更是由于不能良好地管理情绪而产生。而且，情绪传递符合链条原理，当一个人情绪不良的时候，一定有另外的人使他不愉快，再往上推演，一定有一个你根本就不认识的人燃起了这把火，这个人制造了不良情绪，就如同释放了一个病毒，不断地被复制和传递。如果能够提高情商，妥善管理情绪，则多数事故可以避免。如果不能操之在我管理情绪，你就会成为不良情绪传递的一个链条，使得不良情绪在人群中传播，不断地被复制和放大，进而破坏和谐。如果人们接触频率和范围较广，情绪传染会符合混沌效应原理，就如同亚马逊森林里的蝴蝶扇动了一下翅膀，美国纽约就可能有一场暴风雨。情绪具有传染性，就如同病毒，由人传染给人，还可能传染给动物，或者无生命的物体。学会管理情绪，用情商工具管理自己，就能够缔造一个和谐的氛围。

零件之间的相互运动产生摩擦，机油是润滑剂。人与人之间相互运动产生摩擦，情商是润滑剂。学习情绪管理的工具，提升情商有助于减少事故增加安全，促进和谐。

如何运用？就是对四种情绪有效把握：知道别人的情绪，管理别人的情绪，知道自己的情绪，管理自己的情绪。

（1）知道别人的情绪。知道别人情绪的工具就是学会移情换位和揣摩，站在对方的角度去思考，对方之所以出现这样的言行一定有他的道理，可以这样思考："如果自己是对方又会怎么样？"

要想知道别人在想什么就得站在对方的角度去思考，要想站在对方的角度去思考，就需要知道对方的年龄、性别、健康状况、家庭背景、学历、行业、经验，这样你才能想到站在他的角度去想，当你学会移情以后就不会对别人过于牢骚、抱怨，他怎么总这么说呢，他怎么总干涉我呢，你觉得不愉快的机会就会减少。

周文王问姜尚："君主怎样才能洞悉全局？"姜尚说："目贵明，耳贵聪，心贵智。以天下之目视，则无不见也；以天下之耳听，则无不闻也；以天下之心虑，则无不知也。"君主要站在天下人的角度去观察、思考，那么什么都能够明白了。

老子曰："圣人无常心，以百姓心为心。""以国观国，以天下观天下。"具有大智慧的人，不用自己的心去思考，而是用别人的心去思考，这样就知道别人在想什么。站在国家的角度看国家，站在天下的角度看天下，就能够洞察一切，这是大胸怀大手笔的换位思考。

换位加揣摩能够最大可能地估计出对方的情绪状态，鬼谷子思想具有直接的应用价值。鬼谷子认为，揣情摩意要在对方高兴的时候，就能够了解他的欲望，对方有了欲望，就无法隐藏他真实的性情。当对方愤怒的时候，就可以了解他的仇恨，对方有了仇恨，就无法隐藏他的真实性情。

（2）管理别人的情绪。管理别人的情绪很难，主要的工具有：赏识对方、批评自己、传递自己积极的情绪、采用鬼谷子推崇的沟通、恐惧和诱因两个力量的灵活运用、领导学推荐的领导者主要领导行为。

（3）知道自己的情绪。知道自己要通过内省与照镜子。"见贤思齐焉，见不贤而内省也。"反省自己是否有不足的地方，当正确认识自己的状态以后就会心平气和。"如果没理，发怒就没有用；如果有理，何必要发怒？"怀有一颗平常心，锻炼得职业化一些。多一些理智，少一些冲动。别把自己看太重，也别把自己看太高，当然也别把自己看太轻和看太低。

《荀子·劝学篇》说："君子博学而日三省乎己，则知明而行无过矣。老子说：知人者智，自知者明，胜人者有力，自胜者强，知足者富，强行者有志，不失其所者久，死而不亡者寿。"

如何内省？养成反思的习惯，每天对自己愉快和不愉快的经历反思，为什么别人说我好？为什么别人总说我坏话？为什么别人总发火？为什么自己开心？为什么自己不开心？为什么别人乐于接近自己？为什么别人远离自己？

（4）管理自己的情绪。管理情绪的目的是产生良好情绪，消除不良情绪，塑造阳光心态，延长积极情绪的时间，缩短消极情绪的时间。主要工具有操之在我和情感强度。

操之在我就是超级主动。不能改变环境就适应环境，不能改变别人就改变自己，不能改变事情就改变对事情的态度，不能操之在我者将会受制于人。

如果一个人对周围环境感到不适应，通常会出现三种结果。第一，改变自己，适应环境。采取操之在我的做法，使自己适应环境。第二，改造环境，使之与自己相适应。第三，离开不适应的环境。当自己不能适应环境，又不能主动改造环境时，只有离开环境。既然你没有能力改变环境，又没法离开这个环境，那就从自身做起，适应环境才是最好的解决办法。

不要被别人的不良情绪影响，成为连锁反应的牺牲品。每个人都有不开心的时候，坏情绪除了影响自己以外还会对周围的人产生连锁反应，不要受别人的影响而让自己也陷入连锁反应的陷阱，把握好自己的情绪。

在使用情商进行情绪管理的时候，需要提升情感强度。情感强度指感情的承受力。情感强度足够的人能够实事求是地面对组织中存在的问题，有勇气和自信解决组织中的冲突，敢于替换能力不强的人，敢于用能力比自己强的人。情感强度不够的人，只会任人为亲，注重关系而不注重能力，由于受感情羁绊而本能地使得不合适岗位要求的人承受痛苦而导致不能人尽其才，庸者不能下，能者不能上，最后整个组织业绩会下降，以牺牲组织为代价换取个人感情。

情感强度有四个核心特质：真实、自我意识、自我超越、谦虚。

真实就是不虚伪，言行一致，表里如一。自我意识就是正确认识自己的优势与不足，知道何时寻求别人的帮助，一个不了解自己短处的人也很难充分发挥自己的长处。自我超越意味着能够克服自己的缺点，随环境的变化调整行为和心态，善于接受新事物，始终如一地坚持自己的道德准则。谦虚指抱有现实的态度，承认自己的无知，随时向别人学习，承认错误，接受建议。

一个部门经理提出这样的问题："发现下属都有比我强的地方，不敢管他们怎么办？"实际上这是"人人有自卑情结"的表现。当一个人用自己的缺点比较对方的优点时，就会产生自卑情结。这时候情商理论有效，整合资源靠运作，整合人才靠情商。人才只是一个零件，无论什么形状的零件都只是零件而已，零件组合成机器防止摩擦要用润滑油，把人才整合到一起为防止摩擦需要情商。对于人才要敢于管理，并且多用领导少用管理，给下属平台比指挥他做事重要。刘备手下人才济济，他以高情商完美整合了英雄与豪杰。刘备"三顾茅庐"征服诸葛亮;"桃园结义"后晚上睡觉时给关羽、张飞盖被子,赢得了两位英雄的心;刘备摔孩子赢得了人心。刘备遇到事情有时会哭,把刘备这个特点定义成缺陷美,术语就是给下属平台比指挥他做事重要。手下有能人又服从自己的领导,属于情感强度较高。

高情商的人能够操之在我。一个能够操之在我的领导者应该具备三个动机组合:高权力动机、高责任感,低情谊动机驱动。高权力动机指凭借集体力量达到目标,高责任感指运用权力时的道德考虑与慎重选择,低情谊动机指以工作为重,不掺入个人感情,能够做到蝮蛇蛰手,壮士断腕。

情商与领导力缔造模型

任何人都在影响别人或被别人影响,影响别人的过程叫"领导",影响别人的能力叫"领导力"。领导者拥有追随者,没有追随者的人就不叫领导者,追随者造就了领导者,伟大的追随者造就了伟大的领导者。自觉接受别人影响者叫做追随者,追随者主动、心甘情愿。领导者拥有领导力。领导是一种过程,而领导力是一种能力。领导是影响,领导力是影响力。领导力是把概念转换成行动的能力。

一个人获得领导力的途径很多,通过掌握情商工具是缔造领导力的一条有效路径。

人是情感动物,小布什总统说:"能调动情绪就能调动一切。"如果你能够调动一个人的情绪,就能够调动这个人的行为,如果这个行为是追随行为,就能够获得这个追随者,因此也就使得自己成为领导者。

依据这样的逻辑,我们提出图 6-1 所示的情商与领导力缔造模型。

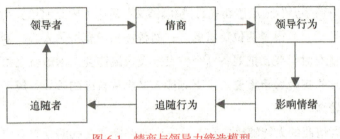

图 6-1　情商与领导力缔造模型

其中情商的核心内容是知道别人的情绪，知道自己的情绪，尊重别人的情绪，管理自己的情绪。一个情商比较高的人具备五个能力：知道别人情绪的能力，管理别人情绪的能力，知道自己情绪的能力，管理自己情绪的能力，激励自己的能力。具备这五个能力可以恰当地影响、调动和管理情绪，从而可以管理自己的行为并且获得下属的追随行为。

领导者的领导行为主要来自两个权力：岗位权力和个人权力。岗位权力是奖励和惩罚，就是正负激励；个人权力来自个人的专长、魅力、知识、网络。领导者使用来自这两个权力的领导行为实质上是影响下属的情绪，奖励使下属获得良好情绪，惩处使下属获得不良情绪，领导者的个人权力可以使下属的某些欲望得到满足或者不满足。因为生命的本质是趋利避害，所以下属就会产生领导者所需要的行为，下属就成为追随者。如果领导者的领导行为有效地在情商理论的指导下使用，就会很好地调动下属的情绪，进而产生下属的追随行为，由此就可以缔造以情商为基础的领导力了。

领导力的三个层次：人、从、众

一个人的领导力可以分三个层次：个人领导力、团队领导力、组织领导力。个人领导力通过管理自己的情绪可以产生,通过管理自己的情绪积极向上产生个人魅力与亲和力,情绪高潮时不过分张扬,低潮时不气馁消沉,由于能够鼓舞别人向上而成为别人的中心和支柱。这时你属于一个"人"字,自己能够支撑自己,可以稳定站立,你拥有个人领导力。

当你是一个有吸引力的人时就有人靠近和追随你,你属于一个"从"字。当有三个人追随你时,你是团队的领导者,你拥有了团队领导力。

如果你能够调动三个人,而且你能够指导和鼓舞这三个人成为团队领导者,你就拥有组织领导力,如此模式复制你就能够调动无数的人了。这时你属于"众"字,如图 6-2 所示。

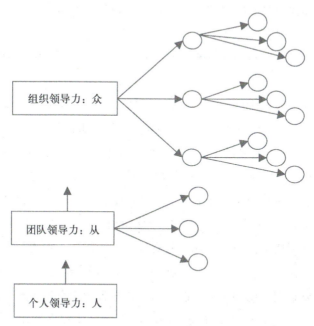

图 6-2 领导力提升示意图

如果能够复制自己的领导模式，那么能够有效领导三个人你就能够领导无数人。领导力的基础是个人领导力，让别人充满动力，自己应该是个发动机，让别人是发动机，自己应该是个造发动机的人。把一个组织比做一个塔，领导者在塔尖上，是别人的表率，因此率先垂范是作为领导者的先决条件。

领导行为的实质是影响别人的情绪

能调动情绪就能够调动一切，领导者可以通过提升情商而管理情绪，获得追随者，进而缔造领导力。领导者领导行为的实质是影响下属的情绪。

领导者主要采用两种行为：改造型和交易型领导行为，又可以分成以下五种主要行为方式。

指导：给下属安排任务，解释方法，阐明期望，设定目标，明确程序。

参与：向下属咨询，征求意见和想法，让下属参与讨论。

魅力：展示高的期望、自信和能力，传达愿景和目标。

奖惩：奖励有利的下属行为，惩罚有害的下属行为。

支持：换位思考，体谅与容忍下属。

这五种领导行为方式又分为两类：岗位权力赋予的领导行为和个人权力赋予的领导行为。在以上领导者行为当中，奖惩、参与、指导属于利用岗位权力，魅力和支持属于利用个人权力。当下属能力完全胜任岗位要求的时候，参与、指导和支持行为属于多余，领导者主要采用奖惩和魅力，而这两种领导者行为直接引起追随者心理反应：追随者情绪、感觉、态度、动机、期望会发生变化。当下属的成熟度和工作的结构化较高时，其感觉、态度、动机、期望会自主把握，那么，领导者的个人魅力和奖惩行为主要影响下属的情绪。

所以，当下属能力胜任岗位要求、其成熟度和工作结构化尺度较高时，领导者的领导行为主要影响下属的情绪。

调动情绪产生领导力

人的行为产生变化的原因有两个力量：恐惧和诱因，这两个力量引发追随行为。因为愉悦而追随，因为恐惧而不背离。马基雅维利说："恐惧比感激更能够获得忠诚。"

对期望的东西获得是诱因，失去是恐惧；对不期望的东西，获得是恐惧，失去是诱因。这两个力量足够使人可以做任何事情，也可以不做任何事情。这两个力量都可以推理出因为影响情绪而使人产生追随。

企业家有追随者，因为追随企业家能够获得财富；教师是天然的领导者，学生为获取知识而成为教师的追随者；哲学家有追随者，追随哲学家能够获得智慧；追随佛陀是因为不担心生老病死；追随耶稣是为了死后去天堂；追随医生是为了健康；羊群追随头羊，因为能够获得肥草和安全回家；结识好朋友是为了获得陪伴解脱孤独。

领导力的缔造路径有多种，一种缔造领导力的路径是通过情商缔造领导力。把领导者采用的各种领导行为的作用归结到影响追随者的情绪，利用人趋利避害的本能动机。为了获得愉悦而追随，为了避免恐惧也会追随。例如为了获得领导者的奖赏而自觉努力按照领导者的期望去做事，这是为了体验好的情绪。为了避免领导者的惩处而敦促自己按照领导者的期望去做事，这是为了避免坏情绪。

知道情绪管理的工具不难，做到就很难了，需要把思想变成行动且养成习惯。两个力量使得自己行动：恐惧和诱因。这两个力量必须自己加给自己，自己加给自己叫自治，别人加给自己叫被治。

操之在我和情感强度是灵活运用情商工具提升领导力的素质准备，趋利避害是人追随的基本心理动机。

根据情商缔造影响力的依据是：领导者领导行为的本质是管理情绪，"能调动情绪就能调动一切"。缔造领导力的路径是：领导者通过提升情商可以利用领导行为管理情绪，下属会产生追随行为，这时下属就变成了追随者，追随者造就了领导者。

情商与职场成功

成功是每个员工的渴望。但是，有些人就是没办法成功。而且，往往许多才华横溢、顶着人人称羡的学历的人，却因为某些个性特质，在迈向成功的关口，没办法突破瓶颈更上一层楼。智商反映了人的智能水平，情商则反映了人在认识自我、控制情绪、激励自己以及处理人际关系方面的能力，情商决定职场成败。由于忽视自身情商的发挥，导致了在职场中处处碰壁。情商看不见摸不着，但是如果你忽视它，成功就必然会忽视你。

在具备一定的工作技能以后，人与人之间的竞争往往就是情商上的比拼：谁的情商高，谁就能更容易受到领导及同事的支持；谁的情商高，谁就拥有更多的人脉资源与潜在机会。所以，情商的高低往往就是职场成功与否的关键症结所在。而许多人之所以不知道自己为何不能成功，原因也与未能认清自己在情商上的死结。

低情商领导者失去影响力

王力的故事：

我所在的公司有几位副总，其中两位我们称之为A总和B总，两位副总都不主管我，但是我都曾经跟两位副总一起出过差，而其中遇到的一些小事，两位副总表现出来的不同，令我对两位副总也产生了截然不同的印象。其中，有一次我和同事与A总一起出差返回，因为飞机晚点我们都焦急地等了很长时间，到达北京的时候已经是凌晨1:00多了，我和同事都非常着急想早点回家。根据公司的规定，副总以上出差有专车接送，其他人只能自行乘坐大巴。当时我们都希望能够蹭一下A总的车回家，我们刚好都顺路。当我和同事下飞机想跟A总说这件事情的时候，却发现A总已经自己钻进专车，一溜烟跑了，留下我和同事非常惊愕地待在机场，最后只好打车回去。同样有一次，我和另外一同事陪同B总出差回来，当时还是下午，我们出机场后，B总非常热情地问我们家住哪里，然后根据我们住的地方，建议我们搭他的车回去。虽然最后我们还是坐的大巴，虽然也许B总并不是真的希望我们坐他的车，但是我和同事都觉得B总对我们非常好，很尊重我们，心里都特别感激，哪怕坐着大巴，感觉也很好。由于这两次不同的经历给我带来的截然不同的印象，在后来的工作中，我总是自觉不自觉地表现出对A总和B总的差别。譬如，A总有时候交代的工作，我往往是草草应付，随便交差了事，心想反正你也不是主管我的，我没必要那么认真；而对于B总，因为印象比较好，所以他交代的工作，总是在短时间内认真完成，甚至比交给主管老总的工作还要仔细,并且还喜欢去他办公室当面详细汇报,B总因此对交给我的工作也很满意。

领导力就是管理情绪的能力,而这种领导力的获得,只是在一件很小的事情上。得人心者得天下,得人心,是一个领导者很高的评价,得人心说明领导者有一批追随者,有一批政策的执行者。而恰恰这个得人心是最难的,光靠智商远远不够,需要有很高的情商作为支持。提高情商,方能提高领导力。

高情商者得到资源支持

晓生的故事:

我大学刚毕业到制药公司回收工段做技术员,参与岗位操作的自动控制系统研究。工作很快就取得了突破性进展,但是紧跟着出现了一个十分迫切的问题,就是再进一步对自动化控制的完善过程成中,需要在许多的地方增加数据采集点和控制点,这就需要采购远传仪表和调节控制器。

为此我们写了一个《采购申请》,采购是要经过车间上报到老总那签字才行的,结果没几天,《申请》被退了回来,并在上面有批注"目前该项目没有确定,而且公司目前资金紧张,暂不执行"。

通过了解,目前公司并不存在资金紧张的问题,最主要的问题是领导对该项目是否能够成功持怀疑态度,更明确一点说,是对我们两个年轻人没有足够的信任。

为了能够申请到资金,得到主管副总的信任和赏识就变得非常重要,因此我们决定亲自去找他,但是在去之前,我们简单分析了一下,作为主管这一项目的总经理,如何才能够打动他并取得信任。分析实施策略如下:

第一,该老总专业也是软件控制,因此先是找一个合适机会,以向老总请教为借口,多次向其请教,逐渐与其谈起现在项目的可行性。

第二,由于目前公司有一种说法,就是在公司自控上花了太多的钱,但是没有什么非常突出的成就,因此利用合适的机会对老总进行刺激,他一定希望能够树立一个在工艺自动控制上取得成功的实例来激励大家。

第三,告诉车间主管该项目对车间管理上的好处,再次请车间主管在老总面前多说我们和项目的好话,增进对我们的信任。

在外面给别人宣传公司主管副总是对我们非常支持,给予了我们很多帮助等,并想办法让这些传到老总的耳朵里,给他形成一种心理压力。

结果一个月后,我们得到了支持并购买了仪表,该项目当年获得公司科技进步二等奖。

高情商者带领团队

李昊的故事:

以前我在韩国工作的时候,是一家保险公司分店的店长。

我负责我分店 40 多人的销售活动。那时候我的业务是三大类。第一大类是教育。这意味着给销售人员讲授商品的内容和特征，或促销的办法。第二大类是管理分店的营业费用，一个月差不多 3 万人民币左右。第三大类是管理销售人员的情绪。其实对我来说第三个业务是最难的。我刚进公司两年以后当了店长，我才 28 岁而已。但是店里的销售人员都比我大得多。最大的人是 52 岁，跟我妈妈同岁。而且，大部分是女生，都已婚。我刚当店长的时候，整个分店的员工情绪低落，销售收益不太好。又年轻又没有经验的一个店长，销售人员消沉的情绪，这都是管理一个组织的不良条件。但是 4 个月以后我们店变成了在本部地区的最佳分店。别的店长都一边夸奖我们一边羡慕我们。

我的做法如下：我是在我本部地区里面最年轻的店长，所以我不怕失败，我想做什么我就行动。我自己觉得教育得好不一定销售额多，那个时候我想管理人是领导最重要的事情，而且好多前辈店长也给我说过管理人是店长的基本业务。所以我决定，为了当好领导我必须好好管理人，首先我定了一个口号："3F——Family，Fun，First"。这意味着我们都应该把自己的同事当成家人。有工作的人本身就很幸福，所以做工作时应该高兴地做工作。然后，我又做了以下几点来管理人。

（1）知道别人的情绪。我每天上午花至少 2 个小时跟销售人员谈话，一天可以跟六七个人面谈。刚开始面谈的时候我基本上是问最近的销售情况，例如去哪里、这周有什么安排、约谁见面、主要促销的商品是什么，等等。但过了一个月以后我自己觉得好像面谈的方式不对，所以我改了面谈的方式。我记下了跟人家面谈的内容，然后我跟他再面谈的时候我提起了以前谈话的内容。这样，他们非常积极地回答，而且很高兴。比如，我今天问人家去哪里搞促销活动，然后过了几天以后再问那个活动的效果，那么他们都表现得挺高兴。私人的问题效果更好。比如这样的说法让人家很高兴："我听说你儿子最近生病了，现在怎么样？"或"听说你老公最近升级了，恭喜你。"我改了面谈方式以后，面谈时销售人员说的比我说的还多，结果变成了他们说话我听的样子，我那个时候体会到了倾听的伟大。通过这种方式，我在短时间内跟他们拉近了距离，而且很了解他们的情绪。

（2）尊重别人的情绪。我店里有3个队。一个队有差不多13个人。当然也就有3个队长。我每天晚上跟他们开会。会议的内容70%以上是队员的个人事情。在会议上我知道了很多以前不知道的事情。谁不满意分店管理方式，谁说假话，最近谁不想做工作等。有问题的销售人员不敢跟我说，但是跟他的队长说出来比较容易。我听了好多类似的问题以后，感觉到有问题的内容大部分是他们觉得店长不关心自己。所以，我用更大的努力同他们沟通。但不是通过面谈的方式，而是通过更私人的方式。比如说请有问题的人吃一顿饭，而且找非常好的餐厅，同时我又没提什么严重的话题。但是他们很容易说出他们内心的问题或意见，我又很认真地听。那些意见如果我能接受的话，就马上执行。如果不能接受的话，我会跟他们说有一点困难。但是奇怪的是在这种私人交流的情况下他们很了解我的立场，所以结果呢，大部分的误会或问题已经没有了。

（3）管理自己的情绪。刚开始当店长的时候销售情况不太好，本部每天给我很大的压力。然后我跟本部说至少给我半年的时间，然后我们可以发挥自己的实力。虽然我的话是乐观的，但是我心里也很着急，不过我从来没有在我的销售人员面前表现出我的着急。甚至我每天早上都会准备早点带到办公室给销售人员。因为我知道很多人不吃早点上班，他们以为我准备早点是因为分店的销售很好，所以我才会高兴地准备早点，但是那个时候分店的销售很差。他们不知道那时我心里多着急。结果，我的微笑和阳光政策给销售人员的影响不小。他们后来知道了分店的状况，彼此鼓励，互相帮助。结果4个月以后，我们获得了最佳分店奖。

低情商者怀才不遇

一位朋友名校毕业，人极聪明，长得潇洒，每日衣冠楚楚，说一口悦耳的美式英语，专业又出色。毕业后进入一家合资金融公司，可是，同辈朋友即便从私营小企业做起，也已晋升经理，独当一面，他却在5年中换了三个单位，依然布衣。春节见到他，他面露郁闷之色，原来年终绩效评定不利，心中块垒难平。

他工作出色，是单位数得着的行家。在年终评定业绩时，职能部门领导和行政直属领导给了他两个截然不同的评语。职能部门领导的结论是："他工作认真，对业务具有敬业精神，谦虚，能完成领导交给的任务，应评为优。"行政直属领导却认为："他工作尚可，但人际关系不好，性格孤僻，没有团队精神，应评为差。"

朋友的遭遇让我们也愤愤不平，论学历、才干、敬业，他哪一样不出类拔萃？他的症结在于：情商缺乏导致了他的职场失利。

在好莱坞，流行一句话："一个人能否成功，不在于你知道什么，而是在于你认识谁。"在这个人际交往圈子越来越大的时代，一个人如果只注重内在品质，而忽视外在的表达和交流，人际交往必然会受到影响，从而错失许多宝贵的机会。很多优秀的员工自觉或不自觉地成为"工作中的讨厌虫"，原因在于他们失去了"人缘"。

职场环境如同一个小社会，能否愉快地工作首先要取决于人际关系的好坏。"合则来，不合则去"的态度将是我们上升的绊脚石。其实，接触各式各样的人，和他们交流，向他们学习，这是"工作"所衍生出的很重要的附加值，不仅可以拓宽自己的生活与视野，对于自我成长也是很有效率的渠道和方法。

在职场中，不乏有气质、有才气的人。然而，有的人却把这些资源过度"自恋"化，因而在待人接物上常有一种清高心理，对同事冷漠以待，总以为自己有才能而不需要靠别人也不想帮别人，一副我行我素的样子。这样的人际关系，使得他们很难成功地突破晋升的"玻璃天花板"。

首先，上司尤其是顶头上司将直接决定着你能否晋升。任何一个上司能坐到领导职位上，都有其过人之处。但不是所有的上司都是完美的，对上司投其所好、百依百顺甚至是"阳奉阴违"的人并不能获得领导的好感；同样，不分场合与上司唱对台戏，也会使领导反感。所以要尽力完善、改进与上司之间的关系。要创造条件让上司接纳你的观点，认同你的优势。不过，在提出质疑和意见前，一定要拿出详细的、足以说服对方的书面计划。

其次，同事之间的关系也是个人晋升的重要砝码。任何一个公司在提拔一位员工时，都得考虑群众基础，因为晋升上来的人不能"唱独角戏"。作为同事，我们没有理由苛求人家为自己尽忠效力。要职业化，不可情绪化。把别人的隐私抖搂出来、背后议论和指桑骂槐，最终都会在贬低对方的过程中破坏自己的形象，而受到旁人的抵触。同时，对工作要热情，对同事要给予慎重的支持。支持意味着接纳，但一味地支持只能导致盲从，也会滋生拉帮结派，影响公司决策层对你的信任。

最后，友善对待他人，其实是友善对待自己，因为人人心中有一杆秤，多数人会投桃报李，以其人之道还其人之身。

如果前面的那个朋友能多和领导、同事沟通，少一些世外高人式的独来独往，就会多一些微笑，少一些烦恼。或许，建议他明天，从带着笑容上班、向清洁工问好开始，会是一个不错的主意。

情商提升业务能力

小张是某著名大学金融系的高材生，由于在校期间优秀的表现和优异的学习成绩，击败了一同应聘的所有对手，被国内一家大型银行录取。根据银行的用人机制，新入行的职员都必须从储蓄员开始做起。于是小张被安排在该银行一个繁忙的储蓄所里做一名储蓄员。带着刚刚参加工作的喜悦和新鲜感，小张踌躇满志地投入到工作中。储蓄员的工作流程十分简单，很快他就熟悉了整个工作流程，领导十分满意。但是随着新鲜感逐渐退去，小张对于简单繁复的工作越来越不耐烦，每天都要对着无数的客户露出笑容，还要经常忍受客户的恶劣态度和无理刁难，身为独生子的小张长这么大还从来没有做过为别人服务的事情，常常因为客户的一句话影响自己的心情。最让小张不能忍受的是跟他在一起工作的储蓄员大多是职高生，小张认为让一名大学生做这种工作是银行用人制度的问题，并且他开始对自己未来的发展感到担忧。很快这种想法就极大地打击了小张的工作热情，对待客户的态度越来越冷漠，甚至说话都有抵触情绪，常常把客户惹怒，而且在工作中还常常出错，业务水平甚至还不如他瞧不起的职高生。

这一切都被小张的主任看在眼里，经验丰富的主任把小张叫到办公室，但是主任没有马上和小张谈工作的事，而是先和小张谈起了他的理想，然后又和小张谈起了到银行工作的感受，请他提提建议，这下打开了小张的话匣子，他把自己对岗位的不满和未来的迷茫全盘托出。主任安静地听完小张的话，首先肯定了小张的想法，检讨说：我们的确没有更多地注意大学生的管理，感谢小张提出的意见。接下来主任话锋一转，问：我知道你的能力强，那你的能力在哪呢？用什么证明你的能力呢？两个问题让小张一时语塞，低下了头。紧接着主任鼓励道：作为大学生更要通过展现自己的能力为自己赢得未来，其实每个人都有这样的过程。接着主任向小张讲起了自己相似的经历。最后还请小张谈谈自己的特长和想法，请小张多提意见，增加沟通。并建议小张考虑在自己的岗位上通过更多的贡献证明自己的能力。

小张本来就是一位上进的年轻人，与主任谈话以后，心情豁然开朗，心理也发生了变化。在以后的日子里积极转变自己的思想，多次向主任提出合理的建议。而主任则根据小张的特长安排了一些额外的工作给小张，并指导小张提交了几条关于提高银行业务效率的建议。不断给予小张鼓励，相应地提高了对他的要求，也与其他同事交换了对于小张的意见，化解了小张与同事的矛盾。小张终于展现出了优秀的才干，很快被上级行某个部门的领导给要去了。而恰恰在这个时候，和小张一起进入银行的小王却因为在工作中与客户吵架被辞退了。小张对老主任的感激溢于言表。

管理好组织从情商入手

一家大型国有企业的管理干部学院，作为集团公司的高级培训中心和党校，承担着为集团培养中高层管理干部的重要任务。自1996年起，院领导频繁换人，平均一届领导寿命不足2年，远远低于正常的任期年限，而且任命到学院的领导已接近退休年龄，差不多已解决了户口、安置好家属，也到了退休年龄，此种任命为"安置式任命"。也许是因为快退休了，几乎每位到任领导都不太愿意管事，更不愿意惹人，学院可以说根本就没有所谓的管理。学院派系林立，人心涣散，简直就像一盘散沙，上班时，大家想做什么就做什么，洗衣服的、买菜的，甚至有的老师私刻学院公章，在外面以学院名义招生，在肥了自己腰包的同时却严重损坏了学院的声誉，在精神上和物质上都给学院造成了严重的损失。当人们已经对这种现象麻木的时候，2002年9月集团公司突然向学院空降了一位不到50岁的一把手，而且还是一肩挑——党委书记兼院长。真的很神，他的到来使学院发生了翻天覆地的变化，人心齐了，管理也走向制度化、规范化了，员工的积极性有了明显提高，在学院效益逐年提高的同时，员工个人的口袋也慢慢鼓了起来。印象最深的是在教学研讨会上，有位老师在向院长敬酒时说："有首歌唱

'从来就没有什么救世主',我说您就是我们的救世主。"尽管话语不多,却道出了很深的内涵。为什么这届院长竟会如此受员工尊重信任?为什么他能在短短的时间里将一盘散沙变成沙团?

领导就是影响,影响他人先影响自己,以身作则、率先垂范才能影响他人。

(1)知道别人的情绪。作为学院的一把手,他在出台任何一项政策时,总是先找到相应的理论支持,同时广泛征求员工的意见,听听大家怎么说,完全站在员工的立场上考虑问题,只要是对广大教职员工有利的事情,不论多么艰难都坚决要做。而且,在制定政策时先缓慢渗透,待时机成熟再推行。

(2)管理别人的情绪。采用赏识式管理、沟通,奖罚分明,懂得认可和赞美他人,下属取得一点成绩,只要他知道,他都会在适当场合及时给予表扬。对于犯了错误的员工,不管是谁,只要违反了学院的相关政策,坚决按规定惩处,毫不手软。同时,具有较强情感协调能力,能随时调动别人的情绪,善于激发员工内在的积极冲动,大家非常愿意跟着他一起干,即使经常会受到批评,但仍很开心。

人在情绪不稳定的时候,需要一定帮助才能保持清醒的自我意识。人陷入泥潭不能完全自拔,需要别人的手拉一下。

(3)知道自己的情绪。专注于事业,以工作为重,工作中不掺杂私人感情,具有高度的责任感。充满活力,精力充沛,阅历丰富,他曾担任过大学的党委书记,到基层挂职锻炼,丰富的经历和阅历为他积累了不可多得的人生经验。

(4)管理自己的情绪。敢于面对突发性的不愉快事件,能够不受制于人。自信心强,思想时刻准备着,有远大目标,大家认为不可能的事情他都能办到。自我控制情绪的能力很强。

领导力提升案例

克斌通过情商与影响力的学习和技巧的运用,管理水平有了较大的提高,对自己情绪和生活的掌控能力也得到了加强。

克斌所在的企业原来是一家外资企业,进行资本重组后,一部分股份转让给了民营企业。资本重组后,所有的管理都交由中方股东,管理方式发生了很大的变化。企业推行的是压力式管理,管理方式较简单粗暴。在工作中,上级对下级经常是训斥,管理效果其实并不好。他以前本来是在外企工作,在资本重组后,因为工作压力大,工作任务重,再加上受其他管理者的影响(公司管理层中只有少数是原外企留下来的,大多数是从内地某民营企业派过来的),他的管理方式也一度变得简单和粗放,每天早会的时候只是讲任务、讲压力,而没有顾忌员工的感受。结果是工作成效并不高,而且每个人都感到很累。

克斌到清华上完课后,受到情商与影响力的点拨,觉得应该对以前的管理方式做个彻底的改变,并把一些实用的方法和技巧用到工作中。每天下班后,都会找一些人来聊天,了解员工的想法,一方面可以改善上下级关系,另一方面可以得到更多的信息。每天早会时,他除了讲当前的形势和任务外,对工作中的一些人有意识地给予表扬,增强员工的满足感和自豪感,同时也向员工描绘公司的发展蓝图，向员工解释他们承担的责任。

同时他提出了三个分享：财富的分享，知识的分享，价值观的分享。他通过改革项目考核机制，给予项目提成，有效地调动了员工的积极性，员工经常不计报酬地主动加班加点。他也会把平时看到的一些好的文章和知识与大家分享，提倡"快乐工作，共同进步"，让大家都有一个好的心态，通过描绘公司愿景和发展来塑造共同的价值观。他给大家讲过一个故事：有两个人要去投胎，阎王问他们，你是愿意养一万个人还是一万个人养你呢？有一个人回答是愿意养一万个人，结果这个人成了将军，可以领一万个士兵，这一万个士兵的生活就依赖于这个将军；而另一个人回答愿意一万个人养他，结果这个人成了一个乞丐，靠乞讨为生，由一万个人来供养他。克斌所领导的部门负责新产品的开发，公司的发展和员工的生存与新产品开发的成败关系极大，所以他讲这个故事就是要让大家明白，愿意承担的责任有多大，则个人的成就就有多大。只有勇敢地承担责任，个人的事业才有可能成功。通过这种方式，在部门内树立起了共同的价值观。

管理方式的改变，使管理的成效有了明显的改观。员工情绪高涨，工作成效也非常显著，部门凝聚力也得到了加强。

克斌通过学习情商与影响力，不仅对下属的管理方式发生了改变，与其他部门同事关系的处理也有了很大的变化。他们公司的管理干部，除了极少数是原来外资企业留下来的以外，绝大多数管理干部都是从内地股东单位派过来的，所以业余时间他们经常一起吃饭，一起玩。以前他不太理解，以为是小团体，是派系，所以也不太能够融入他们，再加上学习MBA，

> 业余时间很少，与其他部门同事除了工作外，基本上没有进一步的交往，现在他学会了"移情"，通过换位思考，对他们的举动有了更多的理解。毕竟他们都是孤身一人派过来的，远离家人，业余时间一起娱乐一下也很正常。同时他也有意识地融入他们，虽然工作之余的时间非常有限，但他还是尽量抽时间偶尔参加他们的活动。通过这种方式，与其他部门领导的私人关系得到了改善，部门与部门的关系更融洽，工作氛围与工作效果也更好了。

成不成功，在于态度；快不快乐，在于心态。一个人的成功，智力因素只占到很少的一部分，相反，非智力因素的影响却更重要。作为一个管理者，不能靠职位权力去命令下属，而应该靠"情商"、靠"价值观"去影响下属。管理分三个阶段，第一个阶段是处理阶段，管理者每天的工作都忙于具体事情的处理，就像一个救火队长，整天忙于救火。第二个阶段则是管理阶段，日常工作靠制度来保证和运作。最高境界是第三个阶段——领导阶段，也就是运用情商来激励和影响下属，利用价值观也就是共同的愿景来让大家主动去为共同的目标奋斗。

第 7 章

管理者核心能力"五力模型"

作为管理者,对上具有追随力,对下具有领导力,对外具有影响力,对内具有执行力,对自己具有平衡力。五力齐发才能缔造其核心能力。

管理者核心能力"五力模型"

1990年,美国著名管理学者普拉哈德和哈默尔提出了"核心竞争力"的概念:累积形成的独特的知识组合,满足四个指标——有价值、稀缺、难模仿、不可替代。参考组织核心竞争力的定义,"管理者个人核心能力"可以解释为:不易被竞争对手效仿的、独特的人格和知识经验技能。个人核心能力能够给个人带来竞争优势,是个人的社会适应和社会生存能力、创新能力和发展能力。管理者的核心能力不仅与个人成长进步密切相关,而且关系着组织和组织内其他成员的发展。因此,管理者必须具有"附加价值"才能显示其存在的意义。也就是说,管理者所创造出来的利益必须大于公司花在他们身上的成本。如何不断创造"附加价值"?这就需要管理者努力提升个人的核心竞争力。物理学认为,力是有方向性的。同理,管理者获得的力量也应该有助于他自如地应对来自不同方向的压力。也就是说,它要在不同的方向上支撑和运作这个组织。

我们的研究发现,一个管理者主要面对上、中、下、左、右五方面的压力,也就要产生五个方面的力量。具体来说:对上具有追随力,对下具有领导力,对外具有影响力,对内具有执行力,对自己具有平衡力。管理者五力齐发才能缔造其核心能力,而首先要具备的就是追随力,这是其他力量的来源。在此基础上形成了如下图 7-1 所示的管理者核心能力五力模型。

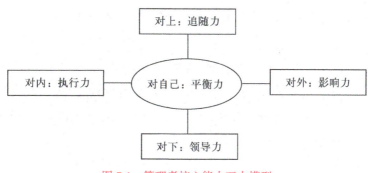

图 7-1 管理者核心能力五力模型

对上级：追随力

服从、配合、主动的状态叫做追随力。

当人们普遍乐于做领导者而学习领导力的时候，他们忘记了一个关键问题：领导者的权力来自哪里？领导者的权力主要来自两方面——岗位权力和个人权力。而这两项权力都主要依靠上级的安排和赋予。如果你不进入现在的权力链条，不可能分配给你权力，也就不可能成为实质性的领导者。所以，要想获得岗位权力，首先要对上级有追随力，做个有效的追随者，然后才有被赋予权力的机会。即做领导者之前先做追随者，获得权力之前需要先追随权力。

追随并不仅仅是成就领导者，而是厚积薄发、成就自我的一种修炼。有效的追随者勇敢、诚实、可靠、精力充沛，并且敢于承担责任。对领导的追随能够帮助组织完成好预定的目标，也能够促进管理者学习与提高。追随者要有追随力，优秀的领导者需要优秀的追随者，伟大的追随者成就伟大的领导者。牛根生之所以迅速缔造了蒙牛公司，就是因为有几百个铁杆追随者。史玉柱当年搞巨人大厦失败，后来又成了一条好汉，也是因为有几个铁杆追随者乐于跟他"上刀山下火海"。这些追随者后来都成为了组织中主要的领导者。

> 杰克·韦尔奇于1960年10月17日开始了在通用电气的职业生涯。他的第一项任务是找到一个制造PPO（一种用于化工的新材料）的示范场地。1年之后，这个工厂终于建立起来，杰克得到了很高的年度评语。但让他失望的是，通用电气只按照标准给他加了1000美元。杰克感到这家公司的官僚主义是如此严重，体制是如此僵化，和他以前想象的完全不同。于是，他准备辞职。当时，作为部门负责人的鲁本·古托夫听到杰克即将离职的消息非常震惊，他决心不惜一切代价留住这位与众不同的年轻人。他对杰克进行了4个小时的说服攻势。终于，杰克做出了肯定的答复。通过这件事，杰克与领导之间建立了相互信任，也使他对领导产生了追随力，为将来创造成就奠定了基础。

追随的本意则是"支持""帮助""拥护"，是一种积极主动的状态，是建立在对领导者真正认同和对组织目标充分理解的基础之上的自觉行为，是"要我做"向"我要做"的转变。

领导力如水，上善若水，而追随力是水的源头。要保证自己有追随力，需要找到能够让自己获得好情绪的领导者，同时也要调整自己的情绪处于积极向上的状态，善于改进自己与上级的情绪互动状态。

对下级：领导力

领导力是领导能力，是调动别人跟自己干的能力，是获得追随者的能力，能够带领和引导一群人实现目标的能力。

无论管理者计划得多么天衣无缝，下级的实施效果无疑才是成败的关键。有效的管理者能够了解并预测成员的行为，对团队成员或者团队进行协调和指导，以实现共同的目标。在这一过程中，管理者领导力的高低决定着达成目标的效果。

> 掌舵联想27年的柳传志认为自己能够成大事的原因之一就是他掌握了以"建班子，定战略，带队伍"为主要内容的"管理三要素"。在和下级交往时，他认为想要让部下相信上级，要有具体办法，要通过实践让部下知道上级的办法是对的。柳传志跟下级交往，决定事情怎么办有三个原则：下级提出的想法，他自己想不清楚时，肯定按照下级的想法做。当他和下级都有想法，分不清谁对谁错、发生争执的时候，他会按下级说的做，但要把他的忠告告诉下级，最后不管成败，都要有总结。若下级做对了，要予以表扬和承认，他再反思当初为什么要那么做。若下级做错了，必须向柳传志解释明白，当初为什么不按他说的做，他的话下级为什么不认真考虑。第三种情况是，当他把事想清楚了，就坚决地按照他想的做。这就是对下级具有领导力的表现，浓缩和展现了优秀企业家的卓越领导力。这种工作方式，能够在团队中建立威信，赢得属下心悦诚服的追随。有了追随者才有领导者，获得追随者的能力就叫做领导力。

领导者是头，头的使命是发出指令信息，需要有手脚响应这些信息完成指令。领导者要敢于领导，善于领导，能够凝聚人，并且能够把人"团"起来形成合力。这需要领导者善于调动别人的情绪，能调动情绪就能够调动一切，能够调动人的情绪就能够调动这个人。

对组织外部：影响力

改变别人态度和行为的能力叫做影响力。

企业的生存、发展离不开与外部环境的互动，这种互动的过程也是企业与外部环境不断适应的过程。管理者通过语言、口碑、信息、文章、网络等路径对外界产生影响。除了影响熟人，还有陌生人，他们可能是顾客、供应商等各种利益相关者。一个管理者向外界传递的影响力有两种——个人形象和组织形象。因为一个人不仅代表自己，还代表某个组织、地区、国家的形象，所以管理者要有责任感地实施影响力，要努力使自己释放的信息对外界产生良好的影响，即注意"印象管理"。管理者对外部环境的操控能力实际上就是对外部的影响力，影响力越大，管理者在处理具体问题时取得的效果就越好，反之亦然。

> 通过对外影响力塑造企业和个人品牌的管理者，首屈一指的案例就是苹果公司创始人史蒂夫·乔布斯。每次发布新产品，乔布斯都会穿着他固定的行头，用他常用的语气向全世界展示和宣布。"活着就为改变世界"，乔布斯的故事就是一部传奇的创业史和奋斗史，对苹果迷们和其他利益相关者产生了极大的影响力。

领导者对外部的影响力实质是调动外部人情绪的能力，领导者有良好的个人品牌形象，外部的人因为听到或者看到领导者的名字、话语、故事、形象等而产生良好的情绪，进而对领导者个人及企业品牌产生亲和力。

对组织内部：执行力

$$执行力 = 能力 \times 心态$$

执行是把思想变为行动，执行力就是把思想变为行动、实现目标的能力。实际上，执行力是个非常不精确的概念，包含沟通、协调、说服、妥协、激励和关系等。对组织内部，管理者不仅要制定策略和下达指示传递信息，更重要的是必须具备较强的执行力。执行力既反映了企业的整体素质，也反映出管理者的角色定位。有执行力的管理者，能够积极主动全力以赴地把传递到自己这里的指令不折不扣地贯彻下去，他们办事"没有任何借口"。

海尔集团掌舵人张瑞敏是执行力极强的管理者，他的核心管理思想都是围绕执行力展开的。1985年，张瑞敏刚到海尔。一天，一位朋友要买一台冰箱，挑了很多台都有毛病，最后勉强拉走一台。朋友走后，张瑞敏派人把库房里的400多台冰箱全部检查了一遍，发现共有76台存在各种各样的缺陷。张瑞敏把职工们叫到车间，问大家怎么办？多数人提出，也不影响使用，便宜点儿处理给职工算了。当时一台冰箱800多元，相当于一名职工两年的收入。张瑞敏说："我要是允许把这76台冰箱卖了，就等于允许你们明天再生产760台这样的冰箱。"他宣布，这些冰箱要全部砸掉，谁干的谁来砸，并亲手砸了第一锤。很多职工砸冰箱时流下了眼泪。三年后，海尔人捧回了中国冰

> 箱行业的第一块国家质量金奖。张瑞敏砸冰箱就是把质量和认真的思想注入到员工的头脑里,再通过内部制度沟通等执行力建设把思想变成了行动。

在组织内部把事情办成需要有执行力,这需要调动组织内部各部门和相关人员的配合,人的行为受其情绪支配,这要求领导者要善解人意,具有足够的个人魅力和亲和力,才能够调动内部各部门和相关人员的情绪,进入配合状态。

对自己:平衡力

> 平衡力是指个人情绪管理上达到中庸,不过也无不及,是内心的力量。"哀而不伤,乐而不淫",面对矛盾的事情和自己做出的决策,不偏激,内心不纠结、不矛盾。

组织是一面墙,个人就是一块砖,既有来自上、下砖块的压力,也有来自左右砖块的挤压。如何做好一块砖?这就需要管理者内心的平衡。因此,管理者要学会平衡上级和下级、内部和外部、家庭和事业间的关系,还要平衡工作和梦想间的关系等,要力争达到智慧与利润、远见与生存、温和与强硬相辅相成的思想境界。

> 台塑集团创始人王永庆,从15岁向父亲借钱经营卖米开始,到92岁留给世界一个世界化工50强的台塑集团;从勉强糊口度日,到在商界呼风唤雨。他用强大的内心,支撑起自己

的人生。以王永庆的生活细节为例，他坚持跑步近半个世纪，哪怕是 80 岁高龄仍然坚持。他每天清晨 4 点钟起床，不论寒冬酷暑，刮风下雨，即使在国外，甚至生病了，照样坚持跑步。并且从每天跑 4800 米，到后来慢慢增加到每天 1 万米。如果一个人的内心不够强大，这样没有人监督的事情是不可能坚持下去的。

平衡力实质是管理自我情绪的能力，虽然做出了矛盾决策但是内心不矛盾不纠结，正如电影《上甘岭》中的插曲唱道：朋友来了有好酒，敌人来了有猎枪。有胸怀能够装下矛盾，有智慧才不会因为有矛盾而纠结痛苦。阳光心态是自我内心平衡的最好工具。

五力间的动态平衡

五力的实质是管理情绪的能力。那么，追随力、领导力、影响力、执行力和平衡力之间是什么样的关系呢？应当如何培养和发挥这五种力量呢？作为一个优秀的管理者，不能孤立地去锻炼和提升某项能力，而要相辅相成，做到内外兼修、五力齐发、缺一不可。对同一个组织、不同管理层级的管理者来说，五力之间的比重是不同的——高层管理者对下级的领导力要大于对上级的追随力，对外部的影响力要大于对内部的执行力；低层管理者的情况则恰恰相反。高层领导者向上、向外、向未来；低层管理者向下、向内、向现在。同一个管理者在组织发展的不同时期，还要根据当时的外部大环境来协调五力，面对不同群体时，展示的五力重点也不同。"水因地而制流，兵因敌而制胜"（孙子），所以要因地制宜，权衡情景而应变。

总而言之，追随力、领导力、影响力、执行力和平衡力之间是相互促进、又相互制约的。这正证实了一个常理：一个人的能量是有限的，很难做到五种力量都很强，而且当某一种力量过强时，势必会影响其他力量的发挥和提升。也正是由于这种关系，才维持了管理系统的协调、平衡和扩张，并且形成了管理者个人核心能力的动态性。如何协调好五种力量对于管理者创造"附加价值"起着决定性作用。这就需要管理者提高个人修为，不断提升驾驭五种力量的能力。

五力与五行的相互关系

从"五行"到"五力"

五行学说认为：木、火、土、金、水是不可缺少的最基本的物质，进一步引申为世界上的一切事物（事务），都是由木、火、土、金、水五种基本物质之间的运动变化而生成的，并用五行之间的生、克关系来阐释事物之间的相互联系，认为任何事物都不是孤立、静止的，而是在不断的相生、相克的运动之中维持着协调平衡。五行学说还认为，五行与五方（东西南北中）也有着一定的联系。北，阴极而生寒，寒生水，水为太阴，性润下；南，阳极而生热，热生火，火为太阳，性炎上；西，阴止以收而生燥，燥生金，金为少阴，性沉下而有所止；东，阳散以泄而生风，风生木，木为少阳，性腾上而无所止；中，阴阳交而生湿，湿生土，土为常性，视四时所乘。五行与五方的关系如图7-2所示。

由五行所代表的金、木、水、火、土的特性与五力相结合，便可以推出表 7-1 所示的关系。

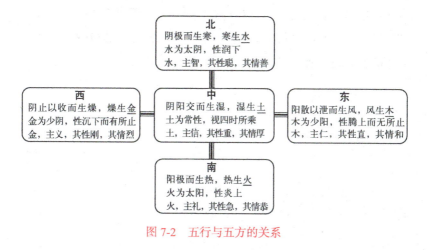

图 7-2 五行与五方的关系

表 7-1 五行与五力的关系

五行	特性	五力
金	主"义"，其性刚，其情烈	执行力
木	主"仁"，其性直，其情和	影响力
水	主"智"，其性聪，其情善	追随力
火	主"礼"，其性急，其情恭	领导力
土	主"信"，其性重，其情厚	平衡力

一个人五行协调、阴阳平衡才能够健康和谐，五力对应五行，五力具备才能够协调金木水火土，适应东西南北中，兼有仁义礼智信，管理者五力齐发就会具备个人核心能力而获得竞争优势。

五行管理原理，就是以五行之间错综复杂的关系，来表明任何一个系统都会受到整个管理系统的调节，管理就是要防止其太过或不及，通过相互联系、相互影响、相互作用、相互配合，以达到管理系统的协调、平衡、发展。依据之前对五行特性与五力的分析、对比和联系，将五力与五行相结合，推出了管理者核心竞争力五力"5F"在管理易学中的延伸模型，如图7-3所示。五力齐发、五行协调才能够实现和谐。

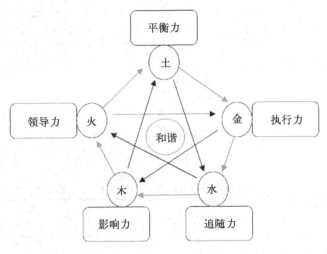

图7-3　五行与五力对应关系

五力齐发

　　组织是两人或两人以上为达成共同的目的、以责任分工的方式有系统的结合。管理者就是整合彼此工作的人。面对新环境、新组织、新员工，作为决定组织兴衰成败的核心因素，管理者的地位和作用至关重要，围绕管理者的能力建设理论也是多如牛毛，导致领导者无所适从。本文综合各种能力提出了管理者五力模型。

　　组织中的管理者要同五个方面打交道，面向五个方位接收和发出管理的力量：对上级要有追随力、对下级要有领导力、对外部要有影响力、对内部要有执行力、对自己要有平衡力。根据五力的特征，并结合管理易学的五行原理，推理出了五行和五力的对应关系模型，并根据五行相生相克提出了五力动态平衡的概念。

五力齐发才能够管理上中下左右，协调金木水火土，适应东西南北中，兼有仁义礼智信。

在现代企业管理中，管理者越来越注重个人核心竞争力的培养与建设，企业与组织也越来越重视管理者的作用。因此，管理者要在个人能量有限的约束下，有的放矢地高效率发挥个人作用。管理者核心竞争力五力模型，是依据现代企业管理现状结合中国易学智慧建立起来的管理模型，为管理者价值最大化提供了容易把握和理解的方法。

第 8 章

基于情商缔造工作繁荣

提高情商,有利于充分发挥自己的主观能动性,创造使得自己工作繁荣的环境,产生积极的心理状态,提升自己的幸福感和获得感。

工作繁荣

当我们进入职场的时候，希望自己能够顺风顺水，有不错的薪水，顺利的晋升，快速的能力提升，心情舒畅，同事和领导都喜欢并乐于帮助自己。这种状态就是工作繁荣。一旦实现了工作繁荣，我们就会在工作中产生积极的心理状态，充满活力和学习力。我们不仅会提高工作满意度，更会提升工作绩效，乐于持续长期地投入到工作中，不断创新，为组织创造价值，更为自己创造价值。在工作中始终充满活力、充满能量。可以有效地避免负面情绪的产生，更不会产生倦怠感。

如同一棵小树，种植到一个地方，要能够得到阳光照耀、雨露的滋润、风的梳理、土地的营养，这样它才能够茁壮成长。小树茁壮成长意味着员工的工作繁荣。工作繁荣的员工会产生积极的心理状态，所以评价一个人是否获得了工作繁荣，评价指标就是是否在职场中有积极的心理状态。

提高情商，有利于充分发挥自己的主观能动性，创造使得自己工作繁荣的环境，产生积极的心理状态。提升自己的幸福感和获得感。

积极应对上司的行为

一项研究表明：上司决定了员工体验的70%。也就是是说，如果员工感到幸福，70%的原因是上司的功劳。如果员工感到职场不满意，70%是顶头上司的原因。因此，主管上司提升情商有助于员工幸福感的提升。

于干先生过去遇到这样一个领导，实属 IQ 很高，EQ 为零，公司的各种评测打分均为倒数第一名。但由于是国企，并没有很好的退出机制，最后被安排到于干公司，分管于干所在的部门。起初于干认为可以跟他和平相处，但后来发现，由于价值观的巨大差异，他们在日常工作中配合得非常不愉快。于干开始屏蔽他的影响，因为如果不把他的不良影响隔离开，于干身后的队伍就要遭殃，于干学会了隐忍，学会了迂回，学会了不卑不亢和敢于直面压力，并不惜自己的职业前途。终于，机会来了，此人终于被组织调走，还给于干一片蓝天。

于干后来认真回想这次职业经历，其实这三年间成长很多，至今引以为自豪的处理工作中的一些方法和心态都是这三年间磨练出来的。但于干是否要感谢他呢？

假设这样一个故事，你坐在大巴车里，走在盘山道上，突然一个小偷偷了你的钱包，然后开车门就逃跑，你跳下车去追赶这个人，没追多远抓住了他。而这时，一声巨响，你们乘坐的大巴车掉下山崖，车上人无一幸免，此时，你是该感谢这个小偷，还是打骂这个小偷？

于干这个领导，就是这个"小偷"，于干感谢他的存在，并不记恨他，因为他的存在，帮助了于干。

苏格拉底正在与学生讨论，其夫人一盆水泼了过来，学生们惊愕。苏格拉底笑笑说："看见了吧？如果你的太太是个贤惠善良的人，你会是一个幸福的男人。如果你的太太是一个刁蛮古怪的人，你必须是个哲学家。"借用苏格拉底的逻辑，我们可以这样说："如果你的上司是一个高情商的人，你会是一个幸福的下属。如果你的上司是一个没有情商的人，你必须是个高情商的人。"

换位思考的魅力

劝人"想开点",这种劝人的话其实会使被劝人的痛苦感上升。那么应该怎样劝人呢?首先要建立情感共鸣,站在对方的角度,与他一起发泄不满与抱怨,等到对方接受你了,再说那些劝人的大道理。这符合孔子的智慧:"君子和而不同。"有智慧的人,首先与其和,就是和谐与共鸣,让他觉得你是他的知音,这样与他建立起信任,进而产生沟通的桥梁。然后把自己与他不同的思想再说给他,做到"和而不流",这是"君子之强"。张爱玲在《倾城之恋》中写道,"流苏难得听见这几句公道话,且不问她是真心还是假意,先就从心上热起来,泪如雨下",真是洞察人性、换位思考的高手。

认识别人的情绪要换位思考,你没有那种经历,即使有主观的愿望,都是做不到的。所以,提高情商一是要多琢磨,二是要多经历。

刘洁的堂妹来北京上大学第一年,寒假时到她家住了几天再乘飞机回家,临走时刘洁让她到了给回个电话。结果她一直没有来电话,刘洁有些担心了,于是给她爸爸电话,才确认到了。

因为也是过来人,所以很能理解刚上大学的孩子有独立的心理需要,觉得没事儿,不需要被担心。但那次刘洁突然意识到:"我担心的只是她的安全吗?不是,深层次地还有我的责任,因为她是从我这走的,无形中我多了一份责任。"

知行合一,没有做到,是因为没有真正认识到它的意义或重要性。孩子没有需要对别人负责的经历,不可能想到亲朋好友的这种心理,所以就表现为"不听话""不懂事"。可是这种鸿沟,当孩子确实没有经历时,怎样去跨越呢?这时必须采用"专制式领导",领导者是以大爱为基础的独裁者。

换位要到位，是大智慧者的能力。只有过来人，才能够知道当局者的心境。一位娃爹哄3岁小女孩，她坚持要带米老鼠去幼儿园，这时，用娃娃的逻辑去思考，用娃娃的语言去表达，来解释沟通要用共同语言的道理。爸爸用小孩的语言，顺着小孩的思路与其沟通，取得了好的效果。反过来想，小孩可能采用这种方式与成人沟通吗？恐怕不能，因为小孩没有成人的经历，不懂成人的语言和思路。所以换位思考是向下的，是居高临下的，是阅历丰富的人向阅历浅薄的人的，是从大指向小的。

工作中的一句话"自上而下是沟通，自下而上叫汇报"，也是部分正确的，因为沟通需要用共同语言，而下属没有经历过上司的情景，不知道如何用"上"的语言和思路，"上"是通过"下"上来的，知道"下"的语言和思路。所以，上司可以通过换位思考揣摩出下属的心态，而下属很难揣摩出上司的意图。

培养钝感力

有人告诉我说："今天的年轻人，说话特别冲，一句话能把人噎死，一句话可以把别人撞到南墙上去。"学者研究的结果是：总在网络上漫游的人，其口头沟通能力下降。因为网络上可以尽情表达而不在乎别人的反应，把网络语言移植到人与人互动的情景中则令人难以下咽。例如"滚吧！死去吧！见鬼去吧！"今天人际交往，要学会适应网络语言和人际语言，并且能灵活转换语系才不至于受伤。如果两个人都习惯于网络语言，则不会彼此在意，因为使用的是一个语系。

这是一个充满矛盾的世界。而知识越多越敏感，越敏感者越容易受伤。所以，学习作为矛的知识，还要学习作为盾的知识。如同古代的斗士，当自己装备了矛和盾的时候，才可以上战场去拼杀。敏感的知识是情商，令人不敏感的知识是钝感力。钝感力是指，人生需要迟钝一点，从身体到心灵均如此。这样的人更能抗压、更可长寿，也更有机会获得幸福快乐的人生。钝感力是一种能力。比如，有的人被蚊子叮咬无不适、吃不新鲜的东西也不腹泻。同样遭遇频频退稿打击，有些敏感的天才作家湮没在人海，另外一些坚持下来的人则终于取得了大成就。因此，敏感的人能够抓住机会和善解人意，但是过于敏感未必是好事，有时迟钝一些反而会带来好运。钝感力不仅有利于恋爱与婚姻关系，且对事业和人生的成功有非常重要的作用。

钝感力实际上就是"大智若愚""宰相肚里能撑船"的智慧。

凡有宏图大志，希望能在更广阔的天地中成就一番事业的人，都应该具有足够的钝感力。人生应该温暖绵长，许多事都可以慢一点，包括情绪和感觉。对待琐事，我们都不要太在意一时一事的得失，亦不要太在意别人的评价，只问自己是否遵从了内心的原则。希望就这样渐渐成长，但也不要磨掉棱角，要外圆内方、外儒内法、外柔内刚、外静内动。

一个男大学毕业生去一个高科技企业应聘，营销总监看看男生说："你长得也太难看了，这么难看还敢来我们这样的高科技公司？"男生说："你长得比我还难看呢，你咋还在这里工作呢？"营销总监看看男生成绩单，说："你咋学这么点分呢？学习这么差还想到高科技公司？"男生说："我如果学习成绩好，早就考研究生了。因为考不上研，所以才来你这里应聘。"把营销总监逗笑了，说："可以，要的就是你。"这个男生的特点是明知道对方要伤害自己，但是不受伤，在不友好的语言刺激下，钝感力足够。这样的人做销售工作是合适的，后来很快成为了营销经理。

一个奋发向上的人，脸皮要同鞋底一样，越厚越有优势。如果同轮胎一样，那就即耐磨又耐扎。

在工作中会不断遭遇各种不可能，不断面对各种挑战和颠覆，如果领导者不能排除干扰，跨越不可能，企业就很难走远。因而积极调节好情绪，天地开阔，心意怡然。

基于情商使用批判性思维

批判性思维（Critical Thinking），是通过一定的标准评价思维，进而改善思维，是合理的、反思性的、心灵开放式的思维，从而使得表达准确、推理逻辑严谨、论证合理、培养明辨精神。

批判性思维的主要思维过程是：解释、分析、评估、推论、说明、自我校准。其思维倾向是：求真、开放思想（对不同的意见采取宽容的态度）、**分析性、系统性、自信心、求知欲、认知成熟度**（审慎地做出判断）。

批判性思维起源最早可追溯到 2500 年前的古希腊哲学家苏格拉底。苏格拉底认为一切知识，均从疑难中产生。苏格拉底承认自己本来没有知识，而他又要教授别人知识。所以他教授给人的知识并不是由他灌输给人的，而是人们原来已有的；人们已在心上怀了"胎"，不过自己还不知道。苏格拉底像一个"助产婆"，帮助别人产生知识。

苏格拉底的助产术，表现在他经常采用的"诘问式"的对话中。他以提问的方式揭露对方学说中的矛盾，动摇对方论证的基础，指明对方的无知。苏格拉底的批判性思维的实践，被后来众多的学者所传承，这其中就包括记录其思想的柏拉图、亚里士多德。在现代社会，批判性思维被普遍确立为教育（特别是高等教育）的目标之一。从古到今，创造知识的人，都是具有杰出批判思维的人。批判性思维强调的是证据、逻辑的重要性，反对权威和流行观点的人云亦云。

世界高等教育会议（巴黎，1998年）发表的《面向二十一世纪高等教育宣言：观念与行动》，指出，高等教育机构必须教育学生，使其成为具有丰富知识和强烈上进心的公民。他们能够批判地思考和分析问题，寻找社会问题的解决方案并承担社会责任；为实现这些目标，课程需要改革以超越对学科知识的简单的认知性掌握，课程必须包含获得在多元文化条件下批判性和创造性分析的技能，独立思考，集体工作的技能。

批判性思维给学习和讨论带来了活力，对学生智慧的开启具有极大的推动力。但是，对批判性思维也要采用批判性思维。

因为管理是不精确的科学，经过实证的科学概念也只有有限的可信度，所以老师在课堂上提出一个概念或者原理，都容易遭到批判和打击，甚至老师还没有把概念介绍完毕就有同学开始批判，以至于没有办法进入下一个环节。这使得一些学生，积累的是一套自以为是的心态，藐视一切、怀疑一切、打倒一切。最后把自己锻炼成一只好斗的公鸡，永远处于进攻待命状态。这种人可能自己一事无成还总是挑战别人的成功。

由于批判性思维需要专门的培训，而不是所有的人都能够真正把握批判性思维，所以就望文生义地以为批判性思维就是找茬挑毛病，已显示出自己具有超越别人的知识和智慧，这使得课堂的教学氛围容易尴尬。

一个年轻老师说："当学生采用批判性思维时，自己处于极其难堪的境地,学生希望压倒老师而显示出自己的优秀,通过令老师出错而让自己在大家面前有面子。老师这时候如果让自己胜出,则同学就会没有了面子。而没了面子的同学,就会在教学评估上打低分。如果老师让学生胜出,而自己没有了面子,其他同学就会认为这个老师没有水平,而在教学评估上打低分。而被打低分的老师面临的将是更加严格的制度的考核。"所以,如果批判性思维没有学到位,容易产生的是充满火药味和对立情绪的教学氛围,不适合用在严格考核的商学院教学过程中。在没有任何考核压力下或者小范围讨论甚至辩论的环境下,批判性思维是高度受到鼓励的。正如孟子说:"五谷者,种之美者也,苟为不熟,不如荑稗。"批判性思维如果不熟练,其使用效果会有限。如果在情商的基础上采用批判性思维,则会收到比较好的效果。

高情商的人,以自己愿意被对待的方式对待别人,"己所不欲,勿施于人"(《论语》)。儒家以"立德""立功""立言"为"三不朽"。"立德",即树立道德;"立功",即建功立业;"立言",即提出真知灼见。故每个人都希望的自己的观点得到支持,所以通过打倒别人以便让自己站住脚的想法,是哗众取宠的,是不值得推广的,是引起冲突的原因。

人可以有智慧,但是这种智慧如果使得自己不能与周围人和谐相处,则会令自己处于孤独寂寞之中,不能构建团队也不能加入团队。所以,在中国情景下,要把批判性思维翻译成明辨式思维。仔细分析批判性思维的来源,"批判"(critical),来源于希腊文 kriticos 和 kriterion 的组合。kriticos,表示提问、理解某物的意义并有能力分析,也就是"辨明或判断的能力"。Kriterion,表示标准。从语源上解释,critical 暗示的是"基于标准的有明辨"。而标准就是过去的权威和流行,所以标准本身就存在着争议,就值得批判性地对待。

这样争论下去，将是毫无意义的无止无休。

批判性思维的目的是获取知识而不是为了颠覆对方，是为了深化认识而不是为了让对方丢失面子。带会着这样的动机去接触别人的观点，是以学习的目的去讨论和深入分析，这样就会表现出谦虚好学，而不是咄咄逼人。

因此根据《大学》所说的："博学之，慎思之，审问之，明辨之，笃行之。"建议把批判性思维再解释成为明辨式思维。

明辨式思维的步骤有四部：接收、分析、选择、行动。

接收：就是先读懂或者听懂别人的观点，全方位把握住对方的概念体系。

分析：根据自己过去的知识和经验的积累，对这个概念进行全方位的分析，分出正确、错误、中立的部分。

选择：这是大脑的思想活动。对正确的部分要接受和肯定，对中立的部分继续研究或者放弃，对错误的部分可以商榷。

行动：选择属于思想活动，然后再把思想的结果付诸行动。想明白以后再行动，否则叫做草率冲动。

一个有智商缺少情商的人，会直接说出对方的错误。一个高情商的明辨式思维者，会确认对方正确的地方，然后把对方错误的地方说成是自己还没有充分理解，换个情景是否这个理论还有效。用标准的语句是"这种说法很对，还有……"。在一个人人需要认可和自尊的环境中，给出建设性意见的公式是：

$$给予 + 给予的方式 = 有效给予$$

例如，当补充别人见解的时候，有三种问话方式可以选择：1：你说得很对，但是……，2：你说得很对，可是……，3：你说得很对，还有……。在者三个句子中，最可以选择的是"还有"，这是在认可对方的前提下，处于完善和补充，即给出了道理又给出了面子。

这样，对方会心情舒畅地回答问题，既接受了思想的建议，又接受了这个人。这样自己既能贡献思想，又容易被别人接纳，用情商与智慧让自己在工作中繁荣。

不良情绪传染的"蝴蝶效应"

不良情绪比优良情绪更具有传染力。不良情绪是安全隐患，优良心态是竞争力，阳光心态是核心竞争力。情商智慧提供情绪管理的原理：不能改变环境就适应环境，不能改变别人就改变自己，不能改变事情就改变对事情的态度。比如，经常坐飞机的人最大的体会是飞机几乎没有正点，即使跟航空公司和民航局多次提意见也难以改变航班晚点的状况。所以坐飞机的人不能改变航班时间，而只能改变对航班时间的态度：把晚点看作正常，把准点视为惊喜。这样如果飞机晚点则乘客心态平静，如果飞机准点则心中莫大的欢喜。就不至于因为飞机晚点而产生大量的不良情绪，使得自己受害也向社会释放了"毒素"。

李晓和先生去南京玩，回京时间本来是下午3点半，结果因为首都机场有一条跑道大修导致大量航班延误，起飞时间不确定。以前遇到这种情况，她通常会非常不耐烦，隔段时间就得找工作人员问问确定时间。这次却不一样了，她想起了情商中的主要原理："把晚点当常态，把正点当惊喜"，突然觉得在机场的时间也没那么难熬了，她边听音乐边翻看旅行带的书籍，一副悠然自得的样子，甚至她的先生都感到诧异，觉得她好像变了个人似的。

三个总裁班学员从深圳来到北京清华大学上课，教授讲授的课程是情绪管理：情商与影响力。接近下午快下课的时候，天空打了几个闷雷。教授说:"今天晚上飞机将晚点,由于天气异常原因。把晚点当正常,把正点当侥幸。"有学员马上反应说:"尊敬的教授先生,你别诅咒我们,今天我们包机。"教授说:"你今天包什么都晚点。"晚上下课他们到机场以后真的晚点,结果没有人生气了,都在那里哈哈大笑,这叫做苦笑。还有人发短信给教授:"报告教授,今天飞机正常晚点,我们阳光心态。"教授设想:我可能平息了至少有一百个老总的愤怒。如果这一百个愤怒的老总回到了深圳,会导致一百个企业愤怒,然后导致有一万个员工愤怒。一万个愤怒的员工回到家里,导致三万人愤怒。第二天愤怒的三万人再上班,传染给同事,会导致十万人愤怒。整个深圳就愤怒了。愤怒的原因是飞机晚点。

这里演绎出的原理是不良情绪传染的"蝴蝶效应"。

"蝴蝶效应"是说在一个动力系统中,初始条件微小的变化能带动整个系统长期和巨大的连锁反应。美国气象学家爱德华·罗伦兹(Edward Lorenz)1963年在一篇提交纽约科学院的论文中分析了这个效应:"一只蝴蝶在巴西轻拍翅膀,可以导致一个月后得克萨斯州的一场龙卷风。""蝴蝶效应"在社会学领域,可以用来解释:一个坏的微小的机制,会给社会带来非常大的危害;一个好的微小的机制,将会产生轰动效应。一个名不见经传的小人物,因为其事迹彰显了社会公德而被报道,则可以引发出巨大的社会反响。例如《大国工匠》中那些把普通的工作做到极致的人,见报以后引起了巨大的社会反响,甚至国家领导人也在推广工匠精神。

不良情绪属于社会系统中的一个初始的小扰动,过去解释不良情绪是链条式传染的,如果一个人产生了负能量,其传递的方式会以链条方式进行。这个现象叫做"踢猫效应"。

"踢猫效应"意思是,一个总经理开车闯了红灯挨罚,心情不爽，产生了愤怒。到了办公室把营销经理叫来，找个借口把营销经理骂个狗血喷头。营销经理莫名其妙被惹怒，回到自己办公室，找借口把秘书骂个狗血喷头。秘书莫名其妙回家骂孩子，愤怒的孩子回到自己房间把猫一脚踢飞了。"踢猫效应"说的是人会产生不良情绪，也就是负能量，为了减轻自己的心理压力，会向对自己无反抗能力的人发泄不良情绪，由此形成了强者欺负弱者的链条。最弱者，也就生态链最低端的那个环节将承受来自高端所有环节的不良情绪，积累了很多的负能量。

组织是个金字塔型结构，顶尖处只有一个人，最底层有众多的员工，他们都可能是被踢一脚的猫。他们满腹怨恨恼怒烦，又不能对组织里的别人发泄，而只有向社会和家庭发泄了，更可能向最爱护他和心疼他的人发泄，因为这些人对他具有包容心，不能发泄给人则发泄给物或者小动物。这样负能量就会破坏了家庭、社会以及生态系统。

在今天人际交往频繁，以至于一个人在这里是踢猫的人，在那里就成为被踢一脚的猫，这叫做"卤水点豆腐，一物降一物"。最终导致每个人都可能是被踢一脚甚至被踢了多脚的猫，所以都在发出自己是"弱势群体"的感慨。

西方观点是顾客是上帝，也就是人在花钱的时候是上帝，可以压制服务自己的人。但是自己要想挣到钱，也需要为别人提供服务，然后又被别人压制。实际上应该这样理解：顾客是上帝，上帝爱他的人民。但是片面理解的结果，导致这个供应链上的每个环节都曾经压制过别人，但是同时也被别人压制过，而被压制的负面心理体验记忆更长久。所以每个人都在吸收和产生不良情绪，同时也在向外界释放不良情绪。如果是一对一传递不良情绪则形成"踢猫效应"，如果一对二传递不良情绪，每个人又都影响二个人使其产生不良情绪，则形成了辐射面。如果一个人向他所接触到的上下左右前后的人都释放出不良情绪，并且都符合"二叉树原理"继续传递这个不良情绪，遇到已经是处于不良情绪状态的人则火上浇油加速放大，那么就形成了一个不良情绪构成的云团。很多个这样的不良情绪云团则产生"混沌效应"，导致不良情绪弥漫。

一个有影响力的人可以向很多人传递不良情绪，而在互联网时代更是向多个微信圈的人传递不良情绪，这将产生情绪传染的混沌现象，我们这里称之为"不良情绪传染的蝴蝶效应。"

不良情绪传染的"蝴蝶效应"我们这样定义：一个人不良情绪一旦生成，会以"蝴蝶效应"向外界传播，每个人的不良情绪都是煽动一下翅膀的蝴蝶。不良情绪传播的结果导致每个人都是多种不良情绪的受害者，多种不良情绪交织叠加的结果导致人心理自我平衡能力下降。人会变得浮躁、烦躁、焦躁、暴躁、骄躁、急躁、狂躁。

如果能够管理好自己的情绪，让自己的心成为幸福的地方，叫做给自己造福田。如果让很多人因为自己而幸福，叫做广种福田，必得大福报。

领导力就是体力加精力

领导者要表现出精力充沛

"下之事上也，不从其所令，而从其所行（群书治要）"。领导者因为要起到模范带头作用，所以保证足够的体力和精力是领导者重要的素养。有足够的案例解释精力充沛的重要性。海南省澄迈县纪委通报,称该县社保局原副局长开会睡觉被就地免职,并给予处分。昆明一个副局长在市委书记的会议上睡觉,当时就被降级为处长。《西游记》的附录中说,唐僧的前世叫做金蝉子,其师父叫做多宝如来。金蝉子在师父讲经时睡着了,师父因其轻慢佛法,把他打入凡尘转世成唐僧再来取经。一个日本财长高官在会议上瞌睡,全世界人通过电视都知道了这个人精力不充沛,可以判断这个人的政治生涯该结束了。

所以,重要的会议不可掉以轻心。

重要会议保持精力充沛的四原则:喝咖啡、记笔记、坐前排、鼓掌。会前喝咖啡,防止犯困。会场记笔记,既是一种尊重,也是练习写字。好记性不如烂笔头。而现在自从有了电子媒介以后,人们已经越来越不会写字了,所以开会的时候记笔记也是一个复习文字的过程。前排是本次会场最重要人的座位,靠近前排则靠近了重要的位置,也是把自己的面子让领导者熟悉的过程。只有熟悉了这张脸,才会给这张脸以面子。鼓掌既是向讲话者致敬,也是自己锻炼身体促进血液循环的运动。

一个参加总裁研修班的老总昨天加班熬夜到凌晨3点,第二天竟然来到教室坐在了前排,状态良好。教授说:"你真是天生的老总,精力充沛。"他说:"我装的。"教授说:"你已经装出来了一个精力充沛的习惯。"

为什么要重视体力和精力?因为如果拉车的马精神头不足,这个马车如何能够走得快。如果一个组织的领导者精神萎靡不振,如何能够提升组织的竞争力?如果你一个员工精神头不足,如何具有执行力?

领导力分三个层次,个人领导力、团队领导力、组织领导力,用三个中文字来表示就是：人、从、众。人字表示领导别人之前先领导自己，管理好自己，你是一团火才能够释放出光和热，你是一块冰化了也还是零度。一个人有动力有魅力才能够吸引和激励别人产生追随力。从字表示领导一个团队，管理好几个人的能力，前一个人表示领导者，后一个人表示追随者。领导者有领导力，追随者有追随力。众字表示组织领导力，管理好几个团队的能力。一个组织的最高领导人要有足够的力量和智慧领导组织内部的人。这三个层次的领导力都要求领导者要有健康的体魄和旺盛的精力，至少在需要工作状态的时候表现出精力充沛。

给领导者的建议是：提拔精力充沛的人，要想被提拔表现出精力充沛，要想表现出精力充沛就要养成精力充沛的习惯，要想养成精力充沛的习惯就强迫自己"装"一段时间。21天的重复形成习惯，90天重复形成稳定的习惯。给组织中的有向上发展志向的人的建议：养成精力充沛的习惯。一个人精力充沛有助于效率提升充满魅力，全体团队成员精力充沛有助于提升组织的竞争力。

精力充沛吸引潜在的机会

领导力等于体力加精力，所以要想提高领导力，就要养成精力充沛的好习惯。

一个人的精力其实不光是你一个人的事情。正如我们穿着自己的衣服，但是也知道有时候衣服不光为自己穿，衣着整洁得体在社交场合显得十分重要，因为正是这里面体现出你的品位，你的习惯，以及你对别人的尊重。同样，你如果保持充沛的精力，别人就比较容易从你这里得到一个生活习惯良好、身体健康、思想积极、能力突出的印象，同时这也是一个对别人给予尊重的表现。这样的人，别人自然愿意与之打交道，那么很多潜在的机会可能就出现了，有可能别人正是赏识你这一点而给予你某些珍贵的机会。精力充沛对于我们自己也有很多好处，首先你的情绪肯定不会受到精力的影响，人往往在自己十分劳累的时候难于保持好心情；其次精力充沛时你的业务效率肯定也得到了提高，做事情头脑更加清晰。

要想提高领导力，首先自己要提升精力，因为拥有更大的责任需要承担，同时，也是给员工的表率。当很多牛人在被问起自己如何保持高效率、实现巨大成就的时候，他们都提到了很重要的一点，那就是一定要休息充分，做事的时候一定要保持充沛的精力。当然他们很多人并不一定早睡早起，但是他们懂得在疲惫的时候及时补充睡眠，然后在工作和社交中保持充沛的精力，永远不把疲倦带到影响自己形象和业绩的地方去。

大学期间就要养成精力充沛的习惯

思想决定行动，行动决定习惯，习惯决定性格，性格决定命运。成功是个习惯，失败也是个习惯。养成一个好的习惯，就会早一步进入海阔天空的境界。

一个大学生有如下的体会。在上小学的时候，他基本上每天晚上 10 点之前肯定去睡觉，早上 7 点之前也会自然醒，冬天中午不午睡，夏天中午让午睡也基本不睡，如此保持一种高度亢奋的状态，天天精力旺盛，学习效率高，玩耍也尽兴，晚上到床上倒头就睡，第二天一醒就起，睡眠质量好，不会有疲惫的情况出现。但是后来自从上了初中，从初三开始，时常熬夜学习，渐渐发现自己白天精力不行，上课开始有打瞌睡的现象，上课没听懂的东西课后还要补救，白天的平均效率降低，有事情完不成，晚上又得熬夜学习，如此形成一个不好的循环。此后他就再也没有打过翻身仗，高中依旧如此，大学依旧如此，而且一年一年变本加厉，睡觉的时间一直在往后推迟，1点、2点睡已经不足为奇；同时白天效率也不高，课堂专注度下降，加上课程难度复杂度上升，时常感觉脑力跟不上。同时参加别的活动也时常如此，听个讲座睡一会，参加会议时在别的小组汇报的时候睡一会等等。他亲眼见到辅导员围在一起几个人讨论时，一位女生在辅导员眼皮底下打起瞌睡，他到现在都忘不了辅导员当时看她的表情。

这个的大学生的问题是：牺牲休息时间，在平均精力下降的情况下延长工作时间。我们很多人其实养成了精力不充沛的习惯。很多人觉得这并没有给自己带来损失，当然健康方面的损失大家其实都清楚，只是因为年轻，损失一时半会显示不出来，在短期利益驱动下很多人选择先不考虑这个问题。精力不充沛导致欠账，欠账又导致休息不足，休息不足又导致精力不充沛，如此形成恶性循环。这里面除了健康方面的损失，还有很多隐性的损失，包括不被领导者重视、不受团队欢迎，而且这些损失有时候还可能非常巨大。

所以，养成精力充沛的习惯，从学生时代做起。

提升情商有助于养成精力充沛的习惯

人有七情六欲，七情就是喜怒忧思悲恐惊，六欲就是色声香味触法。《中庸》说："喜怒哀乐之未发谓之中，发而皆中节谓之和。"管理好自己的情绪达到中庸的状态，这样有助于养成精力充沛的习惯。情商是管理情绪的能力。情商包括五个能力维度：知道自己的情绪，管理自己的情绪，知道别人的情绪，管理别人的情绪，自我激励。高情商的人，能够管理好自己的情绪适应环境的需求，领导者情商高也能够用自己积极的情绪调动别人进入状态。

养成精力充沛的习惯，首先要有足够的自我激励，接触人的时候要给予对方足够的尊重犹如见到重要的嘉宾，警觉的意识有助于保持精力充沛。在繁忙的生活中尽量早睡早起，白天训练并提高自己的精力管理水平，在学习、社会活动等等事务中做出充沛精力的样子，养成这样的习惯，并让这样的习惯伴随自己。

"出门如见大宾，使民如承大祭"（论语）。出门办事要像接待贵宾一样恭敬认真，役使百姓要像举行祭祀大典一样谨慎。"毋不敬，俨若思，安定辞，民安哉"（礼记）。对人养成尊敬的习惯，记笔记表示自己在思考的状态，与讲话者同步共振，这表明自己的追随力强。讲话有利于安定团结，则可以实现和谐的状态。"如坐针毡、如履薄冰"（孝经），清楚自己的定位和角色，就能够有利于获得精彩人生而实现人生三不朽事业：立德、立功、立言。

精力充沛振奋身边的人

精力充沛能够让身边人感受到元气满满，一种能把事情搞定的强大气场。相反表现的慵懒疲惫则很难让人放心把事情交给他去做。以近人观之，出色的领导者无不是精力过人，如毛主席年轻时在学校冷水浴、73岁时畅游长江，邓小平80多岁高龄还能在北戴河搏击大海；普京更是典型，上天入海，骑鲸射虎，枪械驾驶，柔道滑雪，无所不能，作为俄罗斯这样一个有着传统彪悍民风的大国领导者，普京所表现出来的风范是与他的王座高度匹配的，抛开他的权术智谋不谈，单单是这样一个硬汉，也让人觉得俄罗斯之凛然不可侵犯。

曾国藩40字相人秘术里有一句"主意看指爪，风波看脚筋"，在他看来，脚筋突出的人奔走能力强，孔武有力，执行力强，在冷兵器时代，身强体壮是成为领军大将的必备素质，一个文文弱弱的人怎么可能指望他去带领千军万马冲锋陷阵，帅才只是少数，也只需少数，出色的将领才是军队能克敌制胜的中坚力量。

清华重拾老校规，会游泳才能毕业，从2017级本科新生开始，清华的学生须通过入学后的游泳测试或参加游泳课的学习并达到要求，否则不能获得毕业证书，但如果学生有恐水症等特殊情况，可不参加。这样一条规定并非领导们临时起意，而是有着历史渊源和实践基础。可预见的是，未来的领导者仍然需要承担高强度的管理工作，没有强健的体魄，势必影响管理效能的发挥。

每当看到CEO坐了十来个小时的飞机，来会场开会时依然那么神采奕奕，就会让员工深刻体会到精力充沛的重要性。在互联网行业，加班开会，凌晨回邮件，电话会议开到凌晨1点，这些都是常态。扛得住压力才能坚持到最后，大家常说，职场上拼智力、拼情商，拼到最后拼体力。谁体力最好，才能坚持下来，成就一番事业。

精力旺盛，体力好也跟情商有必然的关系。试想下，整天哭哭啼啼的林黛玉怎么可能会有一个好身体。人的七情六欲都会引起生理反应，情绪失控就会引发出生理毛病。欧洲中古时期，残忍的将军折磨他们的俘虏时，常常把他们的手绑起来，放在一个不停往下滴水的袋子下面。水滴着，滴着……夜以继日。最后，这些不停滴落在心头的水，变得像槌子敲击的声音，使那些人精神失常。

不良情绪虽然微小，但是持续不断的折磨人就会使得一个人变成职场上的祥林嫂。所以，管理好情绪，养成精力充沛的习惯，是对自己的善，也是给自己积累正能量。

以国学智慧提升管理情绪的能力

大学说:"一言偾事,一人定国"。一句话会把一件事情搞砸,一个人会把一个国家搞乱。你是什么样的人,则很多人都是这样的人。你家是什么样的家,则很多家都是这样的家。由于不良情绪破坏人的生理健康、破坏社会生态系统,所以每个人、尤其是有影响力的人,必须承担起管理情绪的责任,通过建设阳光心态而提升管理情绪的能力,不能把弱势群体当做恣意释放不良情绪的工具,因为上行下效,会形成强者欺辱弱者的"混沌效应"。

孔子说:"君子之德风,小人之德草。草上之风,必偃。"有影响力的人的做法直接影响其追随者的做法,就如同草上刮风一样,一定把草吹倒。弱者容易被强者所影响。孔子说:"下之事上也,不从其所令,而从其所行。上好是物,下必有甚焉(礼记)"。下级侍奉上级,不看上级怎么说,而是看上级怎么做。上级有什么嗜好,下级一定会做得更甚。上行下效,上级是下级的表率,言行好恶必须慎重。就如同放风筝,如果头正,尾巴还基本是正的。上面头歪,尾巴则倾斜很远。故上级必须升起责任心,如无责任心则属于德不配位。孟子说:"上有好者,下必有甚者焉。"。如果当领导者的有某种喜好,则其手下的人一定超过他。领导者的德行就是风,员工的德行就是草,草上有风必然会把草压低。故在上位的领导者修行圣贤智慧,则下面的人也会效仿上级的行为。孟子说:"君仁,莫不仁。君义,莫不义。君正,莫不正。"上级实行仁义正气,则下级也会参照实行。上面刮什么方向的风,下面就随风而动。

领导者有道叫做明君。道就是自然规律,德就是规律所展示出的善行。德字的右边是四个心相加形成一个心,叫做一心一意,表示诚。德字的左边是双立"人",表示两者之间。故德的拆文解字表示彼此以诚相待。人与人真诚相待，叫做道德，彼此真诚对待则"民德归厚矣"(孔子)。

一只小羊，在草地上一口一口地吃着草尖，打一字。这个字读作"善"。善表示共同繁荣、共同满足、共赢，善就是有德。羊吃草包含整个生态链条上的各个环节都彼此善待，然后才能生生不息循环下去，各方都和谐幸福地生存在自己的一方天地里。所以幸福就是能实现周而复始而生生不息。羊有德，天赋其天命是以羊毛羊奶和身体供养人类，故羊"厚德载人"。羊吃草，草以身体供养羊，这是天赋予草的天命。草依天道而行，草有德，其德行是以身体所含之营养成分供养羊，故草是"厚德载羊"。草长在土地上，土地有德，大自然赋予土地的道是包容长养，具备可依赖可依托的德行，以土壤中的营养物质为草提供养分，长养出草，故这里土地是"厚德载草"。羊以厚德的方式回馈草地，羊只吃草尖，而把根留住，这样就可以持续有草吃。把粪便留在草地上为土地吸收，叫回馈报恩，给土增加营养，养分给草提供生命动力，草再以身给羊为食。

这样循环不息、环环相生的规律就是道，万物遵道而行就是遵守道德，就是敬德、守德、顺德、厚德、贵德、积德，则有厚德载人。而不遵守规律则是离道，不按自然规律做事则叫违德、败德、缺德、不德、损德、失德、背德，则失德毁人。幸福就是有道。

"货悖而入者，亦悖而出；言悖而出者，亦悖而入"(大学)，社会就如同我们所生存的空气，叫做社会空气，我们向社会释放负能量就如同向空气中排放污染物。而社会空气的净化还要靠人力。你是什么样的人，别人就是什么样子的人。你家是什么样子家，别人家也是什么样子的家。这就是大学说的："一家兴让，一国兴让。一人贪戾，一国作乱。"故从我做起，向社会释放正能量，哪怕是点滴之正能量，日积月累则会让社会空气变得清新怡人。

老子说:"九层高台起于累土,千里之行始于足下",社会空气的美好任重道远,君子负重而行,有道之人要做一个不良情绪的终结者。《中庸》说:"喜怒哀乐之未发,谓之中。发而皆中节,谓之和。"有社会影响力的人要对周围人以及社会的情绪产生责任感,少生不良情绪,降低不良情绪的力度,减少不良情绪的次数,化解传来的不良情绪,不传递不良情绪。避免不良情绪传染的"蝴蝶效应"对社会产生破坏力。

不良情绪比优良情绪具有更强的传染性。西方学者提出了不良情绪链条式传染的"踢猫效应"。如果把不良情绪的产生者作为原点,则此原点可以向四面八方上下左右释放不良情绪,如果承受不良情绪者又传递给两个以上的人,则会产生不良情绪的云团,本文把这个现象定义为不良情绪传染的"蝴蝶效应"。以此来提醒有影响力的人要对自己的影响力负责,要利用影响力为社会注入正能量。对自己负责、对别人负责、对社会负责、对社会空气负责,做一个敢于担当的人。

后 记

　　激情创造未来，心态营造今天。如果你的心情好，你会发现沙漠为你歌唱，小草为你起舞；如果你的心情不好，你会发现绽放的玫瑰在流泪，奔腾的小溪在哭泣。所以，境由心造，相由心生。生活是一种选择，你选择什么，你就得到什么。如果你选择痛苦，对自己说我怎么这么倒霉，你一定会找到足够的经历证明你是一个痛苦的人；如果你选择幸福，对自己说我是一个幸运儿，你一定会找到无数的经历证明你是一个幸福的人。就如同你想数一数池塘中有多少只鹅，你不会注意池塘里有多少只鸭子。你的心，可以创造天堂，也可以创造地狱。地狱与天堂只有一念之差。一个开发了的大脑永远不会退回到原来的尺寸，升华了的智慧绝不会泯灭。

　　你自己是一团火，才会释放出光和热，如果你是一块冰，即使融化了自己也是零度。因此，影响别人的前提是提升自己，自我激励，缔造激情，培养个人魅力，你才能够释放出强大的吸引力，赢得别人的认同和追随，由此实现个人更高的价值。

　　林肯说过："永远记住，你所怀的成功的决心重于一切。"

　　能激励你的人恰恰就是你自己，想象力比知识更有力量，你的头脑相信什么，你的身体就会产生什么。为自己的选择竭尽全力，你就不会后悔，生命因为信心而瑰丽明快，生活因为热爱而丰富多彩！

　　生命的质量取决于每天的心境，缔造高情商，掌握操之在我，打造良好心境，你将时刻拥有明亮的天空！

参考文献

[1] 吴维库. 情商与影响力 [M]. 北京：机械工业出版社，2006.

[2] 萧大维. 兵海奇韬：六韬兵法 [M]. 北京：九州图书出版社，1997.

[3] 克里·摩斯. 情商 [M]. 谭春虹，编译. 北京：海潮出版社，2004.

[4] 李东，吴维库. 精力充沛是领导者的素养 [J]. 企业管理，2017（2）：36-37.

[5] 吴维库. 不良情绪传染的蝴蝶效应及其防避 [J]. 领导科学，2016（8）：18-19.

抑郁 & 焦虑

《拥抱你的抑郁情绪：自我疗愈的九大正念技巧》（原书第2版）
作者：[美] 柯克·D.斯特罗萨尔 帕特里夏·J.罗宾逊 译者：徐守森 宗焱 祝卓宏 等
美国行为和认知疗法协会推荐图书
两位作者均为拥有近30年抑郁康复工作经验的国际知名专家

《走出抑郁症：一个抑郁症患者的成功自救》
作者：王宇
本书从曾经的患者及现在的心理咨询师两个身份与角度撰写，希望能够给绝望中的你一点希望，给无助的你一点力量，能做到这一点是我最大的欣慰。

《抑郁症（原书第2版）》
作者：[美] 阿伦·贝克 布拉德A.奥尔福德 译者：杨芳 等
40多年前，阿伦·贝克这本开创性的《抑郁症》第一版问世，首次从临床、心理学、理论和实证研究、治疗等各个角度，全面而深刻地总结了抑郁症。时隔40多年后本书首度更新再版，除了保留第一版中仍然适用的各种理论，更增强了关于认知障碍和认知治疗的内容。

《重塑大脑回路：如何借助神经科学走出抑郁症》
作者：[美] 亚历克斯·科布 译者：周涛
神经科学家亚历克斯·科布在本书中通俗易懂地讲解了大脑如何导致抑郁症，并提供了大量简单有效的生活实用方法，帮助受到抑郁困扰的读者改善情绪，重新找回生活的美好和活力。本书基于新近的神经科学研究，提供了许多简单的技巧，你可以每天"重新连接"自己的大脑，创建一种更快乐、更健康的良性循环。

《重新认识焦虑：从新情绪科学到焦虑治疗新方法》
作者：[美] 约瑟夫·勒杜 译者：张晶 刘睿哲
焦虑到底从何而来？是否有更好的心理疗法来缓解焦虑？世界知名脑科学家约瑟夫·勒杜带我们重新认识焦虑情绪。诺贝尔奖得主坎德尔推荐，荣获美国心理学会威廉·詹姆斯图书奖。

更多>>>
《焦虑的智慧：担忧和侵入式思维如何帮助我们疗愈》 作者：[美] 谢丽尔·保罗
《丘吉尔的黑狗：抑郁症以及人类深层心理现象的分析》 作者：[英] 安东尼·斯托尔
《抑郁是因为我想太多吗：元认知疗法自助手册》 作者：[丹] 皮亚·卡列森

积极人生

《大脑幸福密码：脑科学新知带给我们平静、自信、满足》
作者：[美]里克·汉森 译者：杨宁 等

里克·汉森博士融合脑神经科学、积极心理学与进化生物学的跨界研究和实证表明：你所关注的东西便是你大脑的塑造者。如果你持续地让思维驻留于一些好的、积极的事件和体验，比如开心的感觉、身体上的愉悦、良好的品质等，那么久而久之，你的大脑就会被塑造成既坚定有力、复原力强，又积极乐观的大脑。

《理解人性》
作者：[奥]阿尔弗雷德·阿德勒 译者：王俊兰

"自我启发之父"阿德勒逝世80周年焕新完整译本，名家导读。阿德勒给焦虑都市人的13堂人性课，不论你处在什么年龄，什么阶段，人性科学都是一门必修课，理解人性能使我们得到更好、更成熟的心理发展。

《盔甲骑士：为自己出征》
作者：[美]罗伯特·费希尔 译者：温旻

从前有一位骑士，身披闪耀的盔甲，随时准备去铲除作恶多端的恶龙，拯救遇难的美丽少女……但久而久之，某天骑士蓦然惊觉生锈的盔甲已成为自我的累赘。从此，骑士开始了解脱盔甲，寻找自我的征程。

《成为更好的自己：许燕人格心理学30讲》
作者：许燕

北京师范大学心理学部许燕教授30年人格研究精华提炼，破译人格密码。心理学通识课，自我成长方法论。认识自我，了解自我，理解他人，塑造健康人格，展示人格力量，获得更佳成就。

《寻找内在的自我：马斯洛谈幸福》
作者：[美]亚伯拉罕·马斯洛 等 译者：张登浩

豆瓣评分8.6，110个豆列推荐；人本主义心理学先驱马斯洛生前唯一未出版作品；重新认识幸福，支持儿童成长，促进亲密感，感受挚爱的存在。

更多>>> 《抗逆力养成指南：如何突破逆境，成为更强大的自己》 作者：[美]阿尔·西伯特
《理解生活》 作者：[美]阿尔弗雷德·阿德勒
《学会幸福：人生的10个基本问题》 作者：陈赛 主编